中国电子学会嵌入式系统专家委员会指定教材

嵌入式硬件助理工程师认证复习指南

中国电子学会嵌入式系统专家委员会　编著

北京航空航天大学出版社

内 容 简 介

以中国电子学会嵌入式硬件助理工程师的认证体系及评价标准为指导，介绍硬件助理工程师考试大纲、认证体系所涉及的主要考核内容：嵌入式系统设计的基本概念与应用、嵌入式系统硬件电路基本知识与电路设计、嵌入式C语言与汇编语言、嵌入式系统开发环境构建、嵌入式系统常用模块与驱动电路设计、电路板设计基础、嵌入式操作系统基础与多任务软件设计方法、技术报告的写作方法。

本书可作为中国电子学会嵌入式硬件助理工程师认证的复习教材，也可作为电子系统设计工程技术人员学习嵌入式技术的参考书。

图书在版编目(CIP)数据

嵌入式硬件助理工程师认证复习指南 / 中国电子学会嵌入式系统专家委员会编著. --北京 : 北京航空航天大学出版社,2010.11

ISBN 978-7-5124-0240-9

Ⅰ. ①嵌… Ⅱ. ①中… Ⅲ. ①硬件—设计—工程技术人员—资格考核—自学参考资料 Ⅳ. ①TP303

中国版本图书馆 CIP 数据核字(2010)第 196808 号

嵌入式硬件助理工程师认证复习指南

中国电子学会嵌入式系统专家委员会 编著

责任编辑 王 实

*

北京航空航天大学出版社出版发行

北京市海淀区学院路37号(邮编100191) http://www.buaapress.com.cn

发行部电话:(010)82317024 传真:(010)82328026

读者信箱: bhpress@263.net 邮购电话:(010)82316936

涿州市新华印刷有限公司印装 各地书店经销

*

开本:787×960 1/16 印张:16.25 字数:364千字

2010年11月第1版 2010年11月第1次印刷 印数:4 000册

ISBN 978-7-5124-0240-9 定价:32.00元

专家指导委员会

主　任：王　越（院士）

副主任：王田苗　魏洪兴　陈　赜

委　员（按姓氏笔画顺序）：

马洪连　王　库　田景文　关　永　严　义　张国印

邵子立　杨　刚　周亦敏　闽华松　秋秀芹　贺　平

贾智平　康一梅　章登义　潘巨龙　魏淑桃

主　编：陈　赜

副主编：文全刚

编　委（按姓氏笔画顺序）：

任丙忠　刘应杰　李文宏　杜　刚　范青武　唐冬冬

序

20世纪，以PC为代表的信息技术的迅速发展，对世界的政治、经济、军事和科技等领域产生了深刻的影响，由此产生的信息产业已成为全球经济发展的支柱之一。同时，在教育领域，也形成了以PC为核心的计算机教育体系。然而，进入21世纪以后，信息技术的多元化应用，尤其是移动通信、汽车电子、工业控制等领域的需求拉动，促进了后PC技术——嵌入式技术的迅猛发展，形成了以32位嵌入式微处理器与实时操作系统为典型结构的嵌入式应用体系，推动了智能手机、数字电视、多媒体交互设备等典型产品的繁荣。随着时代的进步和用户需求的提高，嵌入式系统软硬件设计与开发的难度越来越大，传统的以PC为核心的计算机教育体系已无法满足当前日益增长的对嵌入式人才的迫切要求，需要探索一条以微处理器与实时操作系统为核心的嵌入式技术教育体系，培养出既具有行业领域知识，又可以适应国际竞争需要的嵌入式专业技术人才。

从2001年开始，国内很多高校在计算机、电子信息与自动化等学科方向都开展了嵌入式系统的教学与科研工作，形成了比较完整的嵌入式教学体系，促进了嵌入式技术的普及与人才培养。为了进一步提高国内嵌入式技术的应用水平，中国电子学会于2006年推出了嵌入式工程师认证考试，其宗旨是普及嵌入式技术，提高嵌入式从业人员的技术能力与应用水平，为企业选拔和录用嵌入式技术人才提供考核与度量标准。为了帮助参加嵌入式工程师认证考试的学生与工程技术人员准备考试，中国电子学会嵌入式系统专家委员会组织国内众多从事嵌入式系统教学与研究的专家、学者编写了嵌入式工程师认证考试系列辅导教材。

本系列认证考试辅导教材从企业对嵌入式技术人员的能力需求角度出发，较全面地介绍了嵌入式系统软硬件的基本知识体系与应用技能知识，适合作为参加中国电子学会嵌入式工程师认证考试的辅导教材，也可以作为本科生或专科生嵌入式课程的教材。

我相信，本认证考试辅导教材的推出，将积极促进中国电子学会嵌入式工程师认证考试工作的推广，同时也是对当前国内嵌入式教育体系的有益补充和完善，对国内高校嵌入式技术的普及和推广、人才梯队的培养以及嵌入式教学体系建设等方面都将产生积极的促进作用。

中国电子学会　副秘书长

2010年10月

前　言

中国电子学会嵌入式工程师认证是中国工程师职称改革、申请国际互认的试点工作之一，是国家正式批准并认可的认证体系，是目前国内嵌入式技术方向唯一的权威认证。中国工程师职称改革、申请国际互认工作由国家人力资源和社会保障部联合中国科学技术协会等18家部委成立的"中国工程师制度改革协调小组"负责。在"中国工程师制度改革协调小组"的领导下，中国电子学会嵌入式系统专家委员会负责嵌入式工程师认证工作，并在全国范围内，寻找有条件的高等院校建立联合培训认证中心，共同推广嵌入式工程师认证工作。

中国电子学会嵌入式工程师认证实行全国统一认证标准、统一大纲、统一时间、统一考试、统一试卷和统一考评管理，由中国电子学会嵌入式系统专家委员会负责具体组织实施。

为了帮助参加嵌入式硬件助理工程师的考生能顺利通过认证，中国电子学会嵌入式系统专家委员会组织编写了本系列辅导教材。

本书的主要特点是，围绕认证考试大纲，详细解读大纲内容，提供大量的配套练习题，并附有详细答案。

全书分为11章，主要内容如下：

第1章介绍嵌入式系统设计的基本概念、应用和发展趋势。

第2～3章介绍嵌入式系统硬件电路基本知识与基本电路设计。

第4～5章介绍嵌入式C语言与汇编语言的基础知识与嵌入式系统开发环境的构建方法。

第6～7章介绍嵌入式系统常用模块设计与驱动电路。

第8章介绍电路板设计的基础知识。

第9～11章以μC/OS-II操作系统为主，介绍嵌入式操作系统的基本知识以及嵌入式系统多任务软件的设计方法；最后介绍技术报告的写作方法与要求。

本书由中国电子学会嵌入式系统专家委员会编著，参加编写的人员详见编委名单。

感谢北京博创兴业科技有限公司的支持。本书还参考了许多同行专家的专著和文章，在此也表示深深的谢意！

本书难免有不成熟乃至错误的地方，恳请读者谅解和指正。

作　者

2010年9月于华工园

认证考试说明

中国电子学会嵌入式工程师认证考试由中国电子学会嵌入式系统专家委员会负责组织实施，并组织嵌入式专家团队负责试卷的评审，各省考试中心负责对报考人员进行资格审查，审查合格人员在当地考试中心办理报名手续。

报名资格：1. 国家正规院校本科、专科学生

　　　　　2. 社会嵌入式技术从业人员

考试方向：1. 嵌入式硬件方向

　　　　　2. 嵌入式软件方向

考试时间：全国统考，每年两次

组织单位：1. 中国科学技术协会

　　　　　2. 中国电子学会

　　　　　3. 北京博创兴业科技有限公司

考试报名流程：在各地考试中心报名（登录官方网站 http://www.cie-eec.org/查询）

联系单位：中国电子学会嵌入式系统专家委员会

联系电话：010－82110042

网站：www.cie-eec.org

E-mail：contact@cie-eec.org

目　　录

第一部分　硬件助理工程师考试大纲

第二部分　复习指南

上篇　嵌入式系统设计预备知识

下篇　嵌入式系统设计

第一部分　硬件助理工程师考试大纲

一　大纲编写说明

1. 编写嵌入式助理工程师考试大纲的指导思想

① 考试的性质：嵌入式助理工程师是一种评价考试，而不是选拔考试；

② 规范评价嵌入式助理工程师认证体系，对今后高等院校设置嵌入式技术课程起指导作用；

③ 该评价体系与标准可以作为衡量当前高等院校学生掌握嵌入式技术的一个尺度；

④ 该评价体系与标准的编写目的，主要是基于工程应用型人才的要求，检查大学生今后从事嵌入式系统应用设计所需的基本知识与技能；

⑤ 评价体系与标准不能离开大学的基础课程与基础实验的训练；

⑥ 教材标准与评价标准是有区别的；

⑦ 该评价体系与标准的制定和有效执行，可以为嵌入式工程师考试大纲的制定奠定基础。对助理工程师的考查，主要考查会做会用；对工程师的考查，主要考查他们不但要会做会用，还要考查他们对系统的开发和设计能力以及程序代码的编写能力。

2. 与原大纲的不同之处

① 知识的覆盖面更宽。

② 突出实践动手能力的培养，加强了实践动手能力的考核。

③ 考核形式由原来的书面考核改为书面考试与实际操作考试相结合的考核方式，分别单独进行；实践考试以完成简单的项目作为考核方式，而且在理论考试中，关于实践方面的试题也不得少于30%。

④ 将原来考核大纲的嵌入式系统理论与应用等知识进行了拓展与外延。

⑤ 希望改变目前学生只注重理论学习，忽视动手能力培养的现状。

3. 实践考核的定位

为了避免目前在嵌入式系统设计的教学过程中面面俱到、泛泛而谈的情况，一定要将嵌入式系统的设计应用落实到一个具体的平台上，以一个相对稳定的硬件平台开展嵌入式系统设计的理论与实践教学。根据目前的情况，由于ARM体系结构等各方面都有其优越性，因此，在进行嵌入式系统设计考核时，主要选择ARM系列中以ARM920为内核的S3C2410(或S3C2440)等芯片构成的嵌入式硬件系统；在选取操作系统时，采用μC/OS-II和Linux操作系统进行设计；以后将逐步拓展到其他嵌入式微处理器和操作系统构成的嵌入式系统。

4. 考试模式

嵌入式助理工程师是嵌入式工程师认证的基础等级，主要面向嵌入式技术的初学者。通过了嵌入式助理工程师认证，标志着已具备嵌入式技术应用的基本应用设计能力，熟悉嵌入式系统的开发过程，并能够协助嵌入式工程师进行嵌入式系统的开发工作。

嵌入式助理工程师理论试卷所涉及的内容将以本考试大纲中所确定的有关要求为依据，试题将不超过大纲要求的内容。

实践考试将以应用为主，以嵌入式助理工程师考试大纲的理论为依据，围绕嵌入式开发与调试的基本方法与技能出题，突出会做会用。

理论笔试(100 分)：理论笔试内容中，要有不少于 30％的关于实践方面的考试内容。

实践考试(100 分)：以小型项目的方式进行动手能力的考查。

按照笔试(卷面 100 分)70％，实践(卷面 100 分)30％进行加权求总成绩。只要通过了实践考试(≥60 分)，加权总成绩为 60 分以上者(含 60 分)，就可以颁发证书。

考试时间：每年举行 2 次考试，6 月份一次，12 月份一次。

理论考试：3 小时。

实践操作考试：3 小时。

二　嵌入式硬件方向考核目标

要求掌握从事嵌入式系统开发所必需的基本知识：

① 了解嵌入式技术的基本概念、应用、发展趋势等；

② 了解和熟悉嵌入式技术硬件基本电路知识，并能进行简单电路的设计；

③ 了解 C 语言与汇编语言基础知识，并能进行简单的编程；

④ 掌握嵌入式系统开发环境的构建方法，并能根据实际应用自己构建开发环境；

⑤ 了解和熟悉嵌入式系统的接口电路，并能结合实际项目进行应用；

⑥ 了解和熟悉嵌入式开发板卡上的资源，能进行简单的开发应用；

⑦ 了解和熟悉 μC/OS-II 操作系统、开发工具的使用等，能利用该操作系统进行一些简单项目的开发；

⑧ 熟悉查阅资料与使用资料的方法，能结合实际项目查阅资料。

三　嵌入式硬件方向考核大纲

上篇　嵌入式系统设计预备知识

第 1 章　嵌入式系统设计的基本概念、应用和发展趋势

了解嵌入式系统的概念、基本组成、特点和应用，以及嵌入式系统微处理器类型及其主要的生产厂家、嵌入式操作系统、嵌入式系统的开发流程等主要内容。

第 2 章　嵌入式系统硬件电路基本知识

了解安全用电的基本概念，了解三相五线制的基本概念，在实际工作中会使用，熟悉根据电路功率和技术指标要求选取直流电源的方法。

了解电压、电流与电阻的基本概念以及在嵌入式系统设计中的具体应用，了解电子电路中“地”的概念（数字地、模拟地、保护地等），掌握基尔霍夫电压定律、基尔霍夫电流定律在设计嵌入式系统中的简单应用。

了解和掌握正弦信号、方波、逻辑电平以及基本信号源的使用与信号测量方法。

了解电容、电感的基本概念以及在嵌入式系统设计中的具体应用，如 RC 电路、滤波、旁路和储能等。

了解和掌握二极管、三极管的特性及其在嵌入式系统设计中的具体应用，如二极管在电路中的作用（整流、滤波、指示、稳压等）、三极管基本放大电路的概念；了解场效应管的基本特性与应用。

了解模拟电路与数字电路的主要基本概念，并能结合工程实际问题进行具体应用（如：输入/输出阻抗、增益、频率特性、滤波、时钟、逻辑电平的含义、同步与异步、复位、置数及使能等），掌握基本的门电路和触发器用法，熟悉状态机的概念和用法。

第 3 章　嵌入式系统硬件电路设计

了解运算放大的基本概念，掌握典型的基本运算放大电路在嵌入式系统设计中的应用。

了解目前常用芯片的电源电路，掌握 DSP、FPGA、ARM 等芯片的常用电源电路与芯片选用。

了解振荡与复位电路的设计方法，如 DSP、FPGA、ARM 等芯片的常用振荡与复位电路。

掌握利用 HDL 语言设计简单组合与时序电路的设计方法。

了解 A/D 转换和 D/A 转换的基本概念与技术指标。

熟悉嵌入式系统设计中常用元器件的功能、封装以及常用接插件的使用。

下篇　嵌入式系统设计

第 4 章　嵌入式 C 语言与汇编语言

了解嵌入式 C 语言程序设计的基础知识（如：数据类型、运算符、表达式、程序设计方法、常用语句、数组、指针及文件等），并能够进行简单的编程。

了解 ARM 汇编指令、汇编语言的编程以及汇编语言与 C 语言混合编程的方法。

第 5 章　嵌入式系统开发环境构建

了解嵌入式系统开发环境的构建方法、常用工具的使用，了解嵌入式系统硬件环境的搭建方法，并能根据实际项目要求自己构建开发环境；熟悉嵌入式开发软件工具的基本使用（如 ADS1.2、IAR EWARM 等）。

了解和熟悉开发工具的使用与硬件调试方法、开发工具的选用、嵌入式系统开发方法、嵌入式系统硬件的基本调试方法、嵌入式系统主要硬件模块的软件调试方法，如：SDRAM、NAND/NOR Flash、I/O、中断、看门狗软件复位、A/D 转换、LCD 控制器、键盘设计、UART 接口调试、I^2C 设计。

第 6 章　嵌入式系统常用模块设计

了解和熟悉嵌入式微处理器的体系结构（如总线信号的概念、可编程 I/O、处理器结构、处理器模式和状态、异常和中断、存储系统等），了解和熟悉嵌入式系统常用模块的功能（如：电源模块、复位电路、SDRAM 电路、NAND Flash 电路、NOR Flash 电路、UART 通用异步串行接口电路、中断、输入/输出端口、PWM、A/D 转换与触摸屏、I^2C(IIC) 串行总线接口、USB 接口、LCD 控制器及以太网控制器等）。

第 7 章　常用驱动电路介绍

熟悉和掌握嵌入式系统中常用驱动电路的设计方法，如：TTL 和 CMOS 驱动外部负载、LED 的驱动、光电耦合器与继电器、数字信号与长线传输、常用接口的电气特性参数、常用的电力电子控制电路及调试接口等。

第 8 章　电路板设计基础

掌握简单电路板的设计方法，如：开发工具的选用、原理图绘制方法、基本布线方法、PCB 设计方法及电磁兼容概念等。

第 9 章　嵌入式操作系统基础

了解嵌入式操作系统概念、分类、任务管理、存储管理、I/O 设备管理、文件系统等基本概念。

了解 μC/OS－II 操作系统原理和移植方法（如：μC/OS－II 中任务的状态、μC/OS－II 内核调度原理、μC/OS－II 任务创建方法、任务间的通信、系统的消息循环及 μC/OS－II 移植方法等）。

第 10 章　嵌入式系统多任务软件设计

了解嵌入式系统多任务软件设计方法，如：信号量的使用、按键发送新消息、消息循环和信号量的使用、文件的使用、列表框的应用、文本框的应用、图形用户接口及综合应用设计等。

第 11 章　技术报告的写作方法

熟悉技术报告的写作方法、嵌入式系统中软件设计文档的写作要领，能读懂嵌入式英文文档。

四　上机实践考试说明

1. 实践的考试模式

第一种：参加经过中国电子学会嵌入式系统专家委员会授权的培训中心集中培训的学员，经过实践考核并通过后，只须参加培训中心组织的全国统一考试中的理论部分考试，通过了理论考试就可颁发证书。

第二种：没有参加经过中国电子学会嵌入式系统专家委员会授权的培训中心培训的人员，参加全国统一考试中的理论考试后，在当地的培训中心参加全国统一考试中的实践考试，实践项目可以采用现场抽题的方法进行，由考生自己抽取。

2. 硬件实践考试内容

实践性环节：主要是针对 ARM9 开发板（如：S3C2410/2440 CPU）硬件平台进行基础实验项目的考核。主要考核内容与要求如下：

项目一　基于 ARM7 或 ARM9 微处理器应用的开发环境构建

要求：

① 熟悉 ARM7 或 ARM9 开发板的结构原理以及常用接口的使用方法；

② 熟悉常用驱动程序的作用与安装方法，能够自己组建一个完整的开发环境；

③ 熟悉常用开发工具的使用，如：DNW 使用、ADS1.2、IAR EWARM 等的使用；

④ 会利用 ADS1.2、IAR EWARM 调试汇编或 C 语言编写的源程序，并能下载到开发板上运行。

项目二　ARM 汇编指令与 C 语言简单编程

要求：

① 熟悉 ADS1.2 或 IAR EWARM 等的使用；

② 掌握嵌入式 C 语言与 ARM 汇编语言的使用；

③ 掌握嵌入式 C 语言与 ARM 汇编语言混合编程的方法；

④ 掌握 ARM7 或 ARM9 微处理器的 I/O 控制寄存器的配置；

⑤ 会简单设计基于 ARM7 或 ARM9 微处理器的 LED 显示电路；

⑥ 会利用 ADS1.2、IAR EWARM 调试汇编或 C 语言编写的源程序，并能下载到开发板上运行。

项目三　ARM 启动及工作模式切换

要求：

① 熟悉 ADS1.2 或 IAR EWARM 等的使用；

② 熟悉 ARM 的启动过程以及 ARM 工作模式切换的方法；

③ 了解 ARM 启动代码完成的主要功能；

④ 会观察启动过程。

项目四　外部中断

要求：

① 熟悉 ADS1.2 或 IAR EWARM 等的使用；

② 了解 ARM7 或 ARM9 微处理器外部中断的原理；

③ 熟悉 ARM7 或 ARM9 微处理器的中断控制寄存器的配置；

④ 掌握 ARM7 或 ARM9 微处理器外部中断的使用方法。

项目五　看门狗定时器

要求：

① 熟悉 ADS1.2 或 IAR EWARM 等的使用；

② 了解 ARM7 或 ARM9 看门狗定时器的原理与作用；

③ 熟悉 ARM7 或 ARM9 微处理器的看门狗定时器相关控制寄存器的配置；

④ 掌握 ARM7 或 ARM9 微处理器的看门狗定时器的使用方法。

项目六　PWM 应用

要求：

① 熟悉 ADS1.2 或 IAR EWARM 等的使用；

② 了解 ARM7 或 ARM9PWM 控制器的原理与作用；

③ 熟悉 ARM7 或 ARM9 微处理器的 PWM 控制器相关控制寄存器的配置；

④ 掌握 ARM7 或 ARM9 微处理器的 PWM 控制器的使用方法。

项目七　实时时钟应用

要求：

① 熟悉 ADS1.2 或 IAR EWARM 等的使用；

② 了解 ARM7 或 ARM9 实时时钟硬件控制的原理与作用；

③ 熟悉 ARM7 或 ARM9 微处理器的实时时钟相关控制寄存器的配置；

④ 掌握 ARM7 或 ARM9 微处理器的实时时钟的使用方法。

项目八　NOR Flash 应用

要求：

① 熟悉 ADS1.2 或 IAR EWARM 等的使用；

② 了解 NOR Flash 存储器的功能与读/写原理；

③ 掌握 NOR Flash 存储器的使用方法。

项目九　NAND Flash 应用

要求：

① 熟悉 ADS1.2 或 IAR EWARM 等的使用；

② 了解 NAND Flash 存储器的功能与读/写原理；

③ 掌握 NAND Flash 存储器的使用方法。

项目十　串口应用

要求：

① 熟悉 ADS1.2 或 IAR EWARM 等的使用；

② 了解串口通信原理与应用；

③ 掌握 ARM7 或 ARM9 微处理器 UART 的使用方法。

项目十一　A/C 转换

要求：

① 熟悉 ADS1.2 或 IAR EWARM 等的使用；

② 了解 A/D 转换原理与应用；

③ 掌握 ARM7 或 ARM9 微处理器下 A/D 转换的使用方法。

项目十二　TFT 液晶屏控制

要求：

① 熟悉 ADS1.2 或 IAR EWARM 等的使用；

② 了解 TFT 型彩色 LCD 的工作原理与应用；

③ 掌握 ARM7 或 ARM9 微处理器与 LCD 的接口原理；

④ 掌握 LCD 的基本编程方法。

项目十三　触摸屏控制

要求：

① 熟悉 ADS1.2 或 IAR EWARM 等的使用；

② 了解触摸屏的工作原理与应用；

③ 掌握触摸屏应用的基本编程方法。

项目十四　I²C 总线应用

要求：

① 熟悉 ADS1.2 或 IAR EWARM 等的使用；

② 了解 I²C 总线的工作原理与应用；

③ 掌握 I²C 接口的基本操作编程。

项目十五　I^2S 总线应用

要求：

① 熟悉 ADS1.2 或 IAR EWARM 等的使用；

② 了解 I^2S 总线的工作原理与应用；

③ 掌握 I^2S 接口的基本编程。

项目十六　TFTP 以太网通信

要求：

① 熟悉 ADS1.2 或 IAR EWARM 等的使用；

② 了解在嵌入式系统设计中网络通信的应用；

③ 了解 TCP/IP；

④ 了解 TFTP 的功能与作用。

项目十七　μC/OS－II 操作系统的移植

要求：

① 熟悉 ADS1.2 或 IAR EWARM 等的使用；

② 了解 μC/OS－II 操作系统内核的结构；

③ 了解 μC/OS－II 操作系统移植的原理与方法。

项目十八　μC/OS－II 应用设计

要求：

① 熟悉 ADS1.2 或 IAR EWARM 等的使用；

② 了解简单的 μC/OS－II 应用程序设计。

项目十九　其他实验项目

主要评价原则：突出概念和使用过程，培养动手能力和测试能力，主要是会做会用。

通过了嵌入式助理工程师认证，标志着已具备嵌入式技术应用的基本设计能力，熟悉嵌入式系统的开发过程，并能够协助嵌入式工程师进行嵌入式系统的开发工作。

第二部分　复习指南

上篇　嵌入式系统设计预备知识

第1章　嵌入式系统设计的基本概念、应用和发展趋势

考核要点

了解嵌入式系统的概念、特点和应用，以及嵌入式操作系统和几种嵌入式操作系统的特点(Linux、μC/OS－II、WinCE、VxWorks)。

了解嵌入式系统的基本组成：嵌入式处理器、相关的硬件支持设备以及嵌入式软件系统。其中，嵌入式处理器是嵌入式系统中的核心部件。了解嵌入式系统微处理器的类型、应用场合与要求以及主要的生产厂家。了解嵌入式微处理器的发展历程。了解嵌入式系统的开发流程：从产品定义开始，接着进行硬件设计，然后将软件或操作系统移植到硬件上，并且进行应用程序的开发，最后经过测试与调试后即可开始使用或销售。

考核知识

1. 嵌入式系统

简单地说，嵌入式系统是一种用于控制、监测或协助特定机器和设备正常运转的计算机。它通常由3部分组成：嵌入式处理器、相关的硬件支持设备以及嵌入式软件系统。其中，嵌入式处理器是嵌入式系统中的核心部件。

狭义上讲，嵌入式系统是指以应用为核心，以计算机技术为基础，软硬件可裁减，适于应用系统对功能、可靠性、成本、体积和功耗有严格要求的专用计算机系统。

嵌入式系统发展的4个阶段：无操作系统阶段、简单操作系统阶段、实时操作系统阶段、面向Internet阶段。

知识产权核(IP核)：具有知识产权、功能具体、接口规范、可在多个集成电路设计中重复使用的功能模块，是实现片上系统(SoC)的基本构件。

IP核模块有行为、结构和物理3级不同程度的设计，对应描述功能行为的不同可以分为3类：软核、固核、硬核。

2. 嵌入式系统的组成

嵌入式系统的组成粗略划分为4部分：嵌入式处理器、外围设备、嵌入式操作系统(可选)

和嵌入式应用软件。

如果再稍细一点划分可分为 6 部分：嵌入式处理器、外围设备、驱动程序、嵌入式操作系统、应用接口和嵌入式应用软件。

硬件部分由基于 ARM 内核的微处理器(内含外围接口电路)、电源电路、内存储器、看门狗及复位电路、人机交互和其他输入/输出接口电路组成。

软件部分由驱动层、OS 层和应用层 3 部分组成。嵌入式系统组成如图 1.1 所示。

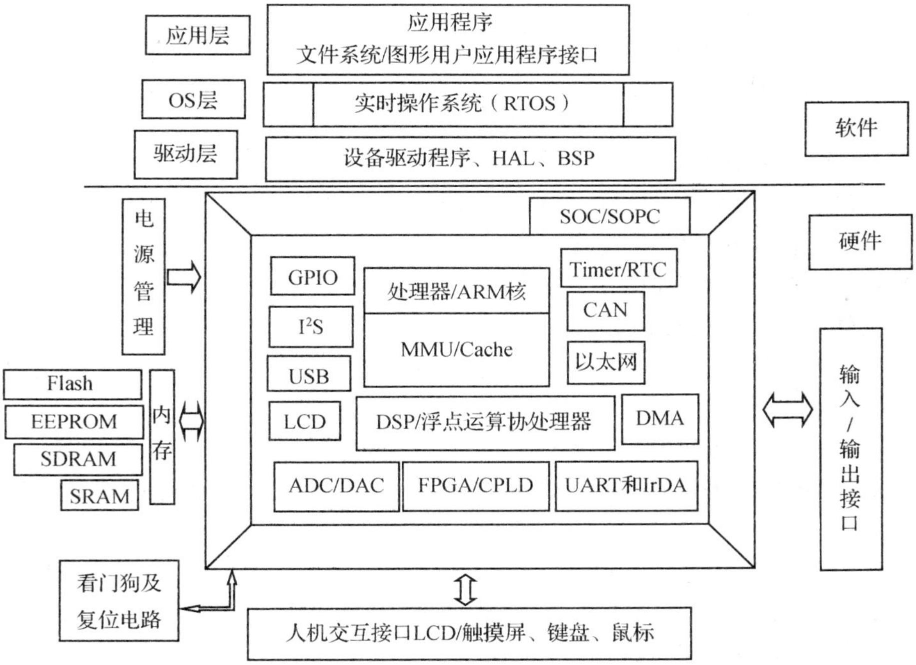

图 1.1　嵌入式系统组成

开发嵌入式系统完成硬件设计后，主要工作就是软件设计。而软件设计首先是开发工具的选用，使用不同工具时，必须考虑该工具的一些特性和扩展。比如写汇编代码，ADS 的语法格式就与 GNU GCC 的有很大差别，特别是在一些伪指令的地方。

3. 嵌入式系统设计过程

一般嵌入式系统的设计过程是：从产品定义开始，接着进行硬件设计，然后将软件或操作系统移植到硬件上，并且进行应用程序的开发，最后经过测试与调试后即可开始销售或使用。

(1) 嵌入式系统的设计要求

嵌入式系统设计开发不同于桌面系统，它不仅受制于功能，而且还受制于具体的应用环境，所以嵌入式系统的设计具有以下一些特殊的要求：

① 接口方便,操作容易;

② 稳定可靠,维护简便;

③ 功耗管理,降低成本;

④ 功能实用,便于升级;

⑤ 并发处理,及时响应。

(2) 嵌入式系统开发的特点

嵌入式系统需要软硬件综合开发,二者密切相关。

嵌入式系统可以是面向某一个领域、某一行业、某一个用户的具体产品,不具有通用性,不能独立发展,并对功耗、体积、成本、可靠性、速度及处理能力等有严格要求。

嵌入式系统软件、硬件(处理器、系统等)的生命周期都比较长,有继承性;具有实时性、高质量和高可靠性,程序固化。

嵌入式系统需要软硬件开发工具和系统软件,主要工具如下:

- 硬件工具包括计算机、开发板、信号发生器和示波器等;
- 软件工具包括编辑、编译和调试软件等;
- 系统软件包括 OS、数据库等。

嵌入式系统一般不是一个独立的应用产品,而是某种产品的一部分,所有都需要相应方面的应用专家参与。

嵌入式系统分散而不可垄断。通用计算机行业被 Microsoft 和 Intel 公司垄断(软件和硬件),而嵌入式系统领域的芯片、操作系统和软件,充满了竞争、发展和机遇,呈现一种百花齐放的景象。

嵌入式系统的这一特点,决定了嵌入式应用开发方法不同于传统的软件工程方法。

(3) 嵌入式系统设计过程

嵌入式系统设计的一般过程如下:

1) 系统需求分析

确定设计任务和设计目标,并提炼出设计规格说明书,作为正式设计指导和验收的标准。系统的需求一般分功能性需求和非功能性需求两方面。功能性需求是系统的基本功能,如输入/输出信号、操作方式等;非功能性需求包括系统性能、成本、功耗、体积和质量等因素。

2) 体系结构设计

描述系统如何实现所述的功能和非功能需求,包括对硬件、软件和执行装置的功能划分,以及系统的软件、硬件选型等。一个好的体系结构是设计成功与否的关键。

3) 硬件/软件设计

基于体系结构,对系统的软件和硬件进行详细设计。为了缩短产品开发周期,设计往往是并行的。应该说,嵌入式系统设计的工作大部分都集中在软件设计上,面向对象技术、软件组件技术和模块化设计是现代软件工程经常采用的方法。

4）系统集成

把系统的软件、硬件和执行装置集成在一起，进行调试，发现并改进单元设计过程中的错误。

5）系统测试

对设计好的系统进行测试，看其是否满足规格说明书中给定的功能要求。

针对系统不同的复杂程度，目前有一些常用的系统设计方法，如瀑布设计方法、自顶向下设计方法、自下向上设计方法、螺旋设计方法、逐步细化设计方法和并行设计方法等，根据设计对象复杂程度的不同，可以灵活地选择不同的系统设计方法。

4. 嵌入式系统的特性

根据英国电机工程师协会所做的定义“嵌入式系统是控制、监视或辅助某个设备、机器甚至工厂运行的设备”，嵌入式系统应该具备以下 4 个特性：

① 执行特定的功能；

② 以微处理器与外围设备构成核心；

③ 需要严格的时序与稳定性；

④ 全自动操作。

5. 嵌入式微处理器的发展历程

嵌入式微处理器的发展历程如下：

4 位　TI(德州仪器)公司的 TMS1000、NS 的 COP 系列等；

8 位　Intel 公司的 8048/49/50、8051/52，Motorola 公司的 6800 系列，Zilog 公司 Z8 系列，Atmel 公司的 89C51/52、89C1051/2051，Microchip 公司的 PIC 系列等；

16 位　Intel 公司的 8096/97，Thompson 公司的 68200 等；

32 位　ARM 公司的 ARM7、ARM9、ARM10、ARM11 核的 CPU 等；

64 位　ARM 公司的 ARM11，MIPS 公司的 R2000、R3000 等。

6. 嵌入式微处理器分类

嵌入式微处理器根据不同的应用场合和要求，种类较多，具体分类如下：

(1) 微控制器 MCU(Micro Contral Unit)

嵌入式微控制器 MCU 的典型代表是 8 位单片机，目前这种电子器件在嵌入式设备中仍然有着极其广泛的应用。

(2) 嵌入式微处理器 MPU(Micro Processor Unit)

嵌入式微处理器 MPU 是由通用计算机中的 CPU 演变而来的，如 80386 和 80387。它们与计算机处理器不同的是，在实际嵌入式应用中，只保留和嵌入式应用紧密相关的功能硬件，去除其他的冗余功能部分，这样就可以最低的功耗和资源实现嵌入式应用的特殊要求。

(3) 数字信号处理 DSP(Digital Signal Processor)

DSP 处理器是专门用于信号处理方面的处理器，其在系统结构和指令算法方面进行了特殊设计，在数字滤波、FFT、频谱分析等各种仪器上，DSP得到了大规模的应用。

(4) 片上系统SoC(System on Chip)

片上系统SoC是IC设计的发展趋势。采用SoC设计技术，可以大幅度提高系统的可靠性，减小系统的面积和功耗，降低系统成本，极大地提高系统的性能价格比。

(5) 可编程片上系统SoPC(System on Programmable Chip)

用可编程逻辑技术把整个系统放到一块硅片上，称为SoPC。可编程片上系统(SoPC)是一种特殊的嵌入式系统。

目前，嵌入式微处理器主要有Am186/88、386EX、SC－400、Power PC、68000、MIPS、ARM系列等。

嵌入式DSP比较有代表性的产品是Texas Instruments公司的TMS320系列和Motorola公司的DSP56000系列。

SoC可以分为通用和专用两类。通用系列包括Motorola公司的M－Core、某些ARM系列器件、Echelon和Motorola公司联合研制的Neuron芯片等。

7. 嵌入式系统的主要应用

在消费电子、工业应用、军事国防和网络设备等领域都有嵌入式系统的应用，嵌入式技术刺激了许多新的应用需求。嵌入式系统的主要应用领域如图1.2所示。

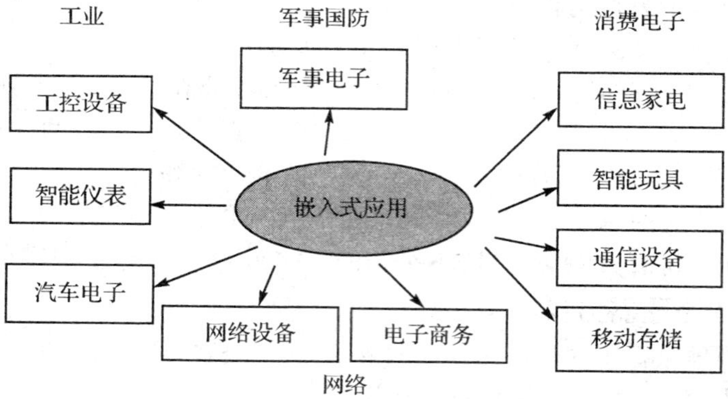

图1.2 嵌入式系统的主要应用领域

8. 嵌入式操作系统

(1) 概 述

操作系统是软硬件资源的控制中心，它以尽量合理有效的方法组织多个用户共享计算机的各种资源，目的是提供一台功能强大的虚拟机，给用户一个方便、有效、安全的工作环境。

嵌入式操作系统是支持嵌入式系统的操作系统。嵌入式系统具有高可裁减性和定制性，嵌入式操作系统一般具有实时特点。

所谓实时系统，就是能在指定或确定的时间内完成系统功能，对外部或内部、同步或异步时间做出响应的系统。

通用系统一般追求的是系统的平均响应时间和用户的使用方便；而实时系统主要考虑的是在最坏情况下的系统行为。

(2) 实时性

硬实时(强实时)是指应用的时间需求应能够得到完全满足，否则就造成重大安全事故，甚至造成重大的生命财产损失和生态破坏，如航天、军事。

软实时(弱实时)是指某些应用虽然提出了时间的要求，但实时任务偶尔违反这种需求，对系统运行及环境不会造成严重影响，如监控系统、实时信息采集系统。

嵌入式操作系统是相对于一般操作系统而言的。它除具备一般操作系统最基本的功能外，如任务调度、同步机制、中断处理和文件处理等功能，还具有以下特点：

① 强稳定性，弱交互性　嵌入式系统一旦开始运行就不需要用户过多的干预，这就要求负责系统管理的嵌入式操作系统具有很强的稳定性；

② 较强的实时性　嵌入式操作系统实时性一般较强，可用于各种设备的控制当中；

③ 可伸缩性　开放、可伸缩性的体系结构；

④ 外设接口的统一性　提供各种设备驱动接口。

(3) Linux 具有适合于嵌入式系统的特点

Linux 是目前最为流行的一款开放源代码的操作系统，经过改造后的嵌入式 Linux 具有以下适合于嵌入式系统的特点：

① 内核精简，高性能、稳定；

② 良好的多任务支持；

③ 适用于不同的 CPU 体系架构，支持多种体系架构，如 X86、ARM、MIPS、ALPHA 等；

④ 可伸缩的结构使 Linux 适合于从简单到复杂的各种嵌入式应用；

⑤ 外设接口统一，以设备驱动程序的方式为应用提供统一的外设接口；

⑥ 开放源代码，软件资源丰富，广泛的软件开发者的支持，价格低廉，结构灵活，适用面广；

⑦ 完整的技术文档，便于用户的二次开发。

(4) μC/OS－II

μC/OS－II 是 Jean J. Labrosse 在 1990 年前后编写的一个实时操作系统内核。严格地说，μC/OS－II 只是一个实时操作系统内核，仅包含了任务调度、任务管理、时间管理、内存管理及任务间通信和同步等基本功能，没有提供输入/输出管理、文件管理、网络等额外的服务。

目前，μC/OS－II 支持 ARM、PowerPC、MIPS、68k/ColdFire 和 X86 等多种体系结构。

(5) WinCE

WinCE 是微软开发的嵌入式操作系统，WinCE 主要应用于 PDA 及智能电话(smart phone)等多媒体网络产品。

(6) VxWorks

VxWorks 操作系统是 WindRiver(美国风河系统)公司于 1983 年设计开发的一种嵌入式实时操作系统(RTOS),它具有良好的持续发展能力、高性能的内核及友好的用户开发环境,在嵌入式实时操作系统领域牢牢地占据着一席之地。

VxWorks 所具有的显著特点是:可靠性、实时性和可裁减性。

支持多种处理器,如 X86、i960、Sun Sparc、Motorola MC68xxx、MIPS、PowerPC 等。

考核复习题

一、单项选择题(在备选答案中只有一个是正确的,将它选出填入括号中)

1. 嵌入式系统的三要素下面哪一个不是:(　　)。
   A. 嵌入　　B. 存储器
   C. 专用　　D. 计算机
2. 与 PC 系统相比,下列哪个不是嵌入式系统独具的特点(　　)。
   A. 系统内核小　　B. 专用性强
   C. 可执行多任务　　D. 系统精简
3. 嵌入式系统由硬件和软件部分构成,以下(　　)不属于嵌入式系统软件。
   A. 系统软件　　B. 驱动
   C. FPGA 编程软件　　D. 嵌入式中间件
4. 每种嵌入式操作系统都有自身的特点以吸引相关用户,下列说法错误的是(　　)。
   A. 嵌入式 Linux 提供了完善的网络技术支持;
   B. μCLinux 是专门为没有 MMU 的 ARM 芯片开发的;
   C. μC/OS-II 操作系统是一种实时操作系统(RTOS);
   D. WinCE 提供完全开放的源代码。
5. (　　) 完全把系统软件和硬件部分隔离开来,从而大大提高了系统的可移植性。
   A. 硬件抽象层　　B. 驱动映射层
   C. 硬件交互层　　D. 中间层

二、多项选择题(每小题不选或选错 1 个及以上选项得 0 分,漏选得 1 分,每小题全部选对得 2 分)

1. 嵌入式系统一般由 (　　)组成。
   A. 嵌入式微处理器　　B. 嵌入式操作系统　　C. 嵌入式应用软件
   D. 外围设备　　E. 寄存器
2. 一个嵌入式系统结构包括 (　　)。
   A. 硬件层　　B. 中间层
   C. 软件层　　D. 功能层

三、简述题

1. 嵌入式系统的软件层次结构包括哪些部分？简单说明各部分的功能与作用。

2. 简述你对嵌入式和嵌入式系统的理解？

3. 介绍一下嵌入式系统的设计步骤。各部分主要工作是什么？

4. 简要叙述嵌入式系统开发流程。

5. 什么是操作系统？操作系统在“硬件、操作系统、应用程序、硬件驱动”四者中，处于哪两层之间？

6. 什么是嵌入式系统？分别从狭义和广义两方面说明。

参考答案

一、单项选择题

1. B　2. C　3. C　4. D　5. A

二、多项选择题

1. ABCD　2. ABCD

三、简述题

1. 答：嵌入式系统的软件层次结构包括驱动层程序、操作系统、应用程序接口和应用程序。各部分的功能和作用如下：

① 驱动层程序：为上层软件提供设备的操作接口。

② 操作系统：进程管理、进程间通信、内存管理等。

③ 应用程序接口：复杂函数和数据结构的集合，简化应用程序的开发。

④ 应用程序：实现用户功能。

2. 答：凡是使用了 CPU 的便携式电子设备都可以叫嵌入式，如电子表、超声波测距仪等职能仪表，常见 CPU 为 MCS51 系列芯片。而嵌入式系统一般指在开发时移植了操作系统，功能较复杂的便携式电子设备，如手机、掌上电脑、MP4 等，常见 CPU 为 ARM、DSP、SoC 等。

3. 答：

① 需求分析阶段，列出用户的需求。

② 体系结构设计阶段，描述系统的功能如何实现。

③ 详细设计阶段，进行硬件系统与软件系统的分类划分，以决定哪些功能用硬件实现，哪些用软件实现。

④ 系统集成，把系统的软件、硬件和执行装置集成在一起进行调试，发现并改进在设计过程中的错误。

⑤ 系统测试，对设计好的系统进行测试，看其是否满足给定的要求。

4. 答：

① 建立开发环境；

② 配置开发主机；

③ 建立引导装载程序 BOOTLOADER；

④ 下载已经移植好的操作系统；

⑤ 建立根文件系统；

⑥ 开发应用程序。

5. 答：操作系统是计算机中最基本的程序。操作系统负责计算机系统中全部软硬件资源的分配与回收、控制与协调等并发的活动；操作系统提供用户接口，使用户获得良好的工作环境；操作系统为用户扩展新的系统提供软件平台。

操作系统处于应用程序和硬件驱动之间。

6. 答：从广义上说，凡是与产品结合在一起具有嵌入式特点的控制系统都可以称为嵌入式系统如电子表、超声波测距仪等职能仪表，常见 CPU 为 MCS－51 系列芯片。

从狭义上说，嵌入式系统一般指在开发时移植了操作系统，功能较复杂的便携式电子设备，如手机、掌上电脑、MP4 等，常见 CPU 为 ARM、DSP、SoC 等。

第2章 嵌入式系统硬件电路基本知识

考核要点

了解三相五线制、安全用电、基尔霍夫电流定律和基尔霍夫电压定律。

了解电压、电流与电阻的基本概念。了解电阻、电容和电感的基本概念，以及它们在嵌入式系统中的具体作用（如可用于波形产生、滤波、旁路，也用于积分器与微分器中等）。了解正弦信号、方波、逻辑电平的概念。理解电子电路中“地”的概念（数字地、模拟地、保护地等）。了解和掌握二极管、三极管的特性。了解场效应管的基本特性与应用。理解输入/输出阻抗、增益、频率特性、滤波、时钟、逻辑电平、同步与异步、复位、置数和使能等含义。

会正确使用三相五线制；会简单估算电路实际功率并合理选择直流供电电源；会在电子电路中简单利用“地”的概念；会基本信号源、示波器、万用表的使用以及常见信号的测试方法；会用二极管或三极管构成简单的应用电路；会使用基本的门电路和触发器。

考核知识

1. 三相五线制

在三相五线制供电系统中，把零线的两个作用分开，即一根做工作零线（N），另一根线专用做保护零线（PE），这样的供电接线方式称为三相五线制供电方式，如图 2.1 所示。我国目前的供电系统一般都采用三相五线制。

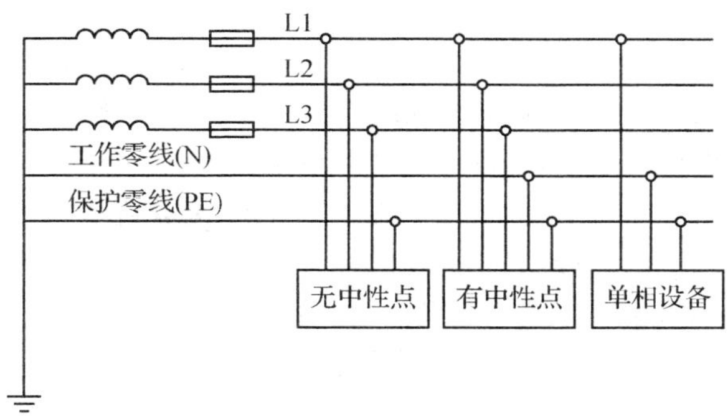

图 2.1 三相五线制

特点：N 与 PE 零线除在变压器中性点共同接地外，两线不再有任何的电气连接。

依据规范：相线为 L1 黄色、相线为 L2 绿色、相线为 L3 红色；中心线 N 为淡蓝色或黑色；

保护线 PE 为黄绿双色。

插座：左零(N)右相上接地(PE)。

在使用时，N 与 PE 零线不能混用，如果将 PE 零线当做 N 零线用，尽管能使设备正常工作，但是，这种用法是非常不安全的，如果装有漏电保护器，则电路容易引起自动跳闸，导致设备不能正常工作。

2. 直流电源选取的一般原则

直流电源选取一般是根据嵌入式硬件系统运行时所需的最大电流和额定电压的乘积选取功率，如嵌入式硬件系统运行时，直流电压为+5 V，最大工作电流为 2 A，则选取的直流电源的功率为：5 V×2 A=10 W。电源的要求是：输入为交流(AC)100～240 V/0.5 A，50～60 Hz，输出为直流(DC)5 V/2 A，还要使输出的纹波尽量小。

3. 电 阻

(1) 电阻的定义

电阻(resistance)，通常缩写为 R，它是导体的一种基本性质，与导体的尺寸、材料和温度有关。根据欧姆定律，$I=U/R$，那么 $R=U/I$，电阻的基本单位是欧姆，用希腊字母“Ω”表示，电阻的定义：导体上加上 1 伏特(V)电压时，产生 1 安培(A)电流所对应的阻值。在逻辑电路中，电阻主要作为限流、总线和线路终端，以及“上拉”或“下拉”电阻。电阻常用单位还有千欧(kΩ)、兆欧(MΩ)。

在放大器中，电阻用来做有源器件的负载、偏置电路或反馈元件。电阻与电容结合使用可形成 RC 时间常数，也可作滤波器使用。电阻也可以用于设置工作电流与信号电平。电阻用于在电源电路中损耗功率，以减小相应电压，也用于测量电流以及在电源撤去后使电容放电，还用于在精确电路中建立电流，提供准确的电压比，以及设置准确的增益值。

(2) 电阻器的标识

有些电阻，采用直接标注，很容易识别规格。但是，在装配电子产品的时候，必须考虑到今后检修的方便，必须把标注面朝向易于看到的地方。然而自动生产线上的机器没有那么聪明，而且电阻器元件越做越小，直接标注的标记难以看清。所以，国际上惯用“色环标注法”。“色环电阻”占据着电阻器元件的主流地位。所谓色环电阻，就是在电阻器上用不同颜色的环来表示电阻的规格。有的是用 4 个色环表示，有的用 5 个。4 环电阻，一般是碳膜电阻，用 3 个色环来表示阻值，用 1 个色环表示误差。5 环电阻一般是金属膜电阻，为更好地表示精度，用4 个色环表示阻值，也是用 1 个色环表示误差。下表是色环电阻的颜色-数码对照表：

黑	棕	红	橙	黄	绿	蓝	紫	灰	白	金	银	本
0	1	2	3	4	5	6	7	8	9	5%	10%	15%

色环电阻的规则是最后一环代表误差，对于 4 环电阻，前二环代表有效值，第三环代表乘以 10 的次方数。有一个秘诀：面对一个色环电阻，找出金色或银色的一端，并将它朝下，从头

开始读色环。

例如：第一环是棕色的，第二环是黑色的，第三环是红色的，第四环是金色的，那么它的电阻值是“1 0”，第三环是添零的个数，这个电阻添 2 个零，所以它的实际阻值是 1 000 Ω，即 1 kΩ。又如：一个电阻的色环为“绿棕黑棕 金”，则它们对应的数值为“5 1 0 1 5%”，最后计算出电阻的值为：510×10＝5.1 kΩ。

(3) 电阻器的种类

电阻器的种类有很多，通常分为三大类：固定电阻、可变电阻、特种电阻。在电子产品中，以固定电阻应用最多。而固定电阻以其制造材料又可分为很多类，但常用、常见的有 RT 型碳膜电阻、RJ 型金属膜电阻、RX 型线绕电阻，还有近年来开始广泛应用的片状电阻，尤其在嵌入式系统设计中，主要是用片状电阻。

电阻的型号命名很有规律，R 代表电阻，T 表示碳膜，J 表示金属，X 表示线绕，都是拼音的第一个字母。在国产老式的电子产品中，常可以看到外表涂覆绿漆的电阻，那就是 RT 型的。而红颜色的电阻，是 RJ 型的。一般老式电子产品中，以绿色的电阻(碳膜)居多。因为金属膜电阻虽然精度高、温度特性好，但制造成本也高，而碳膜电阻特别价廉，而且能满足民用产品要求。

电阻器也有功率之分。常见的是 1/8 W 的色环碳膜电阻，它是电子产品和电子制作中用得最多的。当然，在一些微型产品中，会用到 1/16 W 的电阻，它的个头小多了。再者就是微型片状电阻，它是贴片元件家族的一员。

目前，在嵌入式系统设计中用到的微型片状电阻的封装一般为 0805、0603。其意思是指电阻的长宽尺寸，0805 指该帖片电阻的外形尺寸，即长为 80 mil (2.032 mm)，宽为 50 mil (1.27 mm)(1 mil＝0.0254 mm)。

(4) 可变电阻

可变电阻又称为电位器，电子设备上的音量电位器就是个可变电阻。一般认为，电位器都是可以手动调节的，而可变电阻一般都较小，装在电路板上不经常调节。可变电阻有三个引脚，其中两个引脚之间的电阻值固定，并将该电阻值称为这个可变电阻的阻值。第三个引脚与任两个引脚间的电阻值可以随着轴臂的旋转而改变。这样，可以调节电路中的电压或电流，达到调节的效果。

(5) 特种电阻

1) 光敏电阻

光敏电阻是一种电阻值随外界光照强弱(明暗)变化而变化的元件，光越强阻值越小，光越弱阻值越大。如果把光敏电阻的两个引脚接在万用表的表笔上，用万用表的 $R\times1$k 挡测量在不同的光照下光敏电阻的阻值：将光敏电阻从较暗的抽屉里移到阳光下或灯光上，万用表读数将会发生变化。在完全黑暗处，光敏电阻的阻值可达几兆欧以上(万用表指示电阻为无穷大，即指针不动)，而在较强光线下，阻值可降到几千欧甚至 1 kΩ 以下。利用这一特性，可以制作各种光控的小电路。

例如：道路边上的路灯大多是用光控开关自动控制的，其中一个重要的元器件就是光敏电阻（或者是光敏三级管，一种功能相似的带放大作用的半导体元件）。光敏电阻是在陶瓷基座上沉积一层硫化镉（CdS）膜后制成的，实际上也是一种半导体元件。

图 2.2 所示是光敏电阻组成的自动照明电路。

2）热敏电阻

热敏电阻是一个特殊的半导体器件，其电阻值随着表面温度高低的变化而变化。它原本是为使电子设备在不同的环境温度下正常工作而使用的，叫做温度补偿。新型的电脑主板都有 CPU 测温、超温报警功能，就是利用了的热敏电阻。

图 2.3 所示是热敏电阻组成的 RC 桥式振荡电路。R_f是一个热敏电阻，为了保证电路能顺利起振，它应该具有负温度系数，即温度越高，电阻值越小。在图 2.3 所示的振荡电路中，当电路刚开始起振时，R_f温度低，电阻大，使得反相端的电压较低，有利于起振。

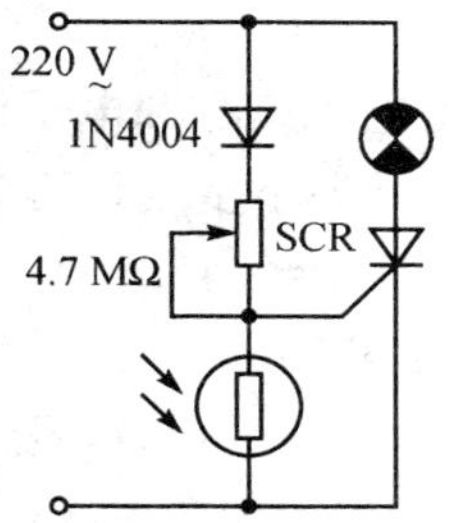

图 2.2　光敏电阻组成的自动照明电路

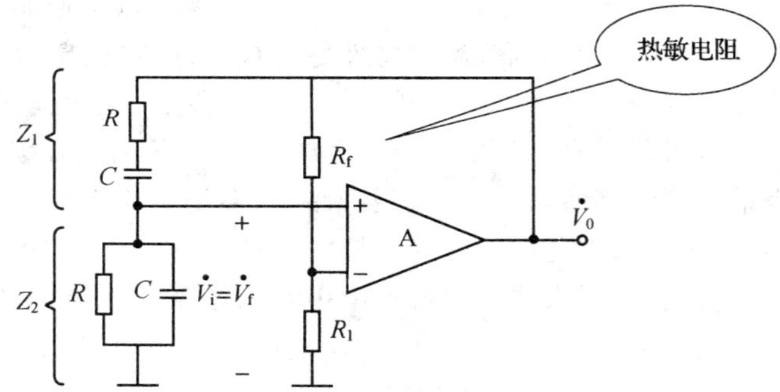

图 2.3　热敏电阻组成的 RC 桥式振荡电路

4. 电容和电感

(1) 电容的定义

电子系统中需要用到各种各样的电容器，它们在电路中起着不同的作用。与电阻器相似，通常简称为电容，用字母 C 表示。

电容器分为容量固定的和容量可变的两种。常见的是固定容量的电容，最常见的是电解电容、瓷片电容和贴片电容。

规定把电容器外加 1 伏特（V）直流电压时所储存的电荷量称为该电容器的电容量。电容的基本单位为法拉（F）。但实际上，法拉是一个很少用的单位，因为电容器的容量往往比 1 法拉小得多，常用的单位是微法（μF）、纳法（nF）、皮法（pF）等。

它们的关系是：1 F（法拉）＝1 000 000 μF（微法），1 μF（微法）＝1 000 nF（纳法）＝1 000 000 pF（皮法）。

在电压与电流变化的电路中，电容和电感是非常有用的元件。它们与电阻相结合，组成三位一体的无源线性电路，它们构成了几乎所有电路的基础。尤其是电容，它差不多是每种电路应用的基本元件，可用于波形产生、滤波、阻塞与旁路，也用于积分器与微分器中。在与电感结合应用时，它可以构成一种特性尽可能尖锐的滤波器，以便从背景噪声中滤出所需的信号。

在电子电路中，电容用来通交流电、隔直流电，也用来存储和释放电荷以充当滤波器，平滑输出脉动信号。大容量的电容通常用来滤波和存储电荷。

电解电容有个铝壳，里面充满了电解质，并引出两个电极，作为正(+)极、负(－)极，与其他电容器不同，它们在电路中的极性不能接错，而其他电容则没有极性。

把电容器的两个电极分别接在电源的正、负极上，稍后把电源断开，两个引脚间仍然会有残留电压，这时电容器上就储存了电荷。电容器极板间建立起电压，积蓄起电能，这个过程称为电容器的充电。充好电的电容器两端有一定的电压。电容器储存的电荷向电路释放的过程，称为电容器的放电。

电子电路中，只有在电容器充电过程中，才有电流流过，充电过程结束后，电容器是不能通直流电的，在电路中起着“隔直流”的作用。电路中，电容器常被用做耦合、旁路和滤波等，都是利用它“通交流，隔直流”的特性。

电容器的选用涉及很多问题。首先是耐压的问题。加在一个电容器两端的电压超过了它的额定电压，电容器就会被击穿损坏。一般电解电容的耐压分挡为 6.3 V，10 V，16 V，25 V，50 V 等。然后是容量的问题，最后是电容器的材质问题。

(2) 电容的种类及应用

① 聚酯(涤纶)电容(CL)：主要应用在对稳定性和损耗要求不高的低频电路中。

② 聚苯乙烯电容(CB)：主要应用在对稳定性和损耗要求较高的电路中。

③ 聚丙烯电容(CBB)：主要代替大部分聚苯或云母电容，用于要求较高的电路。

④ 云母电容(CY)：主要应用在高频振荡、脉冲等要求较高的电路中。

⑤ 高频瓷介电容(CC)：主要应用在高频电路中。

⑥ 低频瓷介电容(CT)：主要应用在要求不高的低频电路中。

⑦ 玻璃釉电容(CI)：主要应用在脉冲、耦合及旁路等电路中。

⑧ 铝电解电容：主要应用在电源滤波、低频耦合、去耦及旁路等电路中。

⑨ 钽电解电容(CA)、铌电解电容(CN)：在要求高的电路中代替铝电解电容。

⑩ 空气介质可变电容器：应用在电子仪器、广播电视设备等电路中。

⑪ 薄膜介质可变电容器：应用在通信、广播接收机等电路中。

⑫ 薄膜介质微调电容器：应用在收录机、电子仪器等电路中作电路补偿。

⑬ 陶瓷介质微调电容器：应用在精密调谐的高频振荡回路中。

⑭ 独石电容：广泛应用于电子精密仪器。在各种小型电子设备中作谐振、耦合、滤波及旁路。

就价格而言，钽、铌电容最贵，独石和 CBB 较便宜，瓷片最低，云母电容 Q 值较高，也稍贵。

(3) 电感的定义

在电路中，当电流流过导体时，会产生电磁场，电磁场的大小除以电流的大小就是电感，单位是亨(H)。

电感是衡量线圈产生电磁感应能力的物理量。如果通过线圈的磁通量用 φ 表示，电流用 I 表示，电感用 L 表示，则 $L=\varphi/I$。电感的单位是亨(H)、毫亨(mH)或微亨(μH)。1 H=1 000 mH，1 H=1 000 000 μH。

电感只能对非稳恒电流起作用，它的特点是两端电压正比于通过它的电流的瞬时变化率(导数)，比例系数就是它的“自感”。

电感起作用的原因是，在非稳恒电流通过时产生变化的磁场，而这个磁场又会反过来影响电流。任何一个导体，只要它通过非稳恒电流，就会产生变化的磁场，就会反过来影响电流，所以任何导体都会有自感现象产生。

在计算机的主板上可以看到很多铜线缠绕的线圈，这个线圈就叫电感。电感主要分为实心电感和空心电感两种。实心电感的电感量大，常用在滤波电路中；空心电感的电感量较小，用于高频电路中。

电感器在电子设计制作中虽然使用得不是很多，但它们在电路中同样重要。

电感器和电容器一样，也是一种储能元件，它能把电能转变为磁场能，并在磁场中储存能量。

电感的特性与电容的特性正好相反，它具有阻止交流电通过而让直流电顺利通过的特性。电感的特性是通直流、阻交流，频率越高，线圈阻抗越大。在直流电路中，电感的作用就相当于一根导线，不起任何作用。

电感器在电路中经常和电容一起工作，构成 LC 滤波器、LC 振荡器等。另外，利用电感的特性，制造了阻流圈、变压器、继电器等。

(4) 电感的种类

按照外形，电感器可分为空心电感器和实心电感器两种。

例如：收音机上就有不少电感线圈，几乎都是用漆包线绕成的空心线圈或在骨架磁芯、铁芯上绕制而成的。有天线线圈(它是用漆包线在磁棒上绕制而成的)、中频变压器(俗称中周)、输入输出变压器等。

按照工作性质，电感器可分为高频电感器(如各种天线线圈、振荡线圈)和低频电感器(如各种扼流圈、滤波线圈等)。

按照封装形式，电感器可分为普通电感器、色环电感器、环氧树脂电感器和贴片电感器等。

按照电感量，电感器可分为固定电感器和可调电感器。

5. 基尔霍夫定律

基尔霍夫定律是阐明集总参数电路中，流入和流出节点各电流间的及沿回路各段电压间的约束关系的定律。1845 年由德国物理学家 G. R. 基尔霍夫提出。定律中：关于汇集于节点各电流间的约束关系称为基尔霍夫第一定律或基尔霍夫电流定律；关于回路中各段电压间的约束关系称为基尔霍夫第二定律或基尔霍夫电压定律。

基尔霍夫电流定律（KCL）对任一集总参数电路中的任一节点，在任一瞬间，流出该节点的所有电流的代数和恒为零，即 $i=0$。就参考方向而言，流出节点的电流在式中取正号，流入节点的电流在式中取负号。

基尔霍夫电压定律（KVL）对任一集总参数电路中的任一回路，在任一瞬间，沿此回路的各段电压的代数和恒为零，即 $v=0$。电压的参考方向与回路的绕行方向（又称参考方向）相同时，该电压在式中取正号，否则取负号。

6. 地线设计的原则

① 数字地与模拟地分开。若线路板上既有数字逻辑电路又有模拟线性电路，应使它们尽量分开。低频电路的“地”应尽量采用单点并联接地，实际布线有困难时可部分串联后再并联接地。高频电路宜采用多点串联接地，地线应短而粗，高频组件周围尽量用栅格状大面积地箔。

② 接地线应尽量加粗。若接地线用很韧的线条，则接地电位随电流的变化而变化，使抗噪性能降低。因此应将接地线加粗，使它能通过 3 倍于印制板上的允许电流。如有可能，接地线应在 2～3 mm。

③ 接地线构成闭环路。只由数字电路组成的印制板，其接地电路构成闭环路大多能提高抗噪声能力。

保护地在三相五线制中，通常指 PE 线，接设备的外壳。

7. 电子系统

由若干相互连接、相互作用的基本电路组成的，具有特定功能的电路整体，称为电子系统。

信号是信息的载体。在电子系统中，信号分为模拟信号和数字信号。模拟信号是指时间和数值均连续变化的信号，如正弦波、三角波等，波形如图 2.4 和图 2.5 所示。数字信号是指时间和数值均是离散的信号，如脉冲信号等。

在数字电路中，常用数字“0”和“1”来表示。这里的“0”和“1”，不是十进制数中的数字，而是逻辑 0 和逻辑 1。

逻辑 0 和逻辑 1 表示彼此相关又互相对立的两种状态。

例如，“是”与“非”、“真”与“假”、“开”与“关”、“低”与“高”等，因而常称为数字逻辑。

电信号源的电路表达形式如图 2.6 和图 2.7 所示。

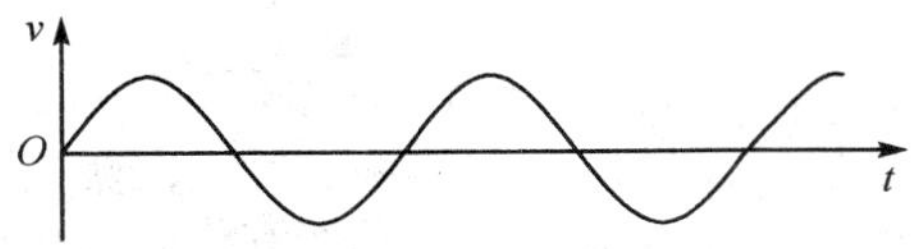

图 2.4 正弦波

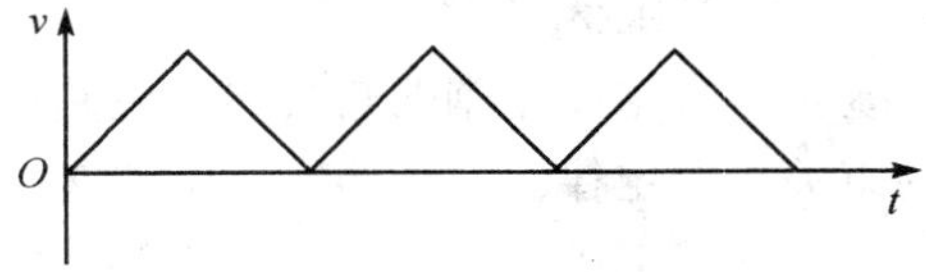

图 2.5 三角波

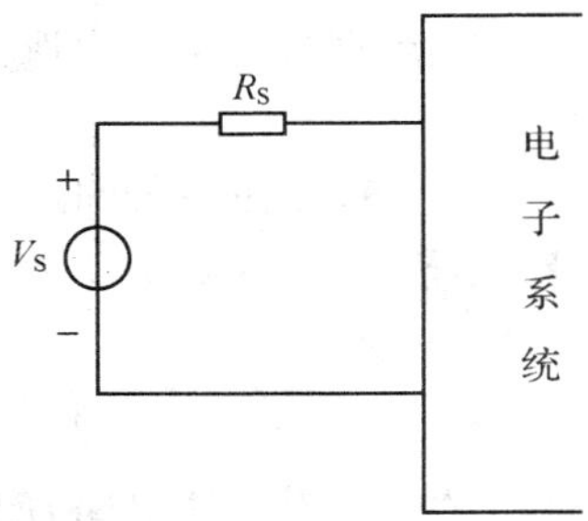

图 2.6 电压源等效电路

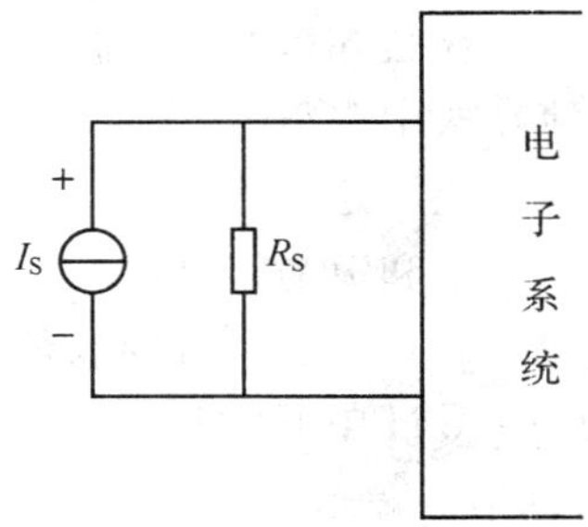

图 2.7 电流源等效电路

戴维南定理 任何一个线性含源二端网络，对外部而言，总可以等效为一个电压源和电阻串联的电路模型。该电压源的电压等于网络的开路电压，电阻等于网络内部所有独立电源都不作用时的入端等效电阻。

戴维南定理只适用于线性网络，不适用于非线性网络。当只需求解电路中一条支路(或某一部分电路)，用戴维南定理较方便。

诺顿定理 一个含独立电源、线性电阻和受控源的二端电路 N，对两个端子来说都可等效为一个理想电流源并联内阻的模型。其理想电流源的数值为有源二端电路 N 的两个端子短路时其上的电流，并联的内阻等于 N 内部所有独立源为零时电路两端子间的等效电阻。

也可以描述为：并联电阻等于二端网络中所有电源为 0 时的等效电阻，电流等于有源二端网络短路时的电流。它是戴维南定理的转换形式。

诺顿定理得到一个理想电流源 I_S 与一个电阻 R_S 并联。

戴维南定理得到一个理想电压源 V_S 与一个电阻 R_S 串联。

诺顿定理得到的电阻与戴维南定理得到的电阻的阻值相等，且

$$I_S = V_S / R_S$$

即诺顿定理得到的电流源的电流和电阻与戴维南定理得到的电压源的电压在形式上满足欧姆定律。

8. 正弦信号

正弦信号是频率成分最为单一的一种信号，因这种信号的波形是数学上的正弦曲线而得

名。任何复杂的信号，例如音乐信号，都可以通过傅里叶变换分解为许多频率不同、幅度不等的正弦信号的叠加。

将一个信号分解为正弦信号的集合，得到其正弦信号幅值随角频率变化的分布，称为该信号的频谱。

9. 二极管

(1) PN 结

半导体是一种具有特殊性质的物质，既不像导体那样能够完全导电，又不像绝缘体那样不能导电，它介于两者之间，所以称为半导体。半导体最重要的两种元素是硅和锗。

N 型半导体——掺入五价杂质元素(如磷)的半导体。

P 型半导体——掺入三价杂质元素(如硼)的半导体。

对于 P 型半导体和 N 型半导体的结合面，离子薄层形成的空间电荷区称为 PN 结。在空间电荷区，由于缺少多子，所以也称耗尽层。

当外加电压使 PN 结中 P 区的电位高于 N 区的电位时，称为加正向电压，简称正偏；反之称为加反向电压，简称反偏。

(2) 二极管定义

在 PN 结上加上引线和封装，就成为一个二极管。

二极管最明显的性质就是它的单向导电特性，电流只能从正极流向负极。用万用表来对常见的 1N4001 型硅整流二极管进行测量，红表笔接二极管的负极，黑表笔接二极管的正极时，表针会动，说明它能够导电；然后，将黑表笔接二极管的负极，红表笔接二极管的正极，这时万用表的表针根本不动或者只偏转一点点，说明导电不良。

注　意　*在万用表的结构中，黑表笔接的是内部电池的正极，红表笔接的是内部电池的负极。*

(3) 二极管的分类

常见的二极管有玻璃封装、塑料封装和金属封装等几种。二极管有两个电极，分为正负极，一般把极性标在二极管的外壳上，大多数用一个不同颜色的环来表示负极，有的直接标上“—”号。大功率二极管多采用金属封装，并且有个螺母以便固定在散热器上。

二极管按结构一般分为点接触型、面接触型和平面型三大类：

① 点接触型二极管　PN 结面积小，结电容小，用于检波和变频等高频电路。

② 面接触型二极管　PN 结面积大，用于工频大电流整流电路。

③ 平面型二极管　往往用于集成电路制造工艺中。PN 结面积可大可小，用于高频整流和开关电路中。

(4) 二极管的作用

利用二极管单向导电的特性，常用二极管作整流器，把交流电变为直流电，即只让交流电的正半周(或负半周)通过，再用电容器滤波形成平滑的直流。目前很多电器的电源部分都是采用这种原理。常用的整流二极管是1N4001,数字电路中常用的是1N4148。

二极管也用来做检波器,把高频信号中的有用信号"检出来",老式收音机中会有一个"检波二极管",一般用2AP9型锗管。

二极管也用于稳压,该二极管叫稳压二极管。稳压二极管是利用二极管反向击穿特性来实现稳压的。稳压二极管稳压时工作在反向电击穿状态。

二极管用于数字电路的叫开关二极管,用于调谐的叫变容二极管,用于光电的叫光电二极管等,最常见的是发光二极管。

发光二极管在日常生活电器中无处不在,它能够发光,有红色、绿色和黄色等,有直径为3 mm和5 mm圆柱形的,也有2 mm×5 mm长方形的。发光二极管的发光颜色一般和它本身的颜色相同,但是近年来出现了透明色的发光管,它也能发出红黄绿等颜色的光,只有通电后才能知道,尤其在贴片发光二极管中,透明色的发光管居多。在嵌入式系统设计中,主要是使用贴片发光二极管,它们的体积更小。与普通二极管一样,发光二极管也是由半导体材料制成的,也具有单向导电的性质,即只有接对极性才能发光。

发光二极管符号比一般二极管多了两个箭头,示意能够发光。通常发光二极管用做电路工作状态的指示,主要是它耗电低,而且寿命也长。

用发光二极管,还可以构成电子显示屏,例如:火车站的显示屏、证券交易所里的电子显示屏都是由发光二极管点阵构成的,各种色彩都是由红绿蓝构成。因为蓝色发光二极管在目前还未大量生产出来,所以一般的电子显示屏都不能显示出真彩色。

辨别发光二极管正负极的方法,有实验法和目测法。实验法就是通电看它能否发光,若不能则是极性接错或发光管损坏。目测法就是用眼睛来观察发光二极管,可以发现其内部的两个电极一大一小。一般来说,电极较小、个头较矮的一个是发光二极管的正极,电极较大的一个是它的负极。若是新买来的发光管,引脚较长的一个是正极。

注 意 发光二极管是一种电流型器件,虽然在它的两端直接接3 V电压后就能够发光,但容易损坏,因此在实际使用中一定要串接限流电阻,工作电流根据型号不同一般为1~30 mA。

另外,由于发光二极管的导通电压一般为1.7 V以上,所以一节1.5 V的电池不能点亮发光二极管。同样,一般万用表的$R\times1$挡到$R\times1\text{k}$挡均不能测试发光二极管,而$R\times10\text{k}$挡由于使用15 V的电池,能把某些发光二极管点亮。

综上所述,二极管在电路中的主要作用是:整流、检波、稳压及指示等。

10. 三极管

(1) 三极管

半导体三极管也称为晶体三极管,可以说它是电子电路中最重要的器件。它最主要的功能是电流放大和开关作用。三极管顾名思义具有三个电极。二极管是由一个PN结构成的,而三极管由两个PN结构成,共用的一个电极成为三极管的基极(用字母b表示)。其他的两个电极成为集电极(用字母c表示)和发射极(用字母e表示)。由于不同的组合方式,形成了一种是 NPN 型的三极管，另一种是 PNP 型的三极管。

半导体三极管的结构示意图如图 2.8 所示。它有两种类型：NPN 型和 PNP 型。实际上，箭头所指的方向是电流的方向。

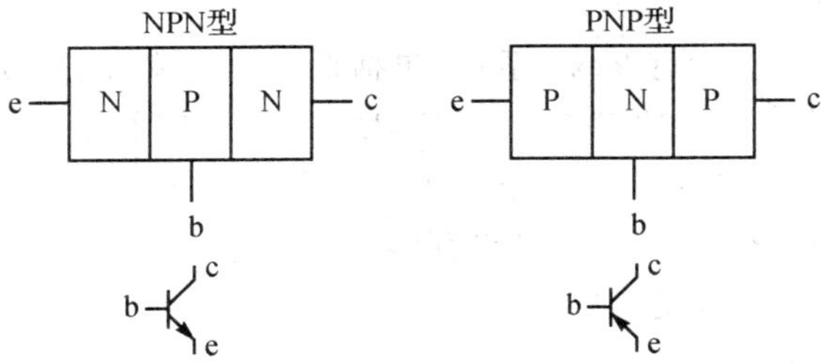

图 2.8　半导体三极管的结构示意图

(2) 三极管结构特点

半导体三极管虽然由两个 PN 结构成，但不能认为就是利用两个二极管串联而成的，因为它们有如下的结构特征：

① 发射区的掺杂浓度最高；

② 集电区掺杂浓度低于发射区，且面积大；

③ 基区很薄，一般在几微米至几十微米，且掺杂浓度最低。

三极管的放大作用是在一定的外部条件控制下，通过载流子传输体现出来的。这里的外部条件是发射结正偏，集电结反偏。

三极管内有两种载流子（自由电子和空穴）参与导电，故称为双极型三极管或 BJT (Bipolar Junction Transistor)。

(3) 电流分配关系

根据三极管内载流子传输过程可知：

$$I_E = I_B + I_C$$

$$\alpha \approx \frac{I_C}{I_E}$$

式中：α 为电流放大系数，它只与管子的结构尺寸和掺杂浓度有关，与外加电压无关。一般 $\alpha = 0.9 \sim 0.99$。

因为

$$\beta = \frac{\alpha}{1-\alpha}$$

当 $I_C \gg I_{CEO}$ 时，

$$\beta \approx \frac{I_C}{I_B}$$

式中：β 是另一个电流放大系数，同样，它也只与管子的结构尺寸和掺杂浓度有关，与外加电压无关。一般 $\beta \gg 1$。

(4) 三极管的种类

三极管的种类很多,并且不同型号有不同的用途。三极管大都是塑料封装或金属封装,有的很大,有的很小。

电子制作中常用的三极管有 90xx 系列,包括低频小功率硅管 9013(NPN)、9012(PNP),低噪声管 9014(NPN)及高频小功率管 9018(NPN)等。它们的型号一般都标在塑壳上,而样子都一样,都是 TO－92 标准封装。在老式电子产品中,还能见到 3DG6(低频小功率硅管)、3AX31(低频小功率锗管)等,它们的型号也都印在金属外壳上。

我国生产的晶体管的命名规则如下:

第一部分的 3 表示为三极管。

第二部分表示器件的材料和结构:

A:PNP 型锗材料; B:NPN 型锗材料;

C:PNP 型硅材料; D:NPN 型硅材料。

第三部分表示功能:

U:光电管; K:开关管;

X:低频小功率管; G:高频小功率管;

D:低频大功率管; A:高频大功率管。

另外,3DJ 型为场效应管,BT 打头的表示半导体特殊元件。

三极管最基本的作用是放大,它可以把微弱的电信号转换成一定强度的信号,这种转换仍然遵循能量守恒,只是把电源的能量转换成信号的能量。

三极管有一个重要参数就是电流放大系数 β。当三极管的基极上加一个微小的电流时,在集电极上可以得到一个是注入电流 β 倍的电流,即集电极电流。集电极电流随基极电流的变化而变化,并且基极电流很小的变化可以引起集电极电流很大的变化,这就是三极管的放大作用。

(5) 三极管的三种组态

三极管的三种组态主要是针对交流输入与输出信号而言的。BJT 的三种组态如图 2.9 所示。

① 共射电路:既能放大电压,又能放大电流,具有较大的电压放大倍数和电流放大倍数,输入电阻在三种电路中居中,输出电阻较大,频带较窄。常作为低频放大电路的单元电路。

② 共集电路:只能放大电流不能放大电压,是三种接法中输入电阻最大,输出电阻最小的电路,电压放大倍数接近 1,具有电压跟随特点。常用于电压放大电路的输入级和输出级,在功率放大电路中也常采用。

③ 共基电路:只能放大电压不能放大电流,输入电阻小,电压放大倍数和输出电阻与共射电路相当,频率特性是三种接法中最好的电路。常用于宽频带放大电路。

三极管还可以作电子开关,配合其他元件还可以构成振荡器。

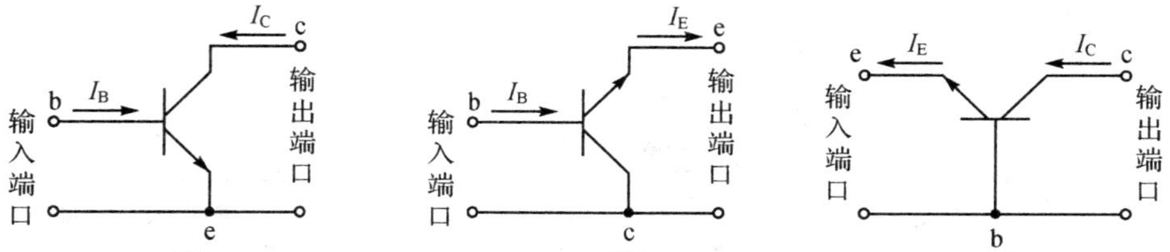

CE　$I_C=\beta I_B$　共射电路

CC　$I_E=I_B(1-\alpha)$　共集电路

CB　$I_C=\alpha I_E$　共基电路

图 2.9　BJT 的三种组态

(6) 场效应管

1) 定　义

最早具有实际结构的场效应晶体管是在 N 型或 P 型半导体基片上制作一对 PN 结及相应的金属电极，两个 PN 结之间有导电沟道，通过改变外加 PN 界的反向偏置电压，以改变 PN 结耗尽层的厚度，从而达到改变沟道区载流子密度以控制沟道输出电流的目的，因此，这种场效应管也称为 PN 结型场效应晶体管，即 PN JFET(PN Junction FET)，通常也称为 JFET。

在场效应管中，导电的途径通常称为沟道。场效应管的基本工作原理就是通过外加电场对沟道的几何形状进行控制，以改变沟道电阻的大小，进而对输出电流进行控制。

它是一种单极的三层晶体管，是一种控制极由 PN 结组成的场效应晶体管，工作依赖于唯一一种载流子——电子或空穴的运动，所以，它也叫单极型晶体管。

2) 工作原理

对于一个“正常接通”器件，每当 N 沟道 JFET 的漏极电压相对于源极为正时，或是当 P 沟道 JFET 的漏极电压相对于源极为负时，都有电流在沟道中流过。在 JFET 沟道中的电流受栅极电压的控制，为了“夹断”电流的流动，在 N 沟道 JFET 中栅极相对源极的电压必须是负的；或者在 P 沟道 JFET 中栅极相对源极的电压必须是正的。栅极电压被加在横跨 PN 结的沟道上，与此相反，在 MOSFET 中则是加在绝缘体上。

3) 分　类

场效应管的分类如表 2.1 所列。

表 2.1　场效应管分类

- FET 场效应管
  - JFET 结型（耗尽型）
    - N 沟道
    - P 沟道
  - MOSFET (IGFET)绝缘栅型
    - 耗尽型
      - N 沟道
      - P 沟道
    - 增强型
      - N 沟道
      - P 沟道

4）JFET 结构

JFET 的结构如图 2.10 所示。

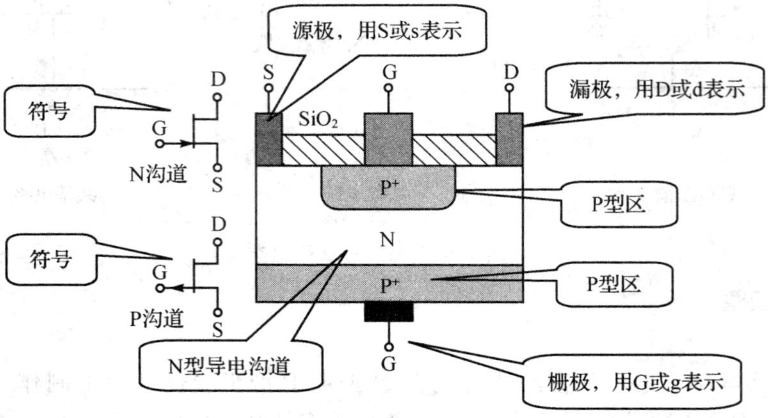

图 2.10 JFET 结构

沟道中只有一种类型的多数载流子参与导电，所以场效应管也称为单极型三极管。JFET 栅极与沟道间的 PN 结是反向偏置的，因此 $i_G \approx 0$，输入电阻很高，JFET 是电压控制电流器件，i_D受 V_{GS}控制，预夹断前 i_D随 V_{DS}增长而线性增长；预夹断后，i_D趋于饱和。

5）金属—氧化物—半导体场效应管（绝缘栅型）

从表 2.1 所列的分类可知，绝缘栅型分为增强型（Enhancement）和耗尽型（Depletion），二者工作原理的差别在于 $V_{GS}=0$ 时，是否存在导电沟道。

N 沟道 EMOS 为例，EMOS 管的基本工作原理是：在栅极电压作用下，漏区和源区之间形成导电沟道。在漏极电压作用下，源区电子沿导电沟道行进到漏区，产生自漏极流向源极的电流。改变栅极电压，控制导电沟道的导电能力，使漏极电流发生变化。

6）MOS 管的比较

对于 P 沟道器件，V_{DD}必为负值，衬底必须接在电路中的最高电位上。对于 N 沟道器件，V_{DD}必为正值，衬底必须接在电路中的最低电位上。

就 V_{GS}而言，增强型器件是单极性的，其中 P 沟道为负值，N 沟道为正值，而耗尽型器件则可正可负。

N 沟道器件，V_{GS}向正值方向增大，I_D越大；P 沟道器件，V_{GS}越向负值方向增大，I_D越大。

7）与双极型晶体管的比较

与双极型晶体管相比，FET 的特点是输入阻抗高，噪声小，极限频率高，功耗低，温度性能好，抗辐照能力强，多功能及制造工艺简单等。由于电荷存储效应小、反向恢复时间短，故开关速度快，工作频率高。

FET 已广泛用于各种放大电路、数字电路和微波电路等。FET 是 MOS 大规模集成电路和 MESFET 超高速集成电路的基础器件。

三种基本放大电路组态对应关系如下：

- 共射极电路(CE)对应共源极电路(CS)；
- 共集电极电路(CC)对应共漏极电路(CS)；
- 共集电极电路(CB)对应共栅极电路(CS)。

(7) 三极管放大电路指标

放大电路是一个双口网络。从端口特性来研究放大电路，可将其等效成具有某种端口特性的等效电路，如图 2.11 所示。

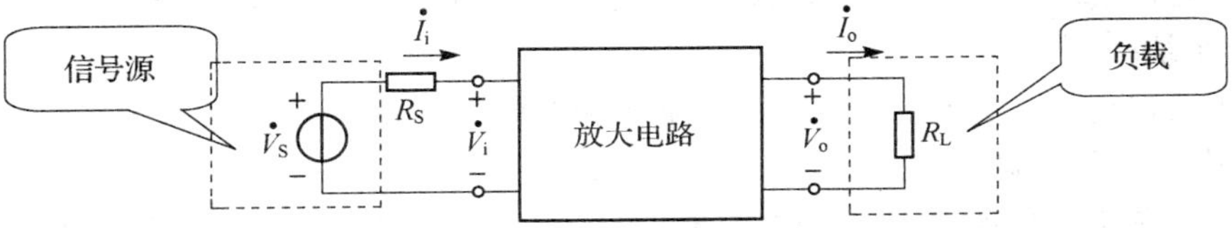

图 2.11 放大电路等效电路模型

1) 增　益

增益反映放大电路在输入信号控制下，将供电电源能量转换为输出信号能量的能力。

有电压增益、电流增益、互阻增益和互导增益等四种增益，分别为

$$\dot{A}_V=\frac{\dot{V}_o}{\dot{V}_i},\quad \dot{A}_I=\frac{\dot{I}_o}{\dot{I}_i},\quad \dot{A}_R=\frac{\dot{V}_o}{\dot{I}_i},\quad \dot{A}_G=\frac{\dot{I}_o}{\dot{V}_i}$$

其中：$\dot{A}_V$、$\dot{A}_I$ 常用分贝(dB)表示。

$$电压增益=20\lg|\dot{A}_V| \qquad (dB)$$

$$电流增益=20\lg|\dot{A}_I| \qquad (dB)$$

$$功率增益=10\lg|\dot{A}_P| \qquad (dB)$$

电压增益是指输出电压和输入电压的比值，即电压放大倍数，用 A_V 表示。

电流增益是指输出电流和输入电流的比值，即电流放大倍数，用 A_I 表示。

功率增益是放大器负载吸收的信号功率 P_o 与信号源输入的信号功率 P_i 之比，用 A_P 表示。

2) 阻　抗

阻抗是电路或设备对交流电流的阻力。

输入阻抗是四端网络、传输线、电子电路等的输入端口所呈现的阻抗。实质上是个等效阻抗，用 R_i表示。

只有确定了输入阻抗，才能进行阻抗匹配，从信号源、传感器等获取输入信号。阻抗是电路或设备对交流电流的阻力，输入阻抗是在入口处测得的阻抗。高输入阻抗能够减小电路连

接时信号的变化，因而也是最理想的。在给定电压下，最小的阻抗就是最小输入阻抗。作为输入电流的替代或补充，它确定输入功率要求。

天线的输入阻抗定义为输入端电压和电流之比。其值表征了天线与发射机或接收机的匹配状况，体现了辐射波与导行波之间能量转换的好坏。

输出阻抗是在出口处测得的阻抗，用 R_o 表示。阻抗越小，驱动更大负载的能力就越高。

输入阻抗和输出阻抗在很多地方都用到，非常重要。引入输入阻抗和输出阻抗这两个词，最主要的目的是在设计电路中，提高效率，即达到阻抗匹配，达到最佳效果。有了输入阻抗和输出阻抗这两个词，还可以方便两个电路独立的分开来设计。当 A 电路中输入阻抗和 B 电路的输出阻抗相同（或者在一定范围）时，两个电路就可不作任何更改，直接组合成一个更复杂的电路（或者系统）。

由上也可以得出：输入阻抗和输出阻抗实际上就是等效电阻，单位是欧姆。

3）频率响应及带宽

在输入正弦信号情况下，输出随输入信号频率连续变化的稳态响应，称为放大电路的频率响应。如图 2.12 所示为频率响应波特图。

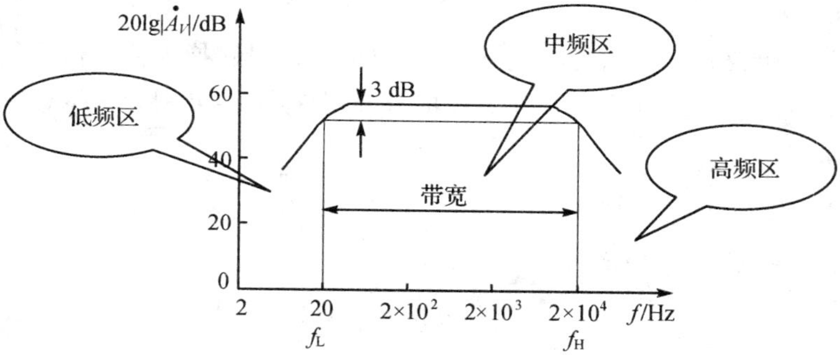

图 2.12　频率响应波特图

图 2.12 中，f_H 为上限频率，f_L 为下限频率，带宽为

$$B_W = f_H - f_L$$

当 $f_H \gg f_L$ 时，$B_W \approx f_H$，电压增益可表示为

$$\dot{A}_V(j\omega) = \frac{\dot{V}_o(j\omega)}{\dot{V}_i(j\omega)} = \left|\frac{\dot{V}_o(j\omega)}{\dot{V}_i(j\omega)}\right| \angle[\varphi_o(\omega) - \varphi_i(\omega)]$$

式中：$A_V(\omega) = \left|\frac{\dot{V}_o(j\omega)}{\dot{V}_i(j\omega)}\right|$ 称为幅频响应；$\angle\varphi(\omega) = \angle[\varphi_o(\omega) - \varphi_i(\omega)]$ 称为相频响应。

11. 滤　波

滤波器是一种能使有用频率信号通过而同时抑制或衰减无用频率信号的电子装置。

若滤波电路仅由无源元件(电阻、电容、电感)组成,则称为无源滤波电路。若滤波电路中,不仅包含无源元件,还包含有源元件(双极型管、单极型管、集成运放),则称为有源滤波电路。在电路分析课程中,利用电阻、电容等无源器件可以构成简单的滤波电路,称为无源滤波器。而由有源器件构成的滤波器则称为有源滤波器。

滤波电路传递函数定义为

$$A(s)=\frac{V_o(s)}{V_i(s)}$$

当 $s=\mathrm{j}w$ 时,

$$A(\mathrm{j}\omega)=|A(\mathrm{j}\omega)|\cdot e^{\mathrm{j}\varphi(\omega)}=|A(\mathrm{j}\omega)|\angle\varphi(\omega)$$

式中:$|A(\mathrm{j}\omega)|$为模,即幅频响应;$\angle\varphi(\omega)$为相位角,即相频响应。

滤波器一般分为:低通(LPF)、高通(HPF)、带通(BPF)、带阻(BEF)和全通(APF)等几种。

例如:一阶低通滤波电路。如图 2.13 所示为带同相比例放大电路的低通滤波电路。

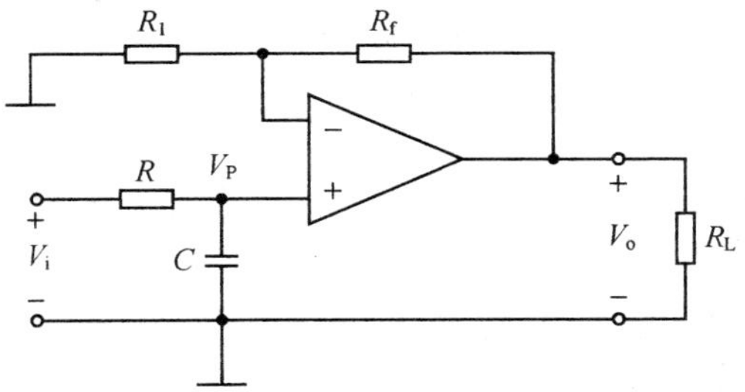

图 2.13 带同相比例放大电路的低通滤波电路

传递函数为

$$A(s)=\frac{A_0}{1+\frac{s}{\omega_n}}$$

式中:

$$A_0=1+\frac{R_f}{R_1}$$

$$\omega_n=\frac{1}{RC}$$

所以,幅频响应为

$$|A(\mathrm{j}\omega)|=\frac{A_0}{\sqrt{1+\left(\frac{\omega}{\omega_n}\right)^2}}$$

12. 逻辑电路基础

根据电路是否具有存储功能，将逻辑电路划分为：组合逻辑电路和时序逻辑电路。

组合逻辑电路：电路在任一时刻的输出，仅取决于该时刻的输入信号，而与输入信号作用前电路的状态无关。常用的逻辑电路有译码器和多路选择器等。

时序逻辑电路：电路任一时刻的输出不仅与该时刻的输入有关，而且还与该时刻电路的状态有关。因此，时序电路中必须包含记忆元件。触发器是构成时序逻辑电路的基础。常用的时序逻辑电路有寄存器和计数器等。

(1) 逻辑电平

数字电路又称二值数字逻辑，可以用电子器件的开关特性来实现，产生离散信号电压或数字电压。离散信号电压或数字电压通常用逻辑电平来表示。例如，逻辑电平与电压值的关系可用表 2.2 来描述。

表 2.2 逻辑电平与电压值的关系

电压/V	二值逻辑	逻辑电平
+5	1	H(高电平)
0	0	L(低电平)

(2) 脉冲波

脉冲宽度 t_w 表示脉冲作用的时间。

占空比 q 表示脉冲宽度占整个周期的百分比，其表达式为

$$q = \frac{t_w}{T} \times 100\%$$

例如：周期性数字脉冲波如图 2.14 所示，高电平持续时间为 6 ms，低电平持续时间为 10 ms，则占空比为

$$q = \frac{6\ \text{ms}}{(6+10)\ \text{ms}} \times 100\% = 37.5\%$$

上升时间 t_r 和下降时间 t_f 是从脉冲幅值的 10%到 90%所经历的时间，典型值为几十纳秒(ns)。

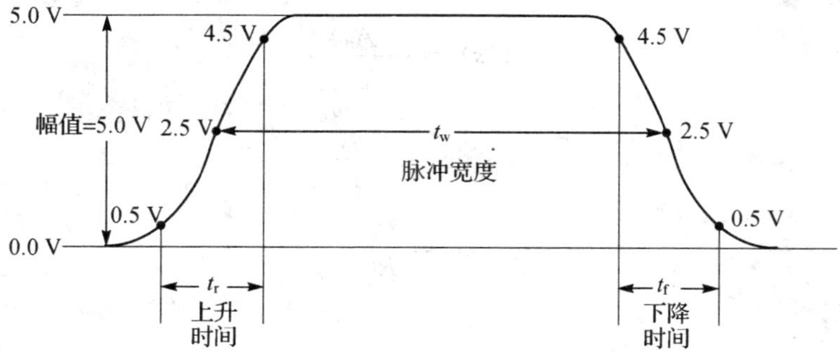

图 2.14 周期性数字脉冲波

(3) 二进制码

代码不表示数量的大小,只是不同事或物的代号。为了便于记忆和处理,在编制代码时总要遵循一定的规则,这些规则就称为码制。

用二进制数码来表示事物,称为二进制代码。建立二进制代码与十进制数值、字母、符号等的一一对应的关系称为编码。若需编码的信息有 N 项,则需用的二进制数码的位数 n 应满足如下关系:

$$2^n \geqslant N$$

1) 自然二进制码

自然二进制码也称自然权码,其排列简单,当用 n 位二进制码时,有 2^n 个代码。

2) BCD 码

BCD 码又称二~十进制码,通常用 4 位二进制码表示 1 位十进制数,只取 10 个状态,而且每 4 个二进制码之间是“逢十进一”。

使用最多的是 8421 BCD 码(简称 8421 码)。8421 码是按顺序取 4 位二进制码中的前 10 种状态,即 0000~1001,代表十进制的 0~9,而 1010~1111 弃之不用。

8421 码是一种有权码,从高位到低位的权依次为 8、4、2、1,按权相加,即可得到所代表的十进制数,如 1001=8+1=9。

3) 余 3 码

余 3 码为无权码,它是 8421 码加 0011 得来的。

4) 格雷码

格雷码是一种无权码,编码特点是任何两个相邻代码之间仅有一位不同。

5) ASCII 码

ASCII 码是美国标准信息交换码,它是用 7 位二进制码表示,它共有 128 个代码,可以表示大、小写英文字母、十进制数、标点符号、运算符号和控制符号等,普遍用于计算机、键盘输入指令和数据等。

(4) 基本逻辑运算

在逻辑代数中,有 3 种最基本的逻辑运算:“与”运算、“或”运算、“非”运算。

1) “与”运算

某事件有若干个条件,只有当所有条件全部满足时,这件事才发生,即输入端有“0”,输出一定为“0”。真值表如表 2.3 所列。“与”运算用开关串联电路实现。

2) “或”运算

某事件有若干个条件,只要其中一个或一个以上的条件得到满足,这件事就发生,即输入端有“1”,输出一定为“1”。真值表如表 2.4 所列。

3) “非”运算

某事件的产生取决于条件的否定,这种关系称为“非”逻辑。真值表如表 2.5 所列。

表 2.3 “与”运算真值表

A	B	$L=A\&B$
0	0	0
0	1	0
1	0	0
1	1	1

表 2.4 “或”运算真值表

A	B	$L=A+B$
0	0	0
0	1	1
1	0	1
1	1	1

表 2.5 “非”运算真值表

A	$L=\overline{A}$
0	1
1	0

4）“或非”和“与非”

“或非”(NOR)和“与非”(NAND)门电路称为全能门电路，可以实现任何一种逻辑函数。

(5) 逻辑代数的基本定律和恒等

1）逻辑代数的常用公式

逻辑代数的常用公式如表 2.6 所列。

表 2.6 逻辑代数的常用公式

序 号	公式 a	公式 b	名 称
1	$A+0=A$	$A \cdot 0=0$	0、1 律
2	$A+1=A$	$A \cdot 1=A$	
3	$A+A=A$	$A \cdot A=A$	重叠律
4	$A+\overline{A}=1$	$A \cdot A=\overline{0}$	互补律
5	$A+(B+C)=(A+B)+C$	$A \cdot (B \cdot C)=(A \cdot B) \cdot C$	结合律
6	$A+B=B+A$	$A \cdot B=B \cdot A$	交换律
7	$A \cdot (B+C)=A \cdot B+A \cdot C$	$A+B \cdot C=(A+B) \cdot (A+C)$	分配律
8	$\overline{A \cdot B}=\overline{A}+\overline{B}$	$\overline{A+B}=\overline{A} \cdot \overline{B}$	反演律
9	$\overline{A}=A$		还原率

2）用卡诺图表示逻辑函数

将一个逻辑函数最小项表达式中的各最小项相应地填入一个特定的方格图内，此方格图就称为卡诺图。

最小项是指 n 变量的最小项，是 n 个因子的乘积，每个变量都以它的原变量或非变量的形式在乘积中出现，且只出现一次。

13. 组合逻辑电路分析

组合逻辑电路是指任意时刻的输出状态只取决于该时刻的输入状态，而与从前的状态无关。

根据逻辑图，写出逻辑函数的表达式，然后列出真值表，经卡诺图化简变换后，得知电路功能。这个过程就是组合逻辑电路的分析。分析的目的是确定电路的逻辑功能。

组合逻辑电路的分析步骤：

① 由逻辑图写出各输出端的逻辑表达式；

② 化简和变换各逻辑表达式；

③ 列出真值表；

④ 根据真值表和逻辑表达式对逻辑电路进行分析，最后确定其功能。

14. 组合逻辑电路

(1) 编码器

编码器是具有编码功能的逻辑电路。编码器的逻辑功能是将每一组输入信息变换为相应的二进制代码输出。例如：

① 4 线/2 线编码器：将输入的 4 个状态分别编成 4 个 2 位二进制数码输出；

② 8 线/3 线编码器：将输入的 8 个状态分别编成 8 个 3 位二进制数码输出；

③ BCD 编码器：将 10 个输入分别编成 10 个 4 位 8421 BCD 码输出。

普通编码器是任何时候只允许一个编码输入信号有效，否则输出就会发生混乱。

优先编码器是允许同时输入两个以上的有效编码信号。当同时输入几个有效编码信号时，优先编码器能按预先设定的优先级别，只对其中优先权最高的一个进行编码。

(2) 译码器

译码是编码的逆过程，即将某个二进制码翻译成特定的信号，即电路的某种状态。

译码器是具有译码功能的逻辑电路。如：用得较多的是 3 线/8 线译码器，器件名称为 74138 芯片，七段显示译码器为 7448 芯片。

(3) 数据选择器

数据选择是在通道选择信号的作用下，将多个通道的数据分时传送到公共的数据通道上去的。

数据选择器是指能实现数据选择功能的逻辑电路。它的作用相当于多个输入的单刀多掷开关，又称多路开关。

例如：集成电路数据选择器 74LS151 为 8 选 1 多路数据选择器。它们多用于多通道数据采集。

(4) 数值比较器

数值比较器就是对两数 A、B 进行比较，以判断其大小的逻辑电路。

15. 时序逻辑电路

(1) 基本 RS 触发器

基本 RS 触发器的功能如下：

① 无有效电平输入（$S=R=1$）时，触发器保持稳定状态不变。

② 在有效电平作用下($S=0,R=1$),无论初态 Q^n 为 0 或 1,触发器都会转变为 1 态。

③ 在有效电平作用下($S=1,R=0$),无论初态 Q^n 为 0 或 1,触发器都会转变为 0 态。

④ 当 $S=0,R=0$ 时,无论初态 Q^n 为 0 或 1,触发器状态不定。此状态为不定状态。为避免不定状态,对输入信号应加 $S+R=1$ 的约束条件。

常用的有 TTL 集成主从 RS 触发器 74LS71。

(2) 主从 JK 触发器

JK 触发器真值表如表 2.7 所列。

特性方程为

$$Q^{n+1}=J\overline{Q^n}+\overline{K}Q^n$$

(3) D 触法器

D 触发器真值表如表 2.8 所列。

特性方程为

$$Q^{n+1}=D$$

表 2.7 JK 触发器真值表

J	K	Q^{n+1}
0	0	Q^n
0	1	0
1	0	1
1	1	$\overline{Q^n}$

表 2.8 D 触发器真值表

D	Q^n	Q^{n+1}
0	0	0
0	1	0
1	0	1
1	1	1

16. 分析时序逻辑电路的一般步骤

① 了解电路的组成,确定电路的输入、输出信号和触发器的类型等。

② 根据给定的时序电路图写出下列各逻辑方程式:

- 各触发器的时钟信号 CP 的逻辑表达式;
- 时序电路的输出方程;
- 各触发器的驱动方程。

③ 将每个触发器的驱动方程代入其特性方程中,得出其状态方程。

④ 写出时序电路的输出方程。

⑤ 列出状态转换表或画出状态图和波形图。

⑥ 确定电路的逻辑功能。

17. 同步逻辑与异步逻辑

同步逻辑是各时钟之间有固定的因果关系。异步逻辑是各时钟之间没有固定的因果关系。

18. 时钟信号

时钟信号是时序逻辑的基础,它用于决定逻辑单元中的状态何时更新。同步是时钟控制系统中的主要制约条件。

19. 触发方式

在选用触发器的时候,触发方式是必须考虑的因素。触发方式有两种:

① 电平触发方式　具有结构简单的优点,常用来组成暂存器。

② 边沿触发方式　具有很强的抗数据端干扰能力,常用来组成寄存器和计数器等。

20. 数字集成电路

数字集成电路产品的种类很多,由它们构成了各种逻辑电路,如各种门电路、编码器、译码器、触发器、计数器和寄存器等,且应用广泛,小至电子表,大至计算机,都是由数字集成电路构成的。

从结构上,可分成 TTL 型和 CMOS 型两类。

74LS/HC 等系列是最常见的 TTL 电路,它们使用 5 V 的电压,逻辑 0 输出电压小于等于 0.2 V,逻辑 1 输出电压约为 3 V。CMOS 数字集成电路的工作电压范围宽,静态功耗低,抗干扰能力强,更具优点。

CMOS 集成电路工作电压通常在 3～18 V,TTL 集成电路一定要用 5 V 电压。CMOS 集成电路的输入阻抗很高,这意味着驱动 CMOS 集成电路时,所消耗的驱动功率几乎可以不计。同时,CMOS 集成电路的耗电也非常省,用 CMOS 集成电路制作的电子产品,通常可以用干电池供电。

CMOS 集成电路的输出电流不是很大,约为 10 mA。此外,CMOS 集成电路的抗干扰能力也较强,也就是它的噪声容限较大,且电源电压越高,抗干扰能力越强。

常用的数字集成电路有 4001、4011、4013、4017、4040、4052、4060 及 4066 等型号,建议多买些备用。市场上的数字集成电路进口的较多,产品型号的前缀代表生产公司,常见的有 MC1XXXX(Motorola 公司)、CDXXXX(美国无线电 RCA 公司)、HEFXXXX(Philips 公司)、TCXXXX(东芝公司)、HCXXXX(日立公司)等。一般来说,只要型号相同,不同公司的产品可以互换。

需要注意的是,CMOS 集成电路容易被静电击穿,因此需要妥善保存。一般要放在防静电原包装条中,或用锡箔纸包好。另外,焊接的时候,要用接地良好的电烙铁焊,或者索性拔掉插头,利用余热焊接。

21. 数　制

(1) 十进制

十进制有以下特点:

① 任何一位数可以而且只可以用 0, 1, 2, 3, 4, 5, 6, 7, 8, 9 这 10 个数码表示。

② 进位规律是"逢十进一",即 $9+1=10=1\times10^1+0\times10^0$。例如:

$$(234)_{10}=2\times10^2+3\times10^1+4\times10^0$$

$$(3.14)_{10}=3\times10^0+1\times10^{-1}+4\times10^{-2}$$

式中:10^2、10^1是根据每一个数码所在的位置而定的,称为权。

③ 在十进制中,各位的权都是 10 的幂,而每个权的系数只能是 0~9 这 10 个数码中的一个。

(2) 二进制

二进制有以下特点:

① 任何一位数可以而且只可以用 0 和 1 表示。

② 进位规律是"逢二进一"。

③ 各位的权都是 2 的幂。

(3) 八进制

八进制有以下特点:

① 八进制数以 8 为基数,采用 0,1,2,3,4,5,6,7 这 8 个数码表示任何一位数。

② 进位规律是"逢八进一"。

③ 各位的权都是 8 的幂。

(4) 十六进制

十六进制有以下特点:

① 十六进制数采用 0,1,2,3,4,5,6,7,8,9,A,B,C,D,E,F 这 16 个数码表示。

② 进位规律是"逢十六进一"。

③ 各位的权都是 16 的幂。

(5) 二/十六进制的转换

① 二进制转换成十六进制:

因为十六进制的基数为 16 ,所以,可将 4 位二进制数表示一位十六进制数,即 0000~1111 表示 0~F。

例:$(111\ 1000\ 1010\ 1110)_B=(78AE)_H$

② 十六进制转换成二进制:

将每位十六进制数展开成 4 位二进制数,排列顺序不变即可。

例:$(BEEF)_H=(1011\ 1110\ 1110\ 1111)_B$

十六进制在数字电路中,尤其是在计算机中得到广泛应用。

22. 嵌入式系统中数的表示方法

在计算机中对带符号数的表示方法有原码、补码和反码三种形式。

① 原码表示法规定符号位用数码 0 表示正号,用数码 1 表示负号,数值部分按一般二进制形式表示。

② 反码表示法规定正数的反码和原码相同，负数的反码是对该数的原码除符号位外各位求反。

③ 补码表示法规定正数的补码与原码相同，负数补码则先对该数的原码除符号外各位取反，然后末位加 1。

例如： N1＝＋1000100，　N2＝－1000100

则　$[N1]_{原}=01000100$，　$[N2]_{原}=11000100$

$[N1]_{反}=01000100$，　$[N2]_{反}=10111011$

$[N1]_{补}=01000100$，　$[N2]_{补}=10111100$

又如：写出－98 的源码、反码和补码。

源码为 11100010B；

反码为 10011101B；

补码为 10011110B。

23. 状态机

有限状态机 FSM(Finite State Machine)是一类很重要的时序逻辑电路，尤其适合设计数字系统的控制模块，是许多数字电路的核心部件。有限状态机的标准模型如图 2.15 所示，主要由三部分组成：一是次态组合逻辑电路；二是由状态触发器构成的现态时序逻辑电路；三是输出组合逻辑电路。

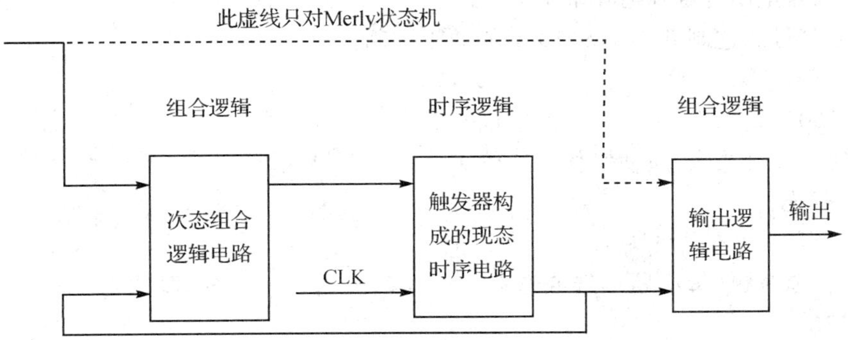

图 2.15　有限状态机的标准模型

根据电路的输出信号是否与电路的输入有关，有限状态机可以分为两种类型：一类是 Merly(米里型)状态机，其输出信号不仅与电路的当前状态有关，还与电路的输入有关；另一类是 Moore(摩尔型)状态机，其输出仅与电路的当前状态有关，而与电路的输入无关。

实用的状态机一般都设计为同步时序电路，它在时钟信号的触发下，完成各个状态之间的转移。

考核复习题

一、单项选择题(在备选答案中只有一个是正确的,将它选出填入括号中)

1. 三极管是可控的开关器件,其饱和与截止状态分别对应开关的接通和断开状态。UBE为基极输入电压,V_{TH}为基极域值电压,如果$U_{BE}<V_{TH}$,开关应处于(　　)状态。

A. 接通　　B. 三态

C. 断开　　D. 高阻

2. 一个4位的二进制计数器,由0000状态开始,经过25个时钟脉冲后,该计数器的状态为(　　)。

A. 1100　　B. 1000

C. 1001　　D. 1010

注释:4位的计数器,其计数范围是24=16,0000开始经过16个时钟脉冲之后又回到了开始的状态0000。25－16=9,所以说经过25个时钟之后,其计数器的数值应该是9=1001。

3. 稳压二极管构成的稳压电路的接法是(　　)。

A. 稳压管与负载电阻串联

B. 稳压管与限流电阻并联

C. 限流电阻与稳压管串联后,稳压管再与负载电阻串联

D. 限流电阻与稳压管串联后,稳压管再与负载电阻并联

4. 与无符号二进制数10100010等值的十进制数是(　　)。

A. 162　　B. 168

C. 160　　D. 164

5. 实现无失真放大,应使晶体三极管工作在(　　)区域。

A. 截止　　B. 放大

C. 饱和　　D. 上升

二、多项选择题(每小题不选或选错1个及以上选项得0分,漏选得1分,每小题全部选对得2分)

1. 万用表可以用来测量(　　)。

A. 电阻　　B. 直流电压　　C. 直流电流

D. 电感　　E. 相位

2. 数字电路常用的触发器主要包括(　　)

A. D触发器　　B. JK触发器　　C. T触发器

D. H触发器　　E. RS触发器

三、简述题

1. 图 2.16 所示电路，设 $U_i=\sin\omega t(V)$，$V=2$ V，二极管具有理想特性，则输出电压 U_o 的波形应为图示(　　)图。

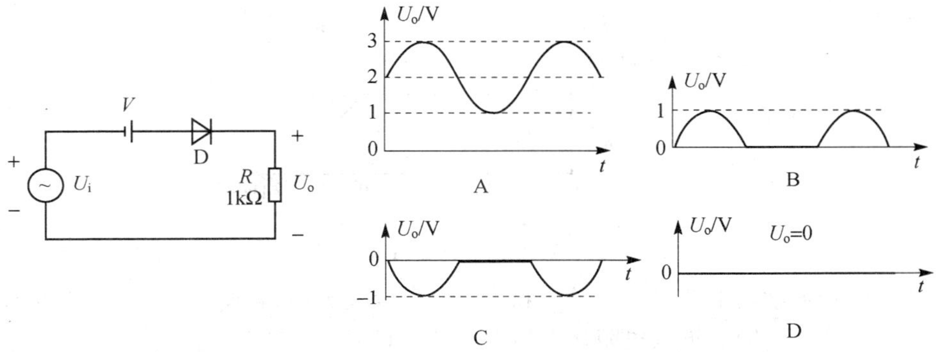

图 2.16　题三、1 图

2. 在晶体管放大电路中测得 3 个晶体管的各个电极的电位如图 2.17 所示。试判断各晶体管的类型(是 PNP 管还是 NPN 管，是硅管还是锗管)，并区分 e、b、c 3 个电极。

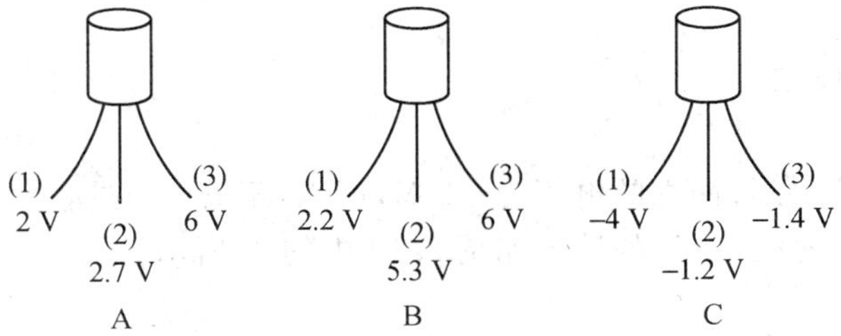

图 2.17　题三、2 图

3. 在三极管组成的 3 种组态的放大电路中，为了使一个电压信号能得到有效放大，而且能向负载提供足够大的电流，应在这个信号源后面接入什么电路？

4. 叠加定理的内容是什么？

5. 什么是“线与”逻辑，要实现它，在硬件特性上有什么具体要求？

6. 什么是竞争与冒险现象？怎样判断？如何消除？

7. 求$(66.625)_{10}$的等值二进制数。

8. 你知道哪些常用逻辑电平？TTL 与 COMS 电平可以直接互连吗？

9. 求$(1100101.101)_2$的等值十进制数。

10. 将$(741.566)_8$转换为二进制数。

11. 将$(1011010.10111)_2$转换为十六进制数。

四、填空题

1. 一个放大电路的对数幅频特性如图 2.18 所示。由图可知，中频放大倍数 $|A_{Vm}|=$ ________，f_L 为 ________，f_H 为 ________，当信号频率为 f_L 或 f_H 时，实际的电压增益为 ________。

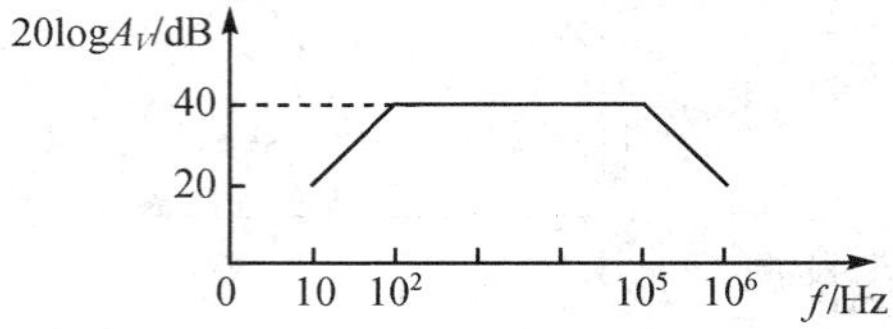

图 2.18　题四、1 图

2. 场效应管从结构上分成 ________ 和 ________ 两大类型，它属于 ________ 控制型器件。

3. 场效应管(FET)的输入电阻比双极型晶体管(BJT)的输入电阻 ________。

参考答案

一、单项选择题

1. C　2. C　3. D　4. A　5. B

二、多项选择题

1. ABC　2. ABCE

三、简述题

1. 答：因为加在二极管两端的电压为+2 V，所以，不管 U_i 的大小如何，二极管 D 总是导通的，因此，负载 R 上的电压 U_o 的波形如图 2.16 中的 A 所示。

2. 答：

A：ebc，NPN，硅管；B：cbe，PNP，硅管；C：ceb，PNP，锗管。

对于此类判断的方法：

① 按照 3 个电极上的电压排序，从大到小，对 A：6 V，2.7 V，2 V。

② 用中间的数据减两端，如果得到 0.7 V(硅管)或 0.3 V(锗管)，这两个数据中，一个为基极，另一个为发射极。对 A：6 V，2.7 V，2 V 有 2.7 V−2 V=0.7 V，(2)号脚的点位比(1)号脚高 0.7 V，所以，(2)号脚为基极 b，(1)号脚为发射极 c。

③ 因为(2)号脚的点位比(1)号脚高，所以为 NPN，且高 0.7 V，所以为硅管。

3. 答：接入共射电路。因为共射电路具有较大的电压放大倍数和电流放大倍数，输入电阻和输出电阻适中。

注释：共集电路中，输入电阻大，输出电阻小，电压放大倍数小于 1。

　　共基电路中，输入电阻小，频率特性好。

4. 答：在一个线性电路中，如果有多个电源同时作用，则任一支路的电流或电压，等于这个电路中各个电源分别单独作用时，在该支路中产生的电流或电压的代数和。

5. 答："线与"逻辑是两个输出信号相连可以实现"与"的功能。在硬件上，要用 OC 门来实现，由于不用 OC 门可能使灌电流过大，而烧坏逻辑门。同时，在输出端口应加一个上拉电阻。

6. 答：在组合逻辑中，由于门的输入信号通路中经过了不同的延时，导致到达该门的时间不一致叫竞争。产生毛刺叫冒险。如果布尔式中有相反的信号则可能产生竞争和冒险现象。解决方法：一是添加布尔式的消去项，二是在芯片外部加电容。

7. 答：先求$(66)_{10}$的等值二进制数：

除数	被除数/商	余数
2	66	0
2	33	1
2	16	0
2	8	0
2	4	0
2	2	0
2	1	1
	0	

即$(66)_{10}=(1000010)_2$。

再求$(0.625)_{10}$的等值二进制数：

$$0.625\times2=1.250 \qquad 1$$
$$0.250\times2=0.500 \qquad 0$$
$$0.500\times2=1.000 \qquad 1$$

即$(0.625)_{10}=(0.101)_2$。所以，$(66.625)_{10}=(1000010.101)_2$。

这里要说明的是，十进制小数不一定都能转换成完全等值的二进制小数。

注释：整数的转换可采用除 2 取余法，即把要转换的十进制数的整数部分不断除以 2，并记下每次除后所得余数，直到商为 0 为止，将所得余数，从最后一次除得余数读起，就是这个十进制整数所对应的二进制整数。小数部分的转换采用乘以 2 取整法，被转换的小数部分，每次相乘后，所得乘积的整数部分就为对应的十进制数，将所得小数从第一次乘得整数读起，就是这个十进制小数所对应的二进制小数。

8. 答：常用逻辑电平为 12 V，5 V，3.3 V。

TTL 和 CMOS 不可以直接互连，由于 TTL 是在 0.3～3.6 V 之间，而 CMOS 则是有在 12 V 的，有在 5 V 的。CMOS 输出接到 TTL 是可以直接互连的。TTL 接到 CMOS 需要在输出端口加一上拉电阻接到 5 V 或者 12 V。

9. 答：

$$(1100101.101)_2=1\times2^6+1\times2^5+0\times2^4+0\times2^3+1\times2^2+ \\ 0\times2^1+1\times2^0+1\times2^{-1}+0\times2^{-2}+1\times2^{-3}=$$

$$64+32+0+0+4+0+1+0.5+0.125=(101.625)_{10}$$

即$(1100101.101)_2=(101.625)_{10}$。

10. 答：

$$(741.566)_8=(111100001.101110110)_2$$

11. 答：

$$(1011010.10111)_2=(01011010.10111000)_2=(5A.B8)_{16}$$

即 $(1011010.10111)_2=(5A.B8)_{16}$。

注释：二进制数转换为十六进制数的方法是，对整数部分，从小数点开始，从右往左，每 4 个一组进行分组，不足 4 个，高位用 0 补充。如“1011010.”分 2 组，即 0101 和 1010，转换后为 5A。小数点后的数，从小数点开始，从左往右，每 4 个一组进行分组，不足 4 个，低位用 0 补充。如“.10111000” 分 2 组，即 1011 和 1000，转换后为 B8。

四、填空题

1. 一个放大电路的对数幅频特性如图 2.18 所示。由图可知，中频放大倍数$|A_{Vm}|=$ __100__，f_L 为 __0.1 MHz__，f_H 为 __100 Hz__，当信号频率为 f_L 或 f_H 时，实际的电压增益为 __70.7__。

2. 场效应管从结构上分成 __结型__ 和 __绝缘栅型__ 两大类型，它属于 __电压__ 控制型器件。

3. 场效应管(FET)的输入电阻比双极型晶体管(BJT)的输入电阻 __大__。

第3章 嵌入式系统硬件电路设计

考核要点

了解运算放大的基本概念，以及 DSP、FPGA、ARM、A/D 转换和 D/A 转换。

理解运算放大器基本性能指标的含义(输入失调电压、输入偏置电流、输入失调电流、输入电阻、电压增益、最大输出电压、共模输入电压范围、共模信号抑制比、转换速率和增益带宽乘积等)。熟悉 DSP、FPGA、ARM 等芯片的常用电源电路与复位电路。了解 A/D 转换和 D/A 转换的基本原理与技术指标。

掌握叠加原理和戴维南定理在运算放大器的电路设计中的应用。会利用 HDL 语言设计简单组合与时序电路。会根据实际要求选择 A/D 转换和 D/A 转换芯片。

考核知识

1. 差动放大电路

(1) 直接耦合放大电路

直接耦合放大电路可以放大直流信号，如图 3.1 所示。

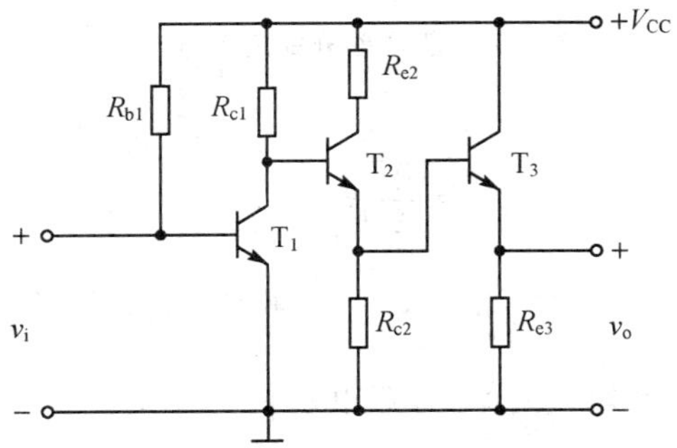

图 3.1 直接耦合放大电路

(2) 直接耦合放大电路的零点漂移

零漂是指输入短路时，输出仍有缓慢变化的电压产生。其主要是由温度变化引起的，因此也称温漂。电源电压波动也是原因之一。

温漂指标是指温度每升高 1 ℃时，输出漂移电压按电压增益折算到输入端的等效输入漂移电压值。

(3) 减小零漂的措施

① 用非线性元件进行温度补偿。

② 调制解调方式,如斩波稳零放大器。

③ 采用差分式放大电路。

(4) 差分式放大电路中的一般概念

差动放大电路(也称差分放大电路)就其功能来说,是放大两个输入信号之差。由于它具有抑制零点漂移、输入电阻大等优点,因而成为集成运算放大器的主要单元电路。基本差分式放大电路如图 3.2 所示。

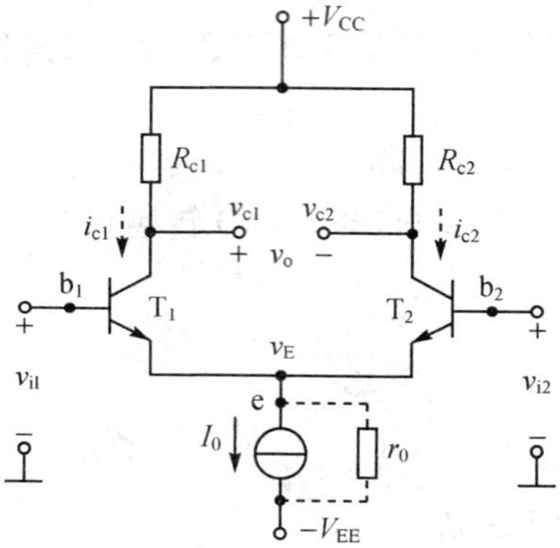

图 3.2　基本差分式放大电路

差模信号：　$v_{id} = v_{i1} - v_{i2}$　(v_{i1},v_{i2} 为输入信号)

共模信号：　$v_{ic} = \frac{1}{2}(v_{i1} + v_{i2})$

差模电压增益：　$A_{VD} = \frac{v'_o}{v_{id}}$　(v'_o为差模信号输出)

共模电压增益：　$A_{VC} = \frac{v''_o}{v_{ic}}$　(v''_o共模信号输出)

总输出电压：　$v_o = v'_o + v''_o = A_{VD} v_{id} + A_{VC} v_{ic}$

共模抑制比(dB)：　$K_{CMR} = \left|\frac{A_{VD}}{A_{VC}}\right|$ 或 $K_{CMR} = 20\lg\left|\frac{A_{VD}}{A_{VC}}\right|$

K_{CMR}表明了差动电路的共模抑制能力,或者说反映了抑制零漂能力。K_{CMR}越大,表明差动电路共模抑制能力越强。共模抑制能力是指差动电路在共模干扰下,正常放大差模信号的能力。

(5) 输入和输出的四种接法

由于差动放大电路有两个输入端和两个输出端，所以输入和输出有以下四种情况：

① 双端输入-双端输出，其差动放大电路如图 3.3 所示。

② 单端输入-双端输出，其差动放大电路如图 3.4 所示。

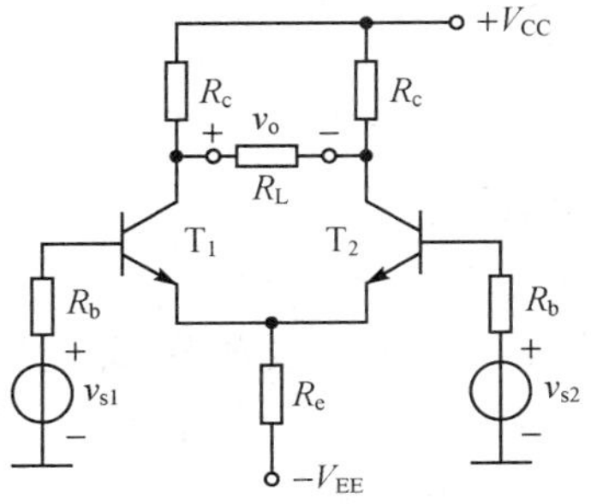

图 3.3　双端输入-双端输出

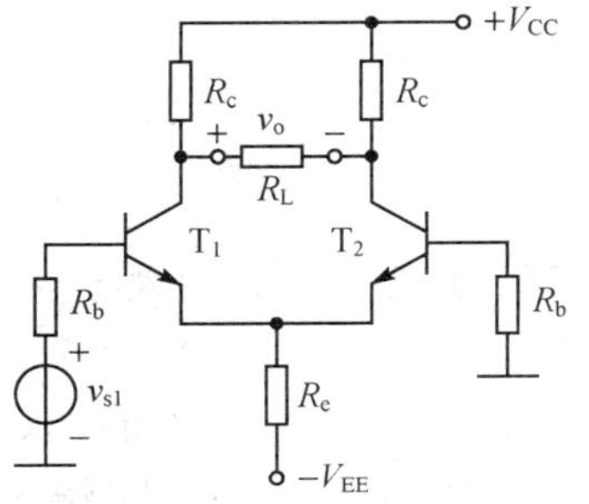

图 3.4　单端输入-双端输出

③ 双端输入-单端输出，其差动放大电路如图 3.5 所示。

④ 单端输入-单端输出，其差动放大电路如图 3.6 所示。

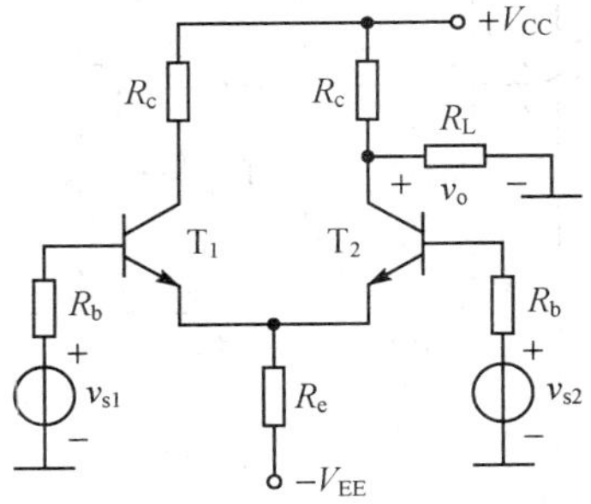

图 3.5　双端输入-单端输出

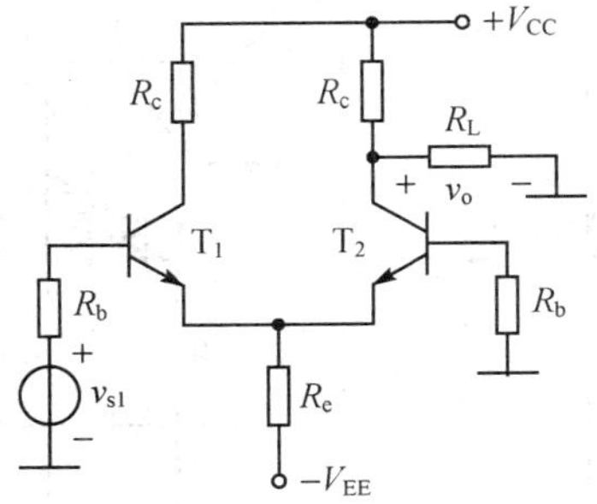

图 3.6　单端输入-单端输出

2. 集成运算放大电路

(1) 集成运算放大器的基本单元电路

图 3.7 所示是典型集成运放的原理框图，它由 4 个主要环节组成。输入级的作用是提供与输出端成同相关系和反相关系的两个输入端，通常采用差动放大器，对其要求是温度漂移要小，输入电阻要大。中间级主要是完成电压放大任务，要求有较高的电压增益，一般采用带有源负载的共射极电压放大器。输出级是向负载提供一定的功率，属于功率放大，一般采用互补对称的功率放大器。偏置电路是向各级提供稳定的静态工作电流，一般采用电流源。除此之外，还有一些辅助环节，如电平偏移电路是调节各级工作电压的，即当输入端信号为零时，要求

输出端对地也为零；短路保护（过流保护）电路是防止输出端短路时损坏内部管子的。

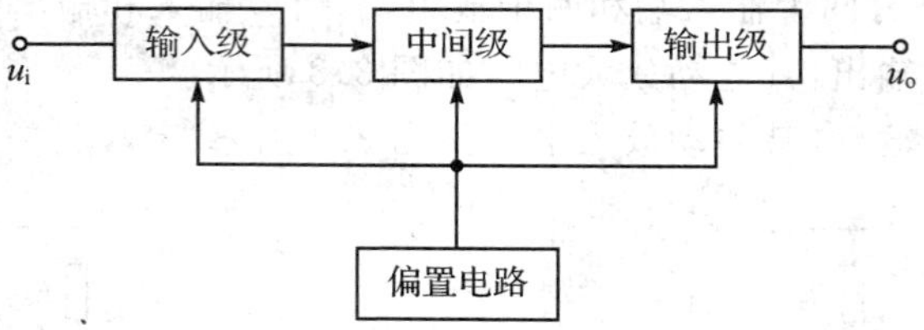

图 3.7　集成运算放大器原理框图

(2) 通用型集成运算放大器

通用型集成运算放大器 F007（μA741）电路内部包含 4 个基本组成部分，即偏置电路、输入级、中间级和输出级，它的原理图如图 3.8 所示。图中各引出端所标数字为组件的引脚编号。它有 8 个引出端，其中：②端为反相输入端，③端为同相输入端，⑥端为输出端，⑦端和④端分别接正、负电源，①端与⑤端之间接调零电位器。

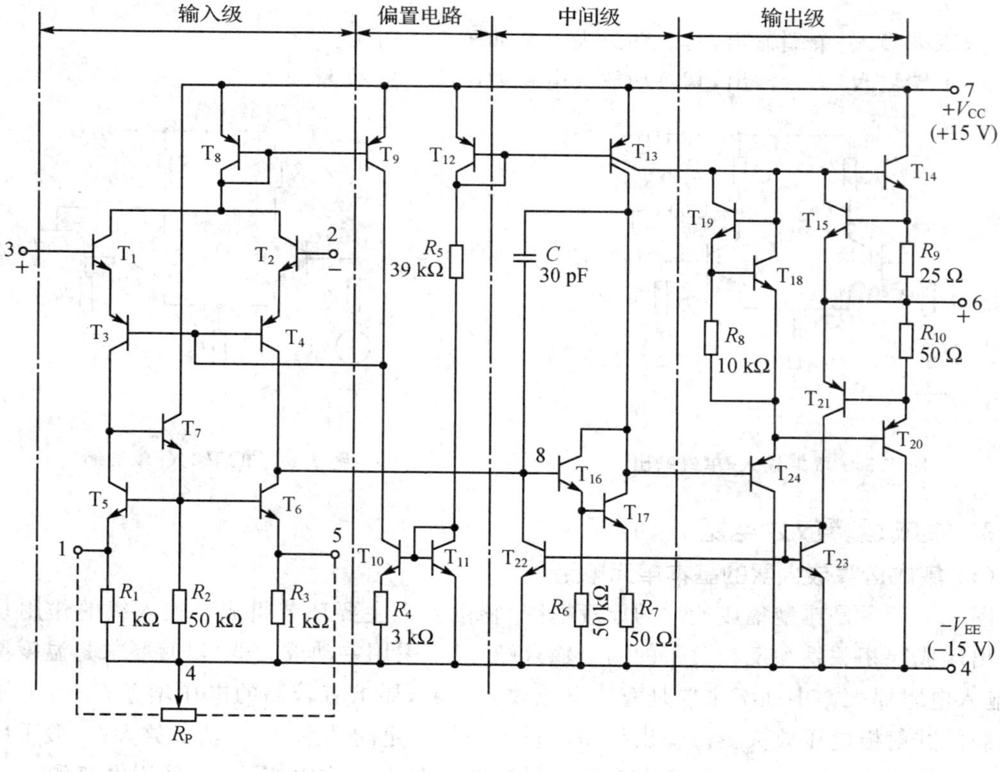

图 3.8　通用型集成运算放大器 F007（μA741）电路

3. 集成运算放大器的符号表示

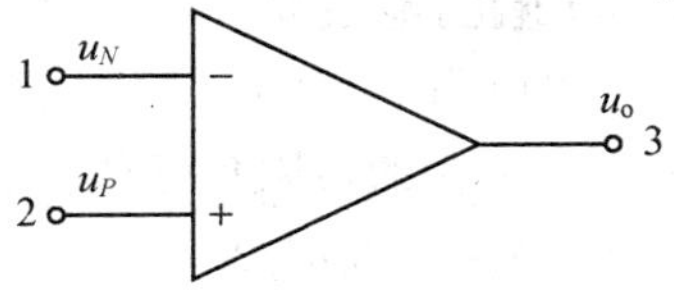

图 3.9 集成运算放大器的符号

集成运算放大器是一种高放大倍数的多级直接耦合放大电路。目前，广为使用的集成运算放大器具有两个输入端和一个输出端。在图 3.9 中，数字 3 是输出端，数字 1 是反相输入端，标有“－”号，表示信号 u_N 从该端输入时，输出信号与输入信号反相；数字 2 是同相输入端，标有“＋”号，表示信号 u_P 从该端输入时，输出信号与输入信号同相。

4. 集成运算放大器的性能指标

(1) 开环差模电压放大倍数 A_{od}

开环差模电压放大倍数 A_{od} 是指集成运放在无外加反馈回路的情况下的差模电压放大倍数，常用 A_{od} 表示，即

$$A_{od}=\frac{U_o}{U_{id}}$$

对于集成运算放大器而言，希望 A_{od} 大，且很稳定。目前，高增益集成运放的 A_{od} 可高达 140 dB（10^7 倍），理想集成运放认为 A_{od} 为无穷大。

(2) 最大输出电压 U_{OP-P}

最大输出电压 U_{OP-P} 是指在一定的电源电压下，集成运放的最大不失真输出电压的峰—峰值。通常可用集成运放的传输特性曲线表示上述关系，如图 3.10 所示。

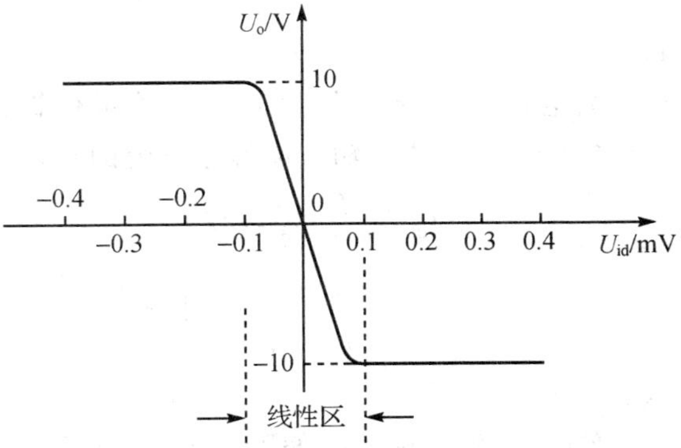

图 3.10 集成运放的传输特性曲线

(3) 差模输入电阻 R_{id}

差模输入电阻 R_{id} 是集成运放输入差模信号时的输入电阻。R_{id} 越大，对信号源的影响越小。BJT 输入级的 R_{id} 为 $10^5\sim10^6$ Ω，MOSFET 输入级的 R_{id} 可达 10^9 Ω 以上。

(4) 输出电阻 R_o

输出电阻 R_o的大小反映了集成运放在小信号输出时的负载能力。有时只用最大输出电流 I_{omax}表示它的极限负载能力。一般认为理想集成运放的 R_o为零。

(5) 共模抑制比 K_{CMR}

共模抑制比 K_{CMR}反映了集成运放对共模输入信号的抑制能力，其定义与差动放大电路共模抑制比相同。K_{CMR}愈大愈好，理想集成运放的 K_{CMR}为无穷大。

(6) 最大差模输入电压 U_{idmax}

运放两输入端之间加的差模电压过大，会使输入对管的 PN 结出现反向击穿，U_{idmax}就是允许加的最大差模电压值，这个值一般为几伏至几十伏。

(7) 最大共模输入电压 U_{icmax}

最大共模输入电压 U_{icmax}是指运放在线性工作范围内能承受的最大共模输入电压。如果超过这个电压，运放的共模抑制比 K_{CMR}将显著下降，甚至使运放失去差模放大能力或永久性的损坏。高质量的运放，其 U_{icmax}值可达十几伏。

(8) 输入失调电压 U_{io}

输入失调电压 U_{io}是指为了使输出电压为零而在输入端所加的补偿电压(去掉外接调零电位器)，它的大小反映了电路的不对称程度和调零的难易。对集成运放我们要求输入信号为零时，输出也为零，但实际中往往输出不为零，将此电压折合到集成运放的输入端的电压 U_{io}，常称为输入失调电压，一般为几个 mV。高精度、低漂移集成运放的输入失调电压可达 1～20 μV。

(9) 输入偏置电流 I_{iB}

运放的输入级是差动放大电路，当输入信号为零时，两个晶体管的基极有一定的静态偏置电流 I_{BP}和 I_{BN}，输入偏置电流 I_{iB}定义为两个输入端静态电流的平均值，即

$$I_{iB}=\frac{I_{BP}+I_{BN}}{2}$$

I_{iB}的大小反映了放大器的输入电阻和输入失调电流的大小，运放的输入电阻愈高，输入失调电流愈小。

(10) 输入失调电流 I_{io}

I_{io}是当运放输出电压为零时，两输入端静态偏置电流 I_{BP}与 I_{BN}之差，即

$$I_{io}=|I_{BP}-I_{BN}|$$

输入失调电流的大小反映了差动输入级两个晶体管的失配程度，I_{io}一般以 nA(纳安)为单位，高质量的运放低于 1 nA。

(11) 输入失调电压温漂 dU_{io}/dT 和输入失调电流温漂 dI_{io}/dT

它们可以用来衡量集成运放的温漂特性。通过调零的办法可以补偿 U_{io}、I_{iB}、I_{io}的影响，使直流输出电压调零至 0 V，但却很难补偿其温度漂移。低温漂型集成运放 dU_{io}/dT，可以做到

0.9 μV/℃以下，dI_{io}/dT 可以做到 0.009 μA/℃以下。

(12) −3 dB 带宽 f_H 与单位增益带宽 f_C

−3 dB 带宽 f_H 是集成运放的开环差模电压增益 A_{od} 下降 3 dB 时的频率。理想运放的 f_H 为无穷大，实际的通用型集成运放的 f_H 比较低，一般为几赫兹至几十赫兹。

单位增益带宽 f_C 为 A_{od} 降至 0 dB(即开环差模电压放大倍数降为 1)时的频率。f_C 与 f_H 之间存在以下关系：

$$f_C \approx A_{od} f_H$$

(13) 转换速率 S_R

转换速率 S_R 是指在给定负载条件下，当输入一个幅度比较大的阶跃电压时，集成运放输出电压变化的最大速率，S_R 的单位为 V/μs。

5. 理想运放的性能指标

集成运放的理想化参数如下：

① 开环差模增益(放大倍数)$A_{od}=\infty$；

② 差模输入电阻 $R_{id}=\infty$；

③ 输出电阻 $R_o=0$ ；

④ 共模抑制比 $K_{CMR}=\infty$；

⑤ 上限截止频率 $f_H=\infty$；

⑥ 失调电压 U_{io}、失调电流 I_{io} 和它们的温漂 dU_{io}/dT(℃)、dI_{io}/dT(℃)均为零，且无任何内部噪声。

6. 集成运算放大器的应用

(1) 反馈概念

将电子系统输出回路的电量(电压或电流)，送回到输入回路的过程。

正反馈是当输入量不变时，引入反馈后输出量变大了。

负反馈是当输入量不变时，引入反馈后输出量变小了。

从另一角度来讲，正反馈是引入反馈后，使净输入量变大了。而负反馈是引入反馈后，使净输入量变小了。

其判别方法是瞬时极性法，即在电路中，从输入端开始，沿着信号流向，标出某一时刻有关节点电压变化的斜率(正斜率或负斜率，用“+”、“−”号表示)。

(2) 反馈类型

在输入端，反馈信号的连接分为串联和并联两种方式。而在输出端，反馈信号分为取电压和取电流两种方式。由此可组成四种组态：电压串联、电压并联、电流串联和电流并联四种。这四种阻态的判断方法如下：

- 并　联　反馈量 $\dot{X}_f$ 与输入量 $\dot{X}_i$ 接于同一输入端。

- 串　联　反馈量 $\dot{X}_f$ 与输入量 $\dot{X}_i$ 接于不同的输入端。
- 电　压　将负载短路，反馈量为零。
- 电　流　将负载短路，反馈量仍然存在。

(3) 反馈对电路性能的改善

放大电路中引入交流负反馈后，其性能会得到多方面的改善。比如，可以稳定放大倍数，改变输入电阻、输出电阻，展宽频带，减小非线性失真等，下面将加以说明：

① 使放大器的放大倍数下降和稳定性提高；

② 凡是电压负反馈，必然能稳定输出电压；

③ 凡是电流负反馈，必然能稳定输出电流；

④ 串联负反馈使输入电阻提高；

⑤ 并联负反馈使输入电阻减小；

⑥ 电压负反馈使输出电阻减小；

⑦ 电流负反馈使输出电阻增大；

⑧ 减小非线性失真和抑制干扰、噪声；

⑨ 可以展宽通频带。

综上所述，在放大器中，引入负反馈后，虽然会使放大倍数降低，但是可以在很多方面改善放大器的性能。所以在实际放大电路中，几乎都引入了不同程度的负反馈。

(4) 运算电路

利用集成运放作为放大电路，引入不同的反馈，就可以构成具有不同功能的实用电路。集成运放的应用首先表现在它能构成各种运算电路上，并因此而得名。在运算电路中，以输入电压作为自变量，以输出电压作为函数；当输入电压变化时，输出电压将按一定的数学规律变化，即输出电压反映输入电压某种运算的结果。因此，集成运放必须工作在线性区，在深度负反馈条件下，利用反馈网络能够实现各种数学运算。在运算电路中，无论输入电压，还是输出电压，均对“地”而言。

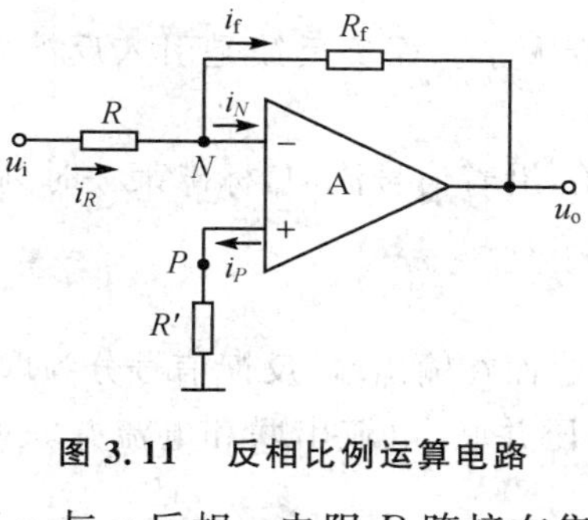

图 3.11　反相比例运算电路

1) 比例运算电路

将输入信号按比例放大的电路，称为比例运算电路。按输入信号加在不同的输入端，把比例运算分为：反相比例运算、同相比例运算、差分比例运算。实际上，比例运算电路主要放大形式就是这 3 种。

2) 反相比例运算电路

如图 3.11 所示为反相比例运算电路。输入电压 u_i 通过电阻 R 作用于集成运放的反相输入端，故输出电压 u_o 与 u_i 反相。电阻 R_f 跨接在集成运放的输出端和反相输入端，引入了电压并联负反馈。

R'为补偿电阻，以保证集成运放输入级差分放大电路的对称性；其值为 $u_i=0$（即输入端接地）时反相输入端总等效电阻，即各支路电阻的并联，所以 $R'=R/\!/R_f$。

由于理想运放的净输入电压和净输入电流均为零，故 R'中电流为零，所以

$$u_P = u_N = 0$$

$$i_P = i_N = 0$$

集成运放两个输入端的电位均为零，但由于它们并没有接地，故称为“虚地”，节点 N 的电流方程为

$$i_R = i_f$$

$$\frac{u_i - u_N}{R} = \frac{u_o - u_N}{R_f}$$

由于 N 点为虚地，整理得出

$$u_o = -\frac{R_f}{R}u_i$$

u_o与 u_i 成比例关系，比例系数为$-R_f/R$，负号表示 u_o与 u_i反相。比例系数的数值可以是大于、等于和小于 1 的任何值。

因为电路引入了深度电压负反馈，且 $1+AF=\infty$，所以输出电阻 $R_o=0$，电路带负载后运算关系不变。

因为从电路输入端和地之间看进去的等效电阻等于输入端和虚地之间看进去的等效电阻，所以电路的输入电阻为

$$R_i = R$$

可见，虽然理想运放的输入电阻为无穷大，但是由于电路引入的是并联负反馈，反相比例运算电路的输入电阻却不大。

在基本电路中，由于反馈电流与输入电流相等，所以使比例系数为$-R_f/R$。可以想象，若 i_F远大于 i_I，则利用阻值不大的电阻就可以得到较大的输出电压，从而获得较大的比例系数。

3）同相比例运算电路

图 3.12 所示电路为同相比例运算电路。引入了电压串联负反馈，故可以认为输入电阻为无穷大，输出电阻为零。即使考虑集成运放参数的影响，输入电阻也可达 $10^9\ \Omega$。

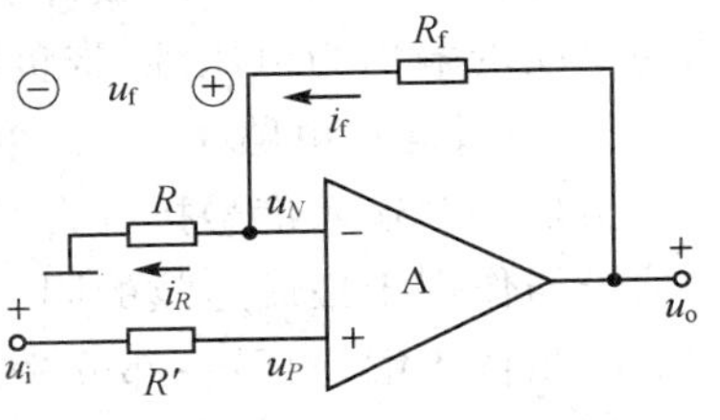

图 3.12　同相比例运算电路

根据“虚短”和“虚断”的概念，集成运放的净输入电压为零，即

$$u_P = u_N = u_i$$

很容易求得：

$$u_o = \left(1 + \frac{R_f}{R}\right)u_i$$

上式表明 u_o 与 u_i 同相且 u_o 大于 u_i。

应当指出，虽然同相比例运算电路具有高输入电阻、低输出电阻的优点，但因为集成运放有共模输入，所以为了提高运算精度，应当选用高共模抑制比的集成运放。从另一角度看，在对电路进行误差分析时，应特别注意共模信号的影响。

4）电压跟随器

在同相比例运算电路中，若将输出电压的全部反馈到反相输入端，就构成了图 3.13 所示的电压跟随器。电路引入了电压串联负反馈，其反馈系数为 1。由于 $u_o = u_P = u_N$，故输出电压与输入电压的关系为

$$u_o = u_i$$

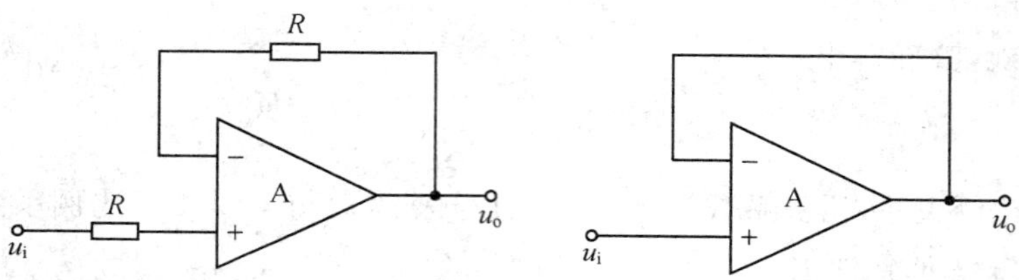

图 3.13　电压跟随器

理想运放的开环差模增益为无穷大，因而电压跟随器具有比射极输出器好得多的跟随特性。

集成电压跟随器具有多方面的优良性能。例如型号为 AD9620 的芯片，电压增益为 0.994，输入电阻为 0.8 MΩ，输出电阻为 40 Ω，带宽为 600 MHz，转换速率为 2 000 V/μs。

综上所述，对于单一信号作用的运算电路，在分析运算关系时，应首先列出关键节点的电流方程。所谓关键节点是指那些与输入电压和输出电压产生关系的节点，如 N 点和 P 点；然后根据“虚短”和“虚断”的原则，进行整理，即可得输出电压和输入电压的运算关系。

因为在运算电路中一般都引入电压负反馈，在理想运放条件下，输出电阻为零，所以可以认为电路的输出为恒压源，带负载后运算关系不变。

5）加减运算电路

实现多个输入信号按各自不同的比例求和或求差的电路都称为加减运算电路。若所有输入信号均作用于集成运放的同一个输入端，则实现加法运算；若一部分输入信号作用于集成运放的同相输入端，而另一部分输入信号作用于反相输入端，则实现加减运算。

例如：反相求和运算电路的多个输入信号均作用于集成运放的反相输入端，如图 3.14 所示。根据“虚短”和“虚断”的原则，$u_P = u_N = 0$，节点 N 的电流方程为

$$i_1 + i_2 + i_3 = i_f$$

$$\frac{u_{i1}}{R_1} + \frac{u_{i2}}{R_2} + \frac{u_{i3}}{R_3} = -\frac{u_o}{R_f}$$

所以 u_o的表达式为

$$u_o = -R_f\left(\frac{u_{i1}}{R_1} + \frac{u_{i2}}{R_2} + \frac{u_{i3}}{R_3}\right)$$

对于多输入的电路除了用上述节点电流法求解运算关系外，还可利用叠加原理，首先分别求出各输入电压单独作用时的输出电压，然后将它们相加，便得到所有信号共同作用时输出电压与输入电压的运算关系。

设 u_{i1}单独作用，此时应将 u_{i2}和 u_{i3}接地，如图 3.15 所示。由于电阻 R_2和 R_3的一端是"地"，一端是"虚地"，故它们的电流为零。因此，电路实现的是反相比例运算。

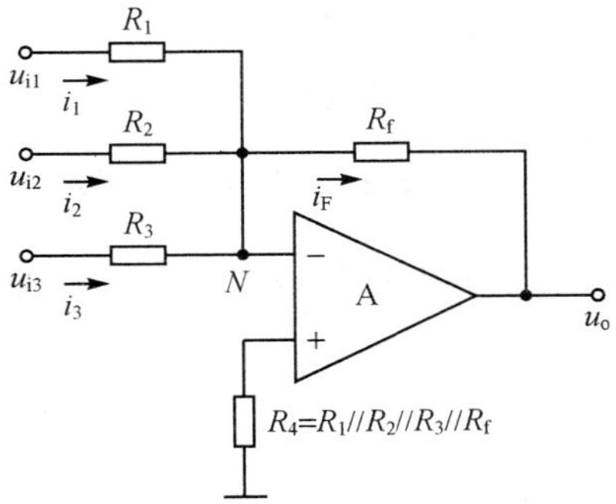

图 3.14 反相求和运算电路

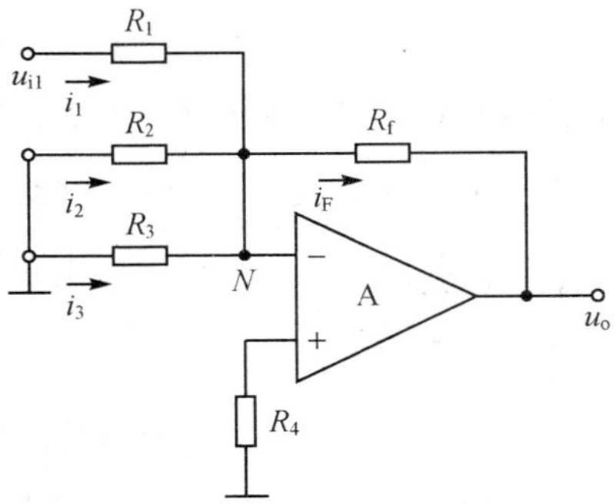

图 3.15 利用叠加原理求解运算关系

$$u_{o1} = -\frac{R_f}{R_1}u_{i1}$$

利用同样方法，分别求出 u_{i2}和 u_{i3}单独作用时的输出 u_{o2}和 u_{o3}，即

$$u_{o2} = -\frac{R_f}{R_2}u_{i2}, \quad u_{o3} = -\frac{R_f}{R_3}u_{i3}$$

当 u_{i1}、u_{i2}和 u_{i3}同时作用时，则有

$$u_o = u_{o1} + u_{o2} + u_{o3} = -\frac{R_f}{R_1}u_{i1} - \frac{R_f}{R_2}u_{i2} - \frac{R_f}{R_3}u_{i3}$$

若 $R_1 = 5\ \text{k}\Omega$，$R_2 = 20\ \text{k}\Omega$，$R_3 = 50\ \text{k}\Omega$，$R_f = 100\ \text{k}\Omega$，则 $u_o = -20u_{i1} - 5u_{i2} - 2u_{i3}$。

从反相求和运算电路的分析中可知，每个输入端的输入电阻各不相同，因此，各信号源所提供的输入电流也就各不相同。

6）积分电路和微分电路

积分运算和微分运算互为逆运算。在自控系统中，常用积分电路和微分电路作为调节环节；此外，它们还广泛应用于波形的产生和变换以及仪器仪表之中。以集成运放作为放大电路，利用电阻和电容作为反馈网络，可以实现这两种运算电路。

① 积分运算电路　在图 3.16 所示的积分运算电路中,同相输入端通过 R' 接地,$u_P=u_N=0$,为"虚地"。

电路中,电容 C 中电流等于电阻 R 中电流:

$$i_C=i_R=\frac{u_i}{R}$$

输出电压与电容上电压的关系为

$$u_o=-u_C$$

而电容上电压等于其电流的积分,故:

$$u_o=-\frac{1}{C}\int i_C\mathrm{d}t=-\frac{1}{RC}\int u_i\mathrm{d}t$$

在求解 t_1 到 t_2 时间段的积分值时:

$$u_o=-\frac{1}{RC}\int_{t_1}^{t_2}u_i\mathrm{d}t+u_o(t_1)$$

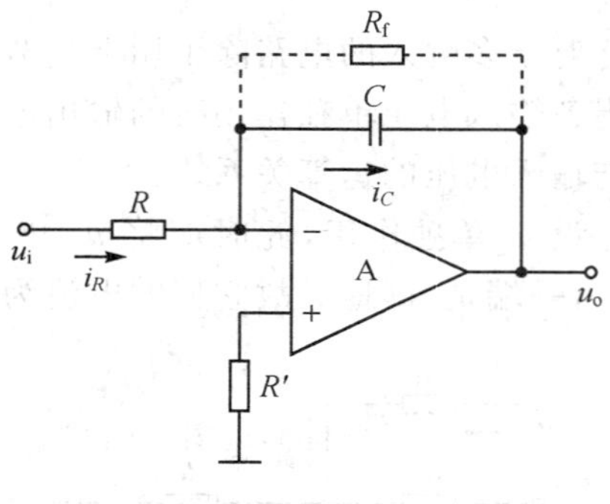

图 3.16　积分运算电路

式中:$u_o(t_1)$ 为积分起始时刻的输出电压,即积分运算的起始值,积分的终值是 t_2 时刻的输出电压。当 u_i 为常量时:

$$u_o=-\frac{1}{RC}u_i(t_2-t_1)+u_o(t_1)$$

当输入为阶跃信号时,若 t_0 时刻电容上的电压为零,则输出电压波形如图 3.17 所示。当输入为方波和正弦波时,输出电压波形分别如图 3.18 和图 3.19 所示。

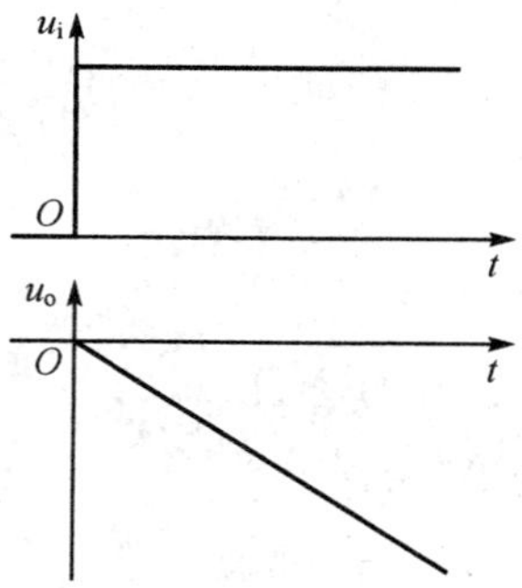

图 3.17　输入及输出波形

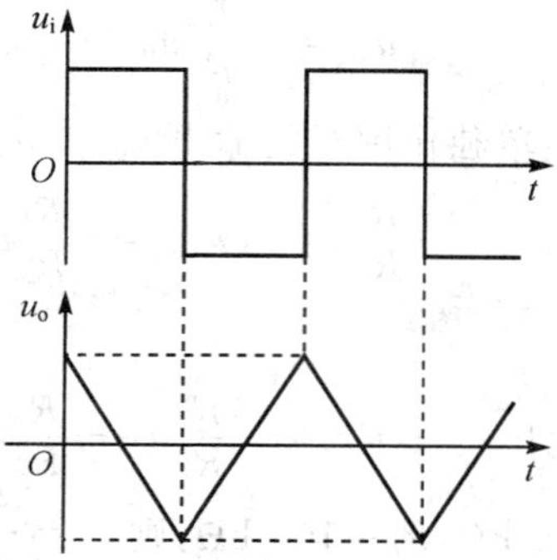

图 3.18　输入方波及输出波形

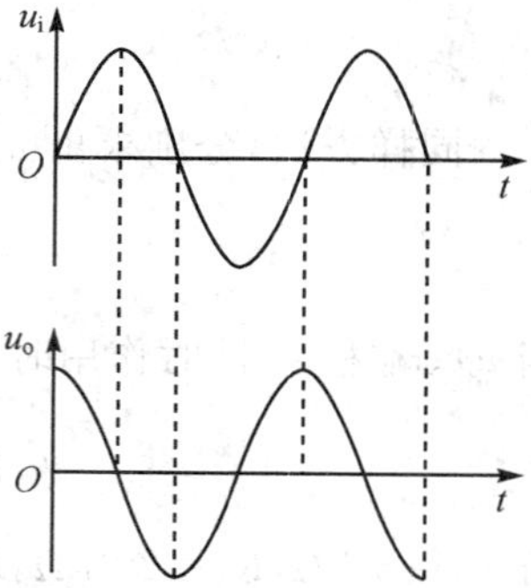

图 3.19　输入正弦波及输出波形

在实用电路中,为了防止低频信号增益过大,常在电容上并联一个电阻加以限制。

② 微分运算电路　如图 3.20 所示为基本微分运算电路。

根据"虚短"和"虚断"的原则,$u_P=u_N=0$,"虚地",电容两端电压 $u_C=u_i$。因而

$$i_R=i_C=C\frac{\mathrm{d}u_i}{\mathrm{d}t}$$

而输出电压为

$$u_o = -i_R R = -RC\frac{du_i}{dt}$$

输出电压与输入电压的变化率成比例。

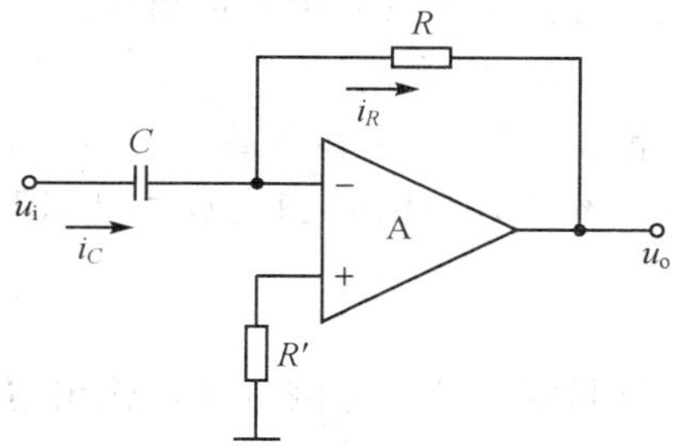

图 3.20 基本微分运算电路

7. 电源电路的应用

(1) 直流电源工作原理

电子设备都需要用直流电源供电。获得直流电源的方法较多,如干电池、蓄电池、直流电机等。但比较经济实用的办法是,把交流电源变换成直流电源。一般直流电源的组成如图 3.21 所示。

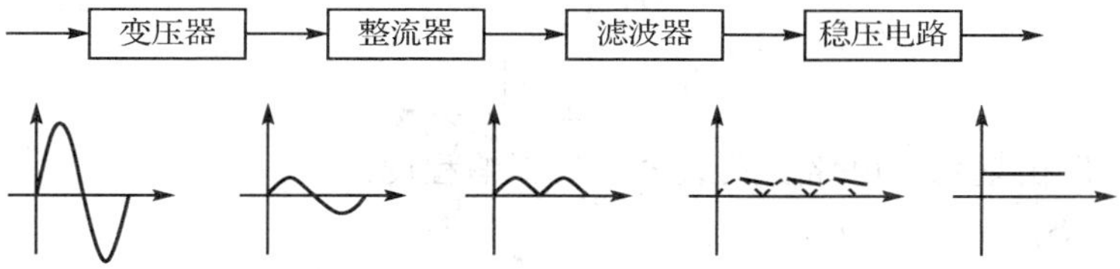

图 3.21 一般直流电源的组成及输出波形

图中:

① 电源变压器 电网上单相交流电压的有效值为 220 V,而通常需要的直流电压要比此值低。因此,先利用变压器进行降压,将 220 V 的交流电变成合适的交流电以后再进行交、直流转换。当然,有的电源不是利用变压器而是利用其他方法降压。

② 整流电路 主要任务是利用二极管的单向导电特性,将经变压器降压后的交流电变成单向脉动的直流电。经整流电路输出的单向脉动的直流电幅度变化较大,这种直流电一般不能直接供给电子电路使用。

③ 滤波电路 主要任务是滤除脉动直流电中的交流成分,使输出电压成为比较平滑的直流电压。常采用的元件有电容和电感等。

④ 稳压电路 交流电经降压、整流、滤波后输出的直流电具有较好的平滑程度,一般可以充当电路的电源。需要指出的是:此时的电压值还要受到电网电压波动以及负载变化的影响,即经滤波后输出的电压由于各种因素的影响往往是不稳定的。为使输出电压稳定,还需要增加稳压电路部分。稳压电路的作用就是自动稳定输出电压,使输出电压不受电网电压波动和负载大小的影响。

(2) 稳压电路的主要指标

稳压电路的主要指标分两种:特性指标和质量指标。特性指标包括允许的输入电压、输出电压、输出电流和输出电压调节范围等。质量指标包括稳压系数、输出电阻、温度系数和纹波电压等。这里仅介绍质量指标。

1）稳压系数 S_r

稳压系数 S_r 是在负载固定不变的前提下，输出电压的相对变化量 $\Delta U_o/U_o$ 与稳压电路输入电压的相对变化量 $\Delta U_i/U_i$之比，即

$$S_r = \left.\frac{\Delta U_o/U_o}{\Delta U_i/U_i}\right|_{R_L=\text{常数}}$$

该指标反映了电网波动对输出电压的影响。此处稳压电路输入电压 U_i就是整流滤波以后的直流电压。

2）输出电阻 R_o

输出电阻 R_o是在输入电压和环境温度不变的情况下，输出电压的变化量与输出电流的变化量之比，即

$$R_o = \left.\frac{\Delta U_o}{\Delta I_o}\right|_{U_i=\text{常数}}$$

输出电阻可以衡量稳压电路受负载电阻的影响程度。

3）温度系数 S_T

温度系数 S_T是指电网电压和负载都不变时，由于温度变化而引起的输出电压漂移等，单位为 mV/℃，即

$$S_T = \left.\frac{\Delta U_o}{\Delta T}\right|_{\substack{\Delta U_i=0\\ \Delta I_o=0}}$$

4）纹波电压

纹波电压是稳压电路输出端交流分量的有效值。一般为毫伏数量级，表示输出电压的微小波动。

(3) 常用稳压电路

如图 3.22 所示电路为输出电压+5 V、输出电流 1.5 A 的稳压电源。它是由电源变压器 B，桥式整流电路 VD1～VD4，滤波电容 C_1、C_3，防止自激电容 C_2、C_4 和一只固定式三端稳压器(7805)极为简捷方便地搭成的。

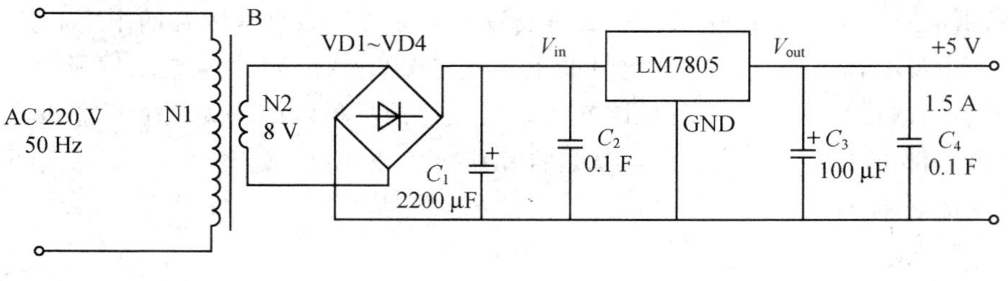

图 3.22　常用稳压电路

220 V 交流市电通过电源变压器变换成交流低压，再经过桥式整流电路 VD1～VD4 和滤波电容 C_1 的整流和滤波，在固定式三端稳压器 LM7805 的 V_{IN} 和 GND 两端形成一个并不十分稳定的直流电压（该电压常常会因为市电电压的波动或负载的变化等而发生变化）。此直流电压经过 LM7805 的稳压和 C_3 的滤波便在稳压电源的输出端产生了精度高、稳定度好的直流输出电压。本稳压电源可作为 TTL 电路或单片机电路的电源。三端稳压器是一种标准化、系列化的通用线性稳压电源集成电路，以其体积小、成本低、性能好、工作可靠性高和使用简捷方便等特点，成为目前稳压电源中应用最为广泛的一种单片式集成稳压器件。

基于 S3C2410X 的应用系统，需要使用＋5 V、3.3 V 和 1.8 V 的直流稳压电源，因此，为了简化系统电源电路设计，采用高质量的 5 V 直流稳压电源供电且额定电流大于 2 A。5 V 直流稳压电源与计算机的 USB 输出电压 5 V 可以分别向电路板提供 5 V 直流电压，电压经过稳压电路稳压，分别获得输出 3.3 V 和 1.8 V 的直流电压为开发板供电，稳压芯片采用 LM117－33 和 LM117－18 两种主芯片，电源电路设计如图 3.23 所示。

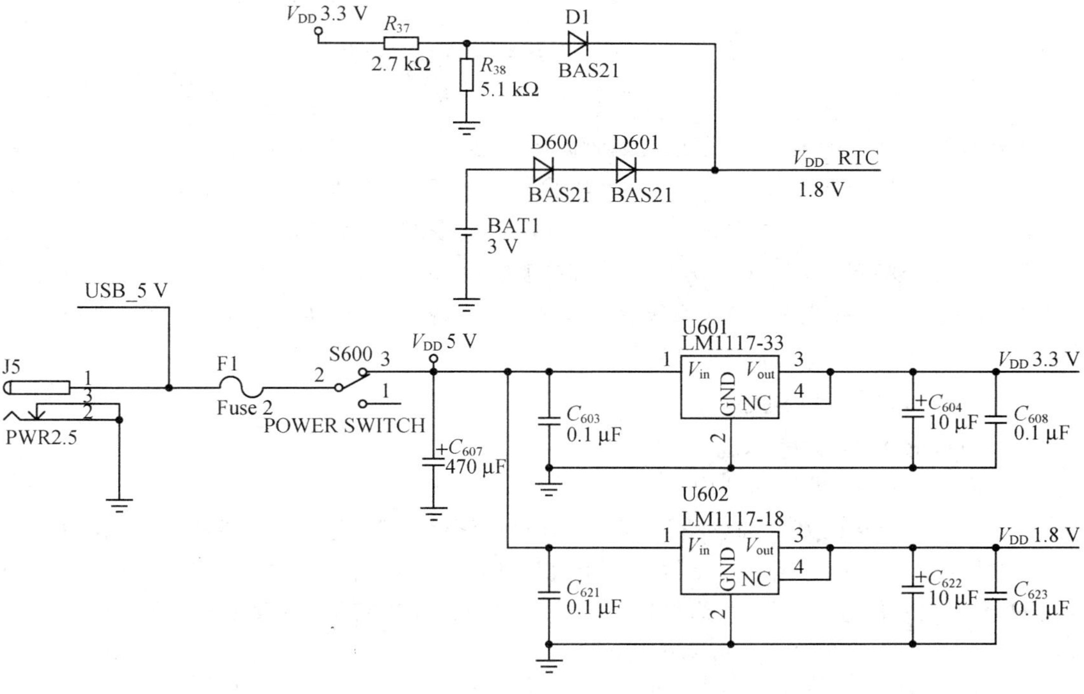

图 3.23　电源电路

电源输出的 3.3 V 经过分压后得到 1.8 V 给 RTC 供电，在没有外接电源供电情况下，由 3 V 锂电池，经过两个二极管降压后得到 1.8 V 给 RTC 供电。

8. 复位电路的应用

在系统中,复位电路主要完成系统的上电复位和系统在运行时用户的按键复位功能。复位电路采用较简单的 RC 复位电路,电路如图 3.24 所示。

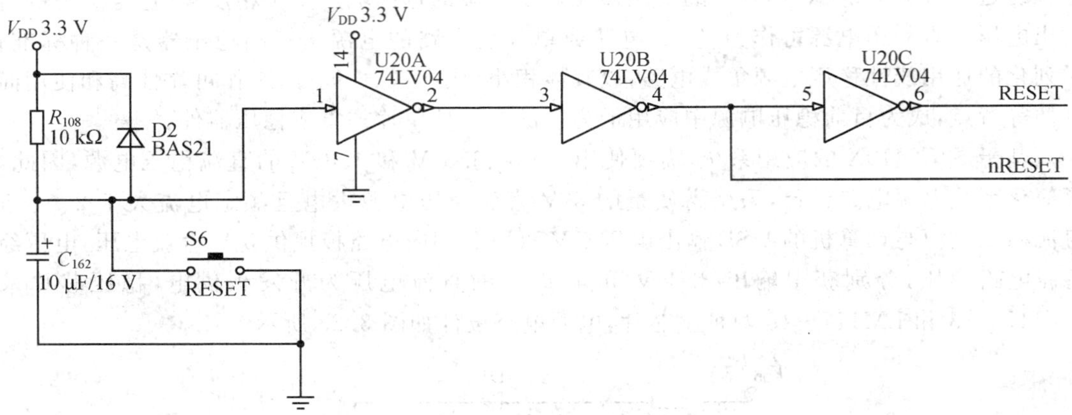

图 3.24　复位电路

工作原理:在系统上电时,通过电阻 R_{108} 向电容 C_{162} 充电,当 C_{162} 两端的电压没有达到高电平的门限电压时,nRESET 端输出为低电平,系统处于复位状态;当 C_{162} 两端的电压达到高电平的门限电压时,nRESET 端输出为高电平,系统进入正常工作状态。

当用户按下按键 S6 时,C_{162} 两端的电荷被泄放掉,nRESET 端输出为低电平,系统处于复位状态;再重复以上的充电过程,系统进入正常工作状态。调整 R_{108} 和 C_{162} 的值,可以调整复位状态的时间。

9. HDL 语言设计的应用

(1) Verilog HDL 语言基础

1) Verilog HDL 模块的结构

模块是 Verilog 的基本描述单位,它可以任何复杂程度来定义一个系统,但无论复杂程度如何,模块声明经常具有相同的结构。一个设计的结构可以使用开关级原语、门级原语和用户定义的原语方式描述;数据流行为可以使用连续赋值语句进行描述;时序行为可以使用过程结构描述。一个模块可以在另一个模块中使用。

任何模块都以关键词 module 开头,紧跟模块名以 endmodule 结束。在 module 和 endmodule 之间共有三部分:接口、主体和可选附加组件。

- 接口:由端口和参数声明组成。
- 主体:模块内部的描述。
- 可选组件:在模块任何地方用 include 定义。

一个模块的基本语法如下：

```
module module-name(端口列表)；
    input, output, inout,            //端口声明
    reg, wire, parameter,            //参数声明
    include
    变量声明
    Continuous assignment            //连续赋值
    Module instantiation             //低级模块例化
    Initial statement                //初始语句
    Always statement                 //always 语句
    function, task,...               //任务和函数
    Gate instantiation               //门级描述
    UDP instantiation                //原语方式描述
endmodule
```

2）Verilog HDL 模块的描述方式

在模块中，可用下述方式描述一个设计：使用原语和低级模块例化(结构方式)；指定输出信号与输入信号的传输(数据流方式)；以电路所期望的行为来定义电路中的算法(行为方式)；上述描述方式的混合。

① 结构化描述形式：Verilog 中的结构方式代表门级或高一级的物理电路实现。它代表了由信号相连元件的原理图。设计隐藏在元件中。

结构定义中的元件可以是原语或例化的模块。元件可以是门和触发器(以及其他一些小模块)等简单的元件，例化的模块可以任意复杂。在 Verilog HDL 中可使用如下方式描述结构：内置门原语(在门级)；开关级原语(在晶体管级)；用户定义的原语(在门级)；模块实例(创建层次结构)。

例如：数据选择是指经过选择，把多个通道的数据传送到唯一的公共数据通道上去。实现数据选择功能的逻辑电路称为数据选择器。它的作用相当于多个输入的单刀多掷开关。用 Verilog HDL 语言的结构方式描述 2 选 1 的数据选择器如下：

```
module  mux2_1(out1, a, b, sel);
    output  out1;
    input   a, b, sel;
    wire    sel_, a1, b1;
    not     u1 (sel_, sel);
    and     u2 (a1, a, sel_);
    and     u3 (b1, b, sel_);
    or      u4 (out1, a1, b1);
endmodule
```

内置门原语

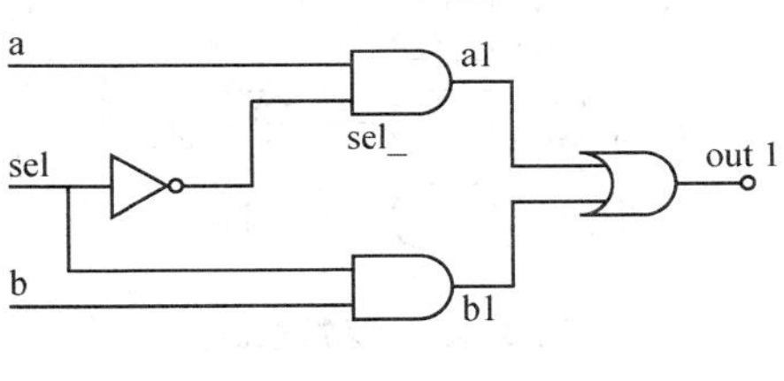

② 数据流描述方式：一个电路可以由赋值语句来描述，它将输入转化为所要的输出值。此种定义方式称为数据流。在这种方式中，电路不以元件间的信号连接来描述，而是用表达式来将输入转化为想要的输出。

表达式可以基于广泛的操作符，例如：逻辑、算术、条件和连接等操作符。所有这些操作符用到数据流方式中赋值，因此数据流方式比逻辑方程更通用。

在连续赋值语句中，某个值被指派给线网变量。连续赋值语句的语法为

assign [delay] LHS_net=RHS_ expression;

右边表达式使用的操作数无论何时发生变化，右边表达式都重新计算，并且在指定的时延后变化值被赋予左边表达式的线网变量。时延定义了右边表达式操作数变化与赋值给左边表达式之间的持续时间。如果没有定义时延值，则默认时延为 0。

例如：用 Verilog HDL 语言的数据流方式描述 2 选 1 的数据选择器。

数据流描述如下：

```
module      mux2_1(out1, a, b, sel);
    output      out1;
    input       a, b;
    input  sel;
    assign out1= sel ? b : a;
endmodule
```

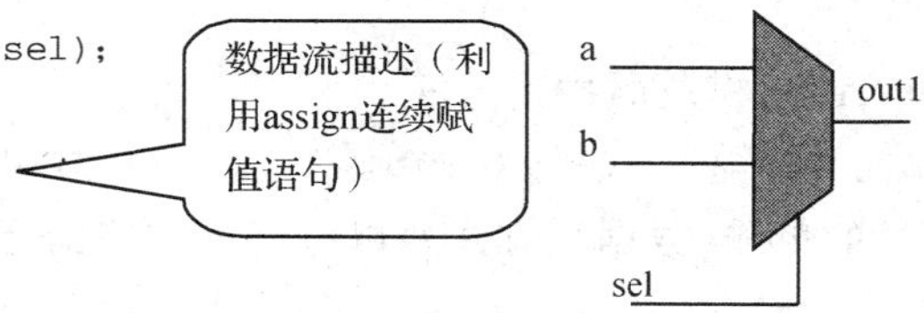

③ 行为描述方式：三种描述方式中，行为方式是最高级的，也是最灵活的。它也更接近一般编程语言，因为它使用顺序语句和复合语句来描述，如：条件语句(if)、多选择语句(case)和循环语句等。

行为方式描述以电路的行为来描述电路。例如触发时的执行动作，在 initial 和 always 行为块中定义的动作由顺序或并行语句组成。要写出一个电路的行为，依据 Verilog 的一些规则将自然语言的描述重写即可。设计的行为功能使用下述过程语句结构描述：

- initial 语句　此语句只执行一次。
- always 语句　此语句总是循环执行，或者说重复执行。

只有寄存器类型数据能够在这两种语句中被赋值。寄存器类型数据在被赋新值前保持原有值不变。所有的初始化语句和 always 语句在 0 时刻并发执行。

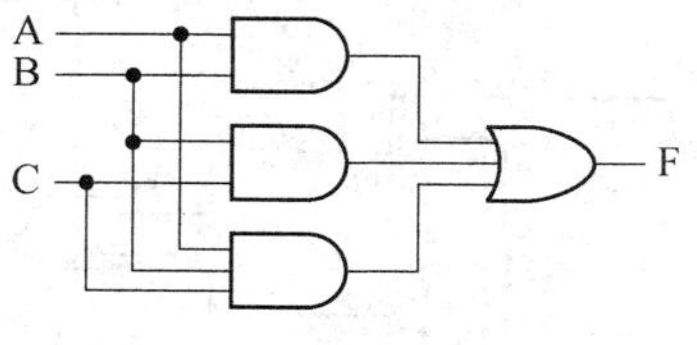

图 3.25　逻辑电路

(2) Verilog HDL 应用

1) 组合逻辑电路的设计

例如：逻辑电路如图 3.25 所示，利用 Verilog HDL 语言描述。

方法一　利用连续赋值语句(assign)描述：

```
module gate2(F,A,B,C );
    input A,B,C;
    output F;
        assign F = (A&B)|(B&C)|(A&B&C);
endmodule
```

方法二　利用过程赋值语句(always)描述：

```
module gate2(F,A,B,C );
    input  A,B,C;
    output  F;
    reg   F;
    always @( A  or  B  or   C)
        begin
          F = (A&B)|(B&C)|(A&B&C);
        end
endmodule
```

2）时序逻辑电路设计

在 Verilog HDL 中，相对于组合逻辑电路，时序逻辑电路也有规定的表述方式。在可综合的 Verilog HDL 模型中，通常使用 always 块和 @(posedge clk)或 @(negedge clk)的结构来表述时序逻辑。

实际的时序逻辑设计中，一般情况下使用非阻塞赋值语句，有时为了在同一周期实现相互关联的操作，也使用阻塞赋值语句。在 always 块中，阻塞赋值可以理解为赋值语句是顺序执行的，而非阻塞语句可以理解为赋值语句是并发执行的。

例如：设计一个具有异步置 1 逻辑功能的触发器。

由于为异步置 1 逻辑功能的触发器，所以在 always 后面括号内的敏感事件列表中，将置 1 和触发时钟的条件一并列出，其中的 or 表示两个条件中的任何一个成立时，都会执行后面的过程语句。在 Verilog HDL 中规定，异步置 1 的条件必须写成 negedge preset 或 posedge preset才能进行综合，否则不能综合。

```
module dff_async_pre(q,preset,data,clk);
    input clk,data,preset;
    output q;
    reg q;
    always @(posedge clk or negedge preset)
      if(~preset)                    //当 preset = 0 时，触发器置 1
        q <= 1'b1;
```

```
        else q <= data;           //在 clk 的上升沿,锁存输入端的数据
endmodule
```

例如：设计一个 1/2 分频器的可综合模型。

```
module half_clk(reset,clk_in,clk_out);
    input clk_in,reset;
    output clk_out;
    reg clk_out;
    always @(posedge clk_in)
        begin
          if(!reset) clk_out = 0;
          else       clk_out = ~clk_out;
        end
endmodule
```

在 always 块中,被赋值的信号都必须定义为 reg 型,这是由时序逻辑电路的特点决定的。对于 reg 型数据,如果未对它进行赋值,仿真工具会认为它是不定态。为了能正确地观察到仿真结果,在可综合风格的模块中,通常定义一个复位信号 reset,当 reset 为低电平时,对电路中的寄存器进行复位。

10. A/D 转换和 D/A 转换

(1) 数据采集系统的组成

模拟量输入通道的任务是把被控对象的过程参数如温度、压力、流量、液位和质量等模拟量信号转换成计算机可以接收的数字量信号。

控制系统结构组成如图 3.26 所示。来自工业现场传感器或变送器的多个模拟量信号首先需要进行信号调理,由放大电路与滤波电路完成,然后经多路模拟开关,分时切换到后级进行前置放大、采样保持和模/数转换,通过接口电路以数字量信号进入主机系统,从而完成对过程参数的巡回检测任务。

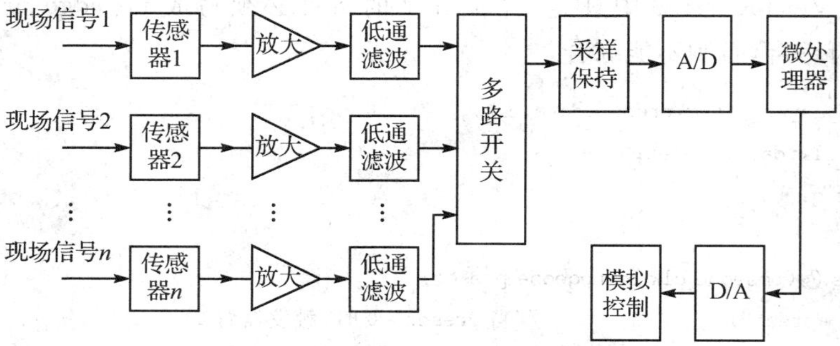

图 3.26 控制系统结构组成

1）信号调理

在控制系统中，对被控量的检测往往采用各种类型的测量传感器，有的测量传感器输出的是电压，有的输出的是电流。

当它们的输出信号为 0～10 mA 或 4～20 mA 的电流信号时，一般是采用电阻分压法把现场传送来的电流信号转换为电压信号，以下是两种变换电路。

无源 I/V 变换电路是利用无源器件——电阻来实现，加上 RC 滤波和二极管限幅等保护，如图 3.27 所示，其中 R_2 为精密电阻。对于 0～10 mA 输入信号，可取 $R_1=100\ \Omega$，$R_2=500\ \Omega$，这样当输入电流在 0～10 mA 变化时，输出的电压就为 0～5 V；而对于 4～20 mA 输入信号，可取 $R_1=100\ \Omega$，$R_2=250\ \Omega$，这样当输入电流为 4～20 mA 时，输出的电压为 1～5 V。

有源 I/V 变换电路是由有源器件——运算放大器和电阻电容组成的，如图 3.28 所示。

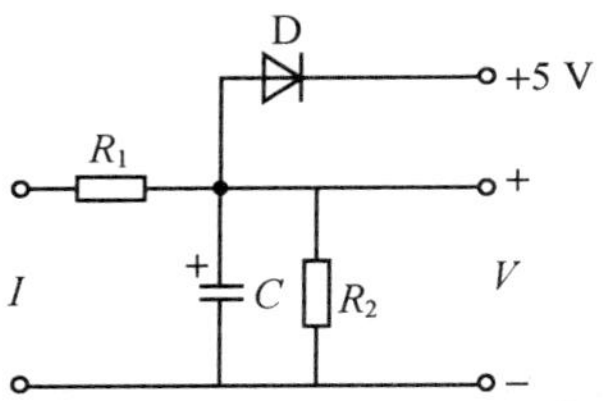

图 3.27　无源 I/V 变换电路

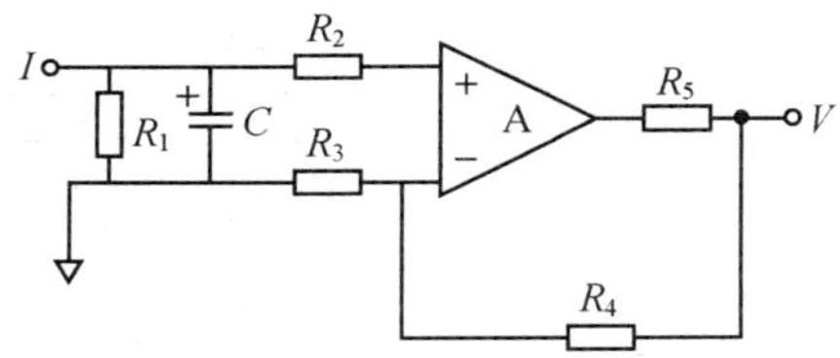

图 3.28　有源 I/V 变换电路

利用同相放大电路，把 R_1 上的输入电压变成标准输出电压。该同相放大电路的放大倍数为

$$G=\frac{V}{IR_1}=1+\frac{R_4}{R_3}$$

若取 $R_1=200\ \Omega$，$R_3=100\ \text{k}\Omega$，$R_4=150\ \text{k}\Omega$，则输入电流 I 为 0～10 mA 对应于电压输出 V 为 0～5 V；若取 $R_1=200\ \Omega$，$R_3=100\ \text{k}\Omega$，$R_4=25\ \text{k}\Omega$，则输入电流为 4～20 mA 对应于电压输出为 1～5 V。

当信号要求精度较高时，一般采用反相比例放大电路。

2）多路模拟开关

由于计算机的工作速度远远快于被测参数的变化，因此一台计算机系统可供几十个检测回路使用，但计算机在某一时刻只能接收一个回路的信号。所以，必须通过多路模拟开关来实现多选 1 的操作，将多路输入信号依次切换到后级。

目前，计算机控制系统使用的多路开关种类很多，并具有不同的功能和用途。如集成电路芯片 CD4051（双向、单端、8 路）、CD4052（单向、双端、4 路）、AD7506（单向、单端、16 路）等。所谓双向就是该芯片既可以实现多到一的切换，也可以完成一到多的切换；而单向则只能完成多到一的切换。双端是指芯片内的一对开关同时动作，从而完成差动输入信号的切换，以满足抑制共模干扰的需要。

现以常用的 CD4051 为例，8 路模拟开关的结构原理如图 3.29 所示。CD4051 由电平转换、译码驱动及开关电路三部分组成。当禁止端为“1”时，前后级通道断开，即 $S_0 \sim S_7$ 端与 S_m 端不可能接通；当为“0”时，通道可以接通，通过改变控制输入端 C、B、A 的数值，就可选通 8 个通道 $S_0 \sim S_7$ 中的一路。比如：当 C、B、A＝000 时，通道 S_0 选通；当 C、B、A＝001 时，通道 S_1 选通；……当 C、B、A＝111 时，通道 S_7 选通。

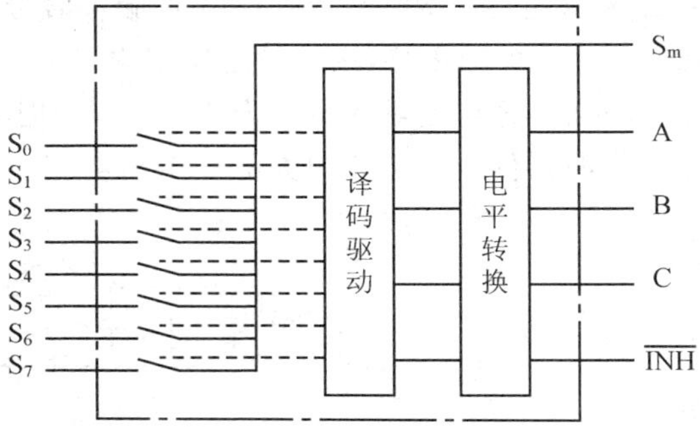

图 3.29　8 路模拟开关的结构原理

3）前置放大器

前置放大器的任务是将模拟输入小信号放大到 A/D 转换的量程范围之内，如直流 0～5 V；对单纯的微弱信号，可用一个运算放大器进行单端同相放大或单端反相放大。若信号源的一端接放大器的负端为反相放大，反相放大电路的放大倍数 $G=-R_2/R_1$。当然，这两种电路都是单端放大，所以信号源的另一端与放大器的另一个输入端共地。

4）采样保持器

当某一通道进行 A/D 转换时，由于 A/D 转换需要一定的时间，如果输入信号变化较快，就会引起较大的转换误差。为了保证 A/D 转换的精度，需要应用采样保持器。

数据采样定理：离散系统或采样数据系统是把连续变化的量变成离散量后再进行处理的计算机控制系统。

离散系统的采样形式有：周期采样、多阶采样和随机采样。应用最多的是周期采样。

周期采样，就是以相同的时间间隔进行采样，即把一个连续变化的模拟信号 $y(t)$，按一定的时间间隔 T 转变为在瞬时 $0, T, 2T, \cdots$ 的一连串脉冲序列信号 $y^*(t)$，如图 3.30 所示。

- 采样器或采样开关是执行采样动作的装置。
- 采样时间或采样宽度 τ 是采样开关每次闭合的时间。
- 采样周期 T 是采样开关每次通断的时间间隔。

在实际系统中，$\tau \ll T$，也就是说，可以近似地认为采样信号 $y^*(t)$ 是 $y(t)$ 在采样开关闭合时的瞬时值。

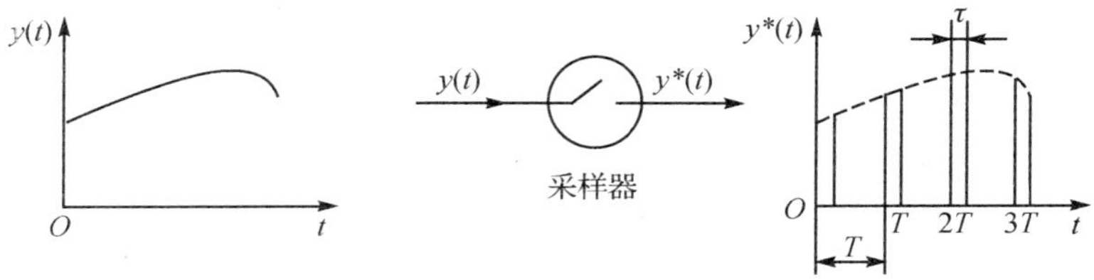

图 3.30　信号的采样过程

由经验可知，采样频率越高，采样信号 $y^*(t)$ 越接近原信号 $y(t)$，但若采样频率过高，在实时控制系统中将会把许多宝贵的时间用在采样上，从而失去了实时控制的机会。为了使采样信号 $y^*(t)$ 既不失真，又不会因频率太高而浪费时间，可依据香农采样定理。香农定理指出：为了使采样信号 $y^*(t)$ 能完全复现原信号 $y(t)$，采样频率 f 至少要为原信号最高有效频率 f_{max} 的 2 倍，即 $f \geqslant 2f_{max}$。

采样定理给出了 $y^*(t)$ 唯一地复现 $y(t)$ 所必需的最低采样频率。实际应用中，常取 $f \geqslant (5 \sim 10)f_{max}$。

零阶采样保持器，是在两次采样的间隔时间内，一直保持采样值不变直到下一个采样时刻。它的组成原理电路与工作波形如图 3.31 所示。

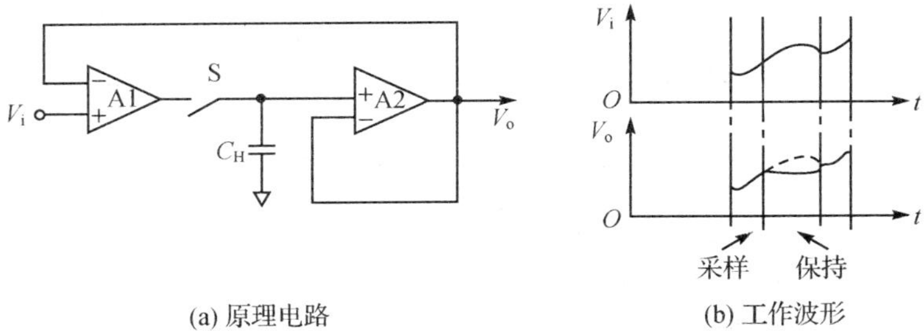

图 3.31　采样保持器

采样保持器由输入/输出缓冲放大器 A1、A2 和采样开关 S、保持电容 C_H 等组成。采样期间，开关 S 闭合，输入电压 V_i 通过 A1 对 C_H 快速充电，输出电压 V_o 跟随 V_i 变化；保持期间，开关 S 断开，由于 A2 的输入阻抗很高，理想情况下电容 C_H 将保持电压 V_C 不变，因而输出电压 $V_o = V_C$ 也保持恒定。

保持电容 C_H 的容量大小与采样精度成正比而与采样频率成反比。一般情况下，保持电容 C_H 是外接的，所以要选用聚四氟乙烯、聚苯乙烯等高质量的电容器，容量为 510～1 000 pF。

常用的零阶集成采样保持器有 AD582、LF198/298/398 等。

在 A/D 通道中，采样保持器的采样和保持电平应与后级的 A/D 转换相配合。该电平信号既可以由其他控制电路产生，也可以由 A/D 转换器直接提供。

总之，保持器在采样期间，不启动 A/D 转换器，而一旦进入保持期间，则立即启动 A/D 转换器，从而保证 A/D 转换时的模拟输入电压恒定，以确保 A/D 转换精度。

5）A/D 接口

A/D 转换器是把电模拟量转换为数字量的电路。实现 A/D 转换的方法有很多，常用的方法有计数法、双积分法和逐次逼进法。

（2）A/D 转换原理

1）计数式 A/D 转换法

图 3.32 所示为计数式 A/D 转换电路，主要部件包括：比较器、计数器、D/A 转换器。

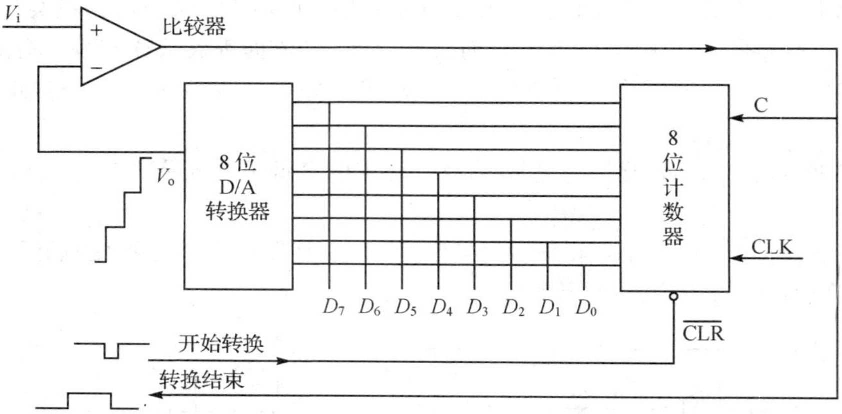

图 3.32　计数式 A/D 转换电路

工作原理：计数器从 0 开始进行加 1 计数，每进行一次加 1，该数值作为 D/A 转换器的输入，其产生一个比较电压 V_o 与输入模拟电压 V_i 进行比较。如果 V_o 小于 V_i，则继续进行加 1 计数，直到 V_o 大于 V_i，这时计数器的累加数值就是 A/D 转换器的输出值。

这种转换方式的特点是简单，但是速度比较慢，特别是模拟电压较高时，转换速度更慢。例如，对于一个 8 位 A/D 转换器，若输入模拟量为最大值，计数器要从 0 开始计数到 255，做 255 次 D/A 转换和电压比较的工作，才能完成转换。

2）双积分式 A/D 转换法

双积分式 A/D 转换法如图 3.33 所示。其电路组成如图 3.33(a)所示，主要部件包括：积分器、比较器、计数器和标准电压源。

双积分式 A/D 转换原理如图 3.33(b)所示，在转换开始信号控制下，开关接通模拟输入端，输入的模拟电压 V_i 在固定时间 T 内对积分器上的电容 C 充电（正向积分），时间一到，控制逻辑将开关切换到与 V_i 极性相反的基准电源上，此时电容 C 开始放电（反向积分），同时计数器开始计数。当比较器判定电容 C 放电完毕时就输出信号，由控制逻辑停止计数器的计数，并发出转换结束信号。这时，计数器所记的脉冲个数正比于放电时间。

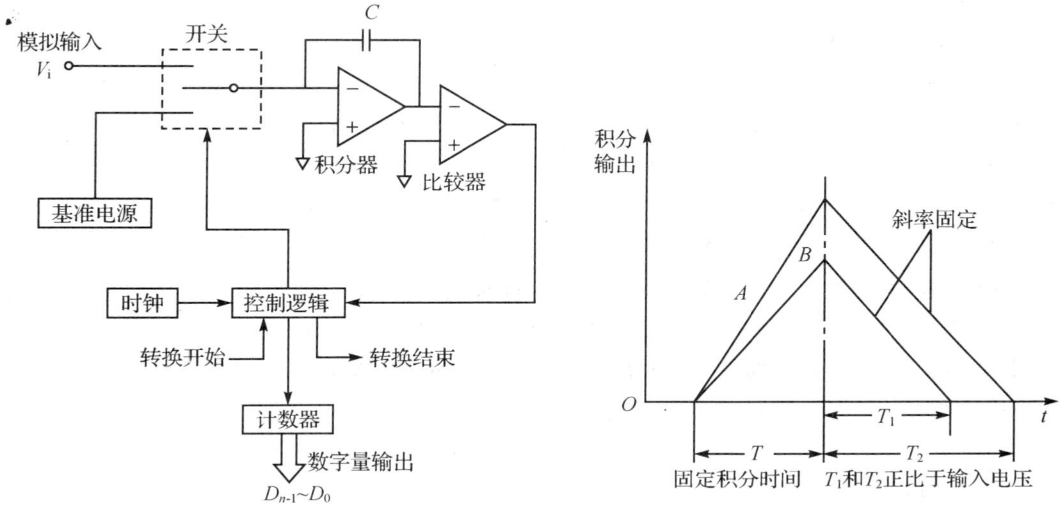

(a) 电路组成框图　　　(b) 双积分原理

图 3.33　双积分式 A/D 转换法

放电时间 T_1 或 T_2 又正比于输入电压 V_i，即输入电压越大，放电时间越长，计数器的计数值越大。因此，计数器计数值的大小反映了输入电压 V_i 在固定积分时间 T 内的平均值。

此种 A/D 转换器的常用品种有输出为 3 位半 BCD 码（二进制编码的十进制数）的 ICL7107、MC14433、输出为 4 位半 BCD 码的 ICL7135 等。

其特点是，具有很强的抗工频干扰能力，转换精度高，但转换速度慢，通常转换频率低于 10 Hz，主要用于数字式测试仪表、温度测量等方面。

3）逐次逼近式 A/D 转换法

逐次逼近式 A/D 转换法如图 3.34 所示。其电路主要部件包括：比较器、D/A 转换器、逐次逼近寄存器和基准电压源。

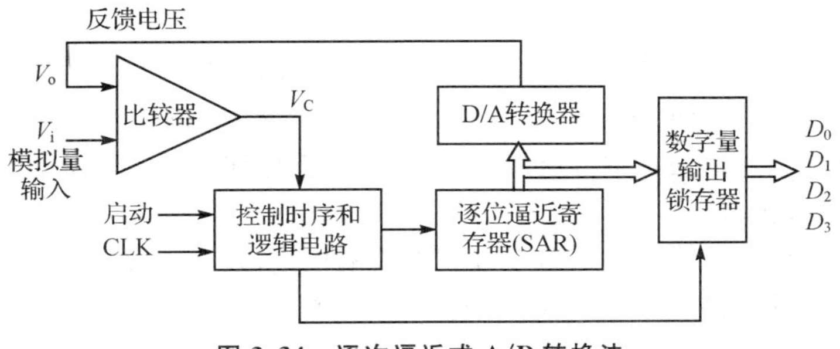

图 3.34　逐次逼近式 A/D 转换法

一个 n 位 A/D 转换器是由 n 位寄存器、n 位 D/A 转换器、运算比较器、控制逻辑电路和输出锁存器等五部分组成的。现以 4 位 A/D 转换器把模拟量 9 转换为二进制数 1001 为例，说明逐位逼近式 A/D 转换器的工作原理。

工作原理实质上就是对分搜索法，和平时天平的使用原理一样。在进行 A/D 转换时，由 D/A 转换器从高位到低位逐位增加转换位数，产生不同的输出电压，把输入电压与输出电压进行比较而实现。首先使最高位为 1，这相当于取出基准电压的 1/2 与输入电压比较，如果输入电压小于 1/2 的基准电压，则最高位置 0，反之置 1。之后，次高位置 1，相当于在 1/2 的范围中再作对分搜索，以此类推，逐次逼近。

其特点是，速度快，转换精度高，对 n 位 A/D 转换器只需要 M 个时钟脉冲即可完成，一般可用于测量几十到几百微秒的过渡过程的变化，是目前应用最普遍的转换方法。

此种 A/D 转换器的常用品种有普通型 8 位单路 ADC0801～ADC0805、8 位 8 路 ADC0808/0809、8 位 16 路 ADC0816/0817 等，混合集成高速型 12 位单路 AD574A、ADC803 等。

4）A/D 转换的重要指标

① 分辨率：A/D 转换器对微小输入信号变化的敏感程度。分辨率越高，转换时对输入量微小变化的反应越灵敏。通常用数字量的位数来表示，如 8 位、10 位、12 位等。分辨率为 n，表示它可以对满刻度的 $1/2^n$ 的变化量作出反应，即

$$分辨率=满刻度值/2^n$$

② 转换精度：A/D 转换器的转换精度可以用绝对误差和相对误差来表示。

所谓绝对误差，是指对应于一个给定数字量 A/D 转换器的误差，其误差的大小由实际模拟量输入值和理论值之差来度量。绝对误差包括增益误差、零点误差和非线性误差等。

相对误差是指绝对误差与满刻度值之比，一般用百分数来表示。对 A/D 转换器，常用最低有效值的位数 LSB(Least Significant Bit))来表示，$1LSB=1/2^n$。

例如，满量程为 10 V，10 位 A/D 芯片，若其绝对精度为±(1/2)LSB，则其最小有效位 LSB 的量化单位为 10/1024＝9.77 mV，其绝对精度为 9.77 mV/2＝4.88 mV，相对精度为 0.048％。

③ 转换时间：A/D 转换器完成一次转换所需的时间。其倒数称为转换速率。如逐位逼近式 A/D 转换器的转换时间为微秒级，双积分式 A/D 转换器的转换时间为毫秒级。

④ 量程：所能转换的模拟输入电压范围，分为单极性和双极性两种类型。

(3) D/A 转换原理

D/A 转换器是将输入的二进制数字量转换成模拟量，以电压或电流的形式输出。

D/A 转换器实质上是一个译码器(解码器)。一般常用的线性 D/A 转换器，其输出模拟电压 u_o 和输入数字量 D_n 之间成正比关系，如图 3.35 所示。U_{REF} 为参考电压。

$$u_o = D_n U_{REF}$$

将输入的每一位二进制代码按其权值大小转换成相应的模拟量，然后将代表各位的模拟量相加，则所得的总模拟量就与数字量成正比，这样便实现了从数字量到模拟量的转换。

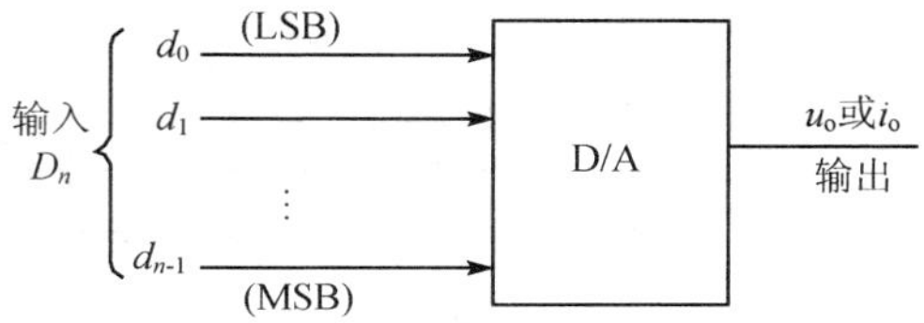

图 3.35 D/A 转换示意图

$$D_n = d_{n-1} \cdot 2^{n-1} + d_{n-2} \cdot 2^{n-2} + \cdots + d_1 \cdot 2^1 + d_0 \cdot 2^0 = \sum_{i=0}^{n-1} d_i 2^i$$

$$u_o = D_n U_{REF} = d_{n-1} \cdot 2^{n-1} \cdot U_{REF} + d_{n-2} \cdot 2^{n-2} \cdot U_{REF} + \cdots + d_1 \cdot 2^1 \cdot U_{REF} + d_0 \cdot 2^0 \cdot U_{REF} = \sum_{i=0}^{n-1} d_i 2^i U_{REF}$$

D/A 转换器的输出电压 u_o等于代码为 1 的各位所对应的各分模拟电压之和。

D/A 转换器一般由数码缓冲寄存器、模拟电子开关、参考电压、解码网络和求和电路等组成，如图 3.36 所示。

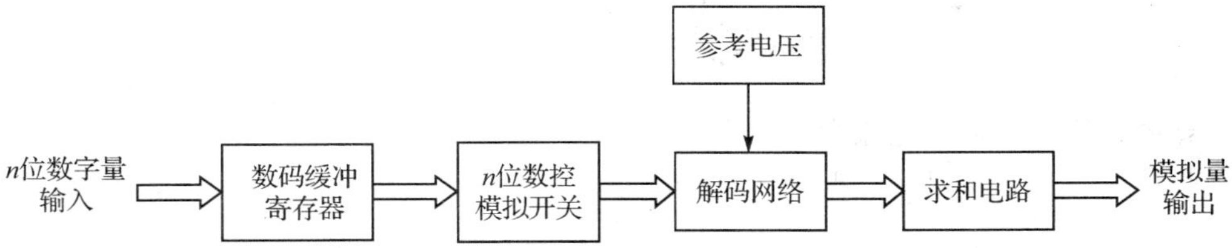

图 3.36 *n* 位 D/A 转换器方框图

数字量以串行或并行方式输入，并存储在数码缓冲寄存器中；寄存器输出的每位数码驱动对应数位上的电子开关，将在解码网络中获得的相应数位权值送入求和电路；求和电路将各位权值相加，便得到与数字量对应的模拟量。

D/A 转换器从工作原理上可分为并行 D/A 转换器和串行 D/A 转换器两种。并行 D/A 转换器的转换速度快，但电路复杂。随着微电子技术的发展，并行 D/A 转换器集成电路目前已大量生产，广为采用。

1）权电阻网络 D/A 转换器

权电阻网络 D/A 转换是 D/A 转换器的主要电路形式之一，其原理图如图 3.37 所示。

注　意　权电阻的排列顺序与权值的排列顺序相反。

开关 S_i的位置受数据锁存器输出的数码 d_i控制：当 $d_i=1$ 时，S_i将对应的权电阻接到参考电压 U_{REF}上；当 $d_i=0$ 时，S_i将对应的权电阻接地。

集成运算放大器，作为求和权电阻网络的缓冲，并将电流转换为电压输出。

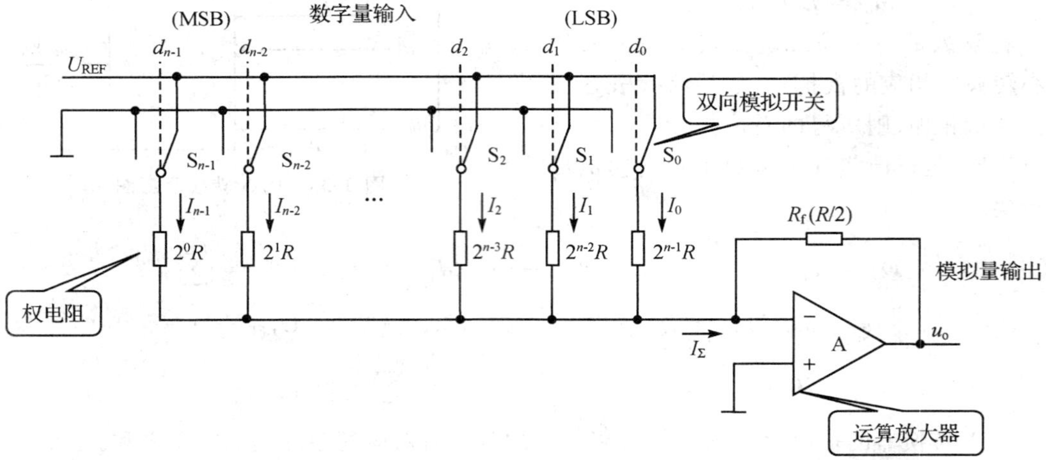

图 3.37　权电阻网络 D/A 转换器原理图

$$I_i = d_i \frac{U_{REF}}{2^{n-1-i}R} = d_i \frac{U_{REF}}{2^{n-1}R}2^i \begin{cases} I_i = \dfrac{U_{REF}}{2^{n-1-i}R} = \dfrac{U_{REF}}{2^{n-1}R}2^i, & d_i = 1 \text{ 时} \\ I_i = 0, & d_i = 0 \text{ 时} \end{cases}$$

运算放大器总的输入电流为

$$I_{\sum} = I_{n-1} + I_{n-2} + \cdots + I_2 + I_1 + I_0 =$$

$$\sum_{i=0}^{n-1} I_i = \sum_{i=0}^{n-1} d_i \frac{U_{REF}}{2^{n-1-i}R} = \frac{U_{REF}}{2^{n-1}R}\sum_{i=0}^{n-1} d_i 2^i$$

运算放大器输出电压为

$$u_o = -R_f I_{\sum} = -R_f \frac{U_{REF}}{2^{n-1}R}\sum_{i=0}^{n-1} d_i 2^i$$

令 $R_f = R/2$，则

$$u_o = -\frac{U_{REF}}{2^n}\sum_{i=0}^{n-1} d_i 2^i = -\frac{U_{REF}}{2^n}D_n$$

即输出的模拟电压 u_o 正比于输入的数字量 D_n，从而实现了从数字量到模拟量的转换。

权电阻网络 D/A 转换器的特点如下：

- 优　点　结构简单，电阻元件数较少。
- 缺　点　阻值相差较大，制造工艺复杂。

2）倒 T 型电阻网络 D/A 转换器

电阻解码网络中，电阻只有 R 和 $2R$ 两种，并构成倒 T 型电阻网络。当 $d_i=1$ 时，相应的开关 S_i 接到求和点；当 $d_i=0$ 时，相应的开关 S_i 接地。但由于虚短，求和点与地相连，所以不论开关如何转向，电阻 $2R$ 总是与地相连。这样，倒 T 型网络的各节点向上看和向右看的等效

电阻都是 $2R$，整个网络的等效输入电阻为 R，如图 3.38 所示。

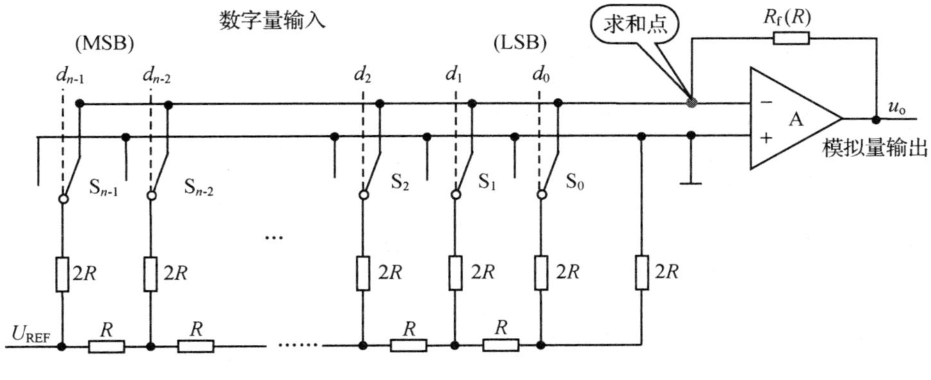

图 3.38　倒 T 型电阻网络 D/A 转换器原理图

工作原理图如图 3.39 所示。

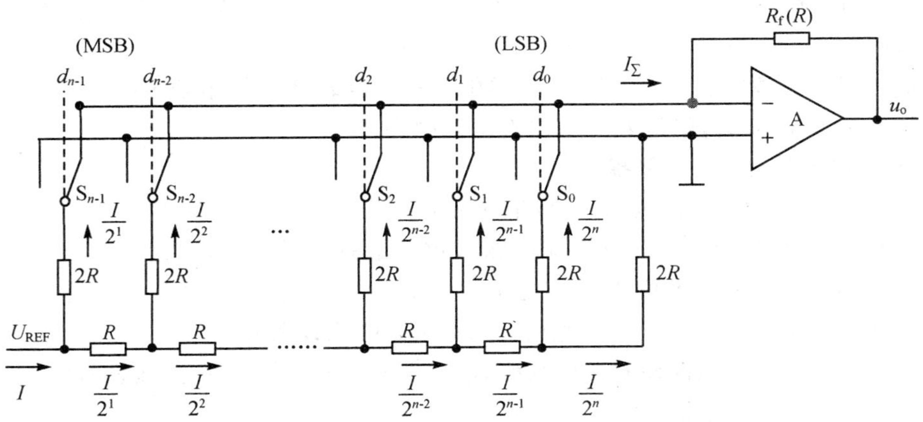

图 3.39　工作原理分析图

参考电压 U_{REF} 提供的总电流为

$$I = \frac{U_{REF}}{R}$$

流入求和点的各支路电流为

$$I_i = d_i \frac{I}{2^{n-i}} = d_i \frac{U_{REF}}{2^n R} 2^i \begin{cases} I_i = \dfrac{I}{2^{n-i}} = \dfrac{U_{REF}}{2^n R} 2^i, & d_i = 1 \text{ 时} \\ I_i = 0, & d_i = 0 \text{ 时} \end{cases}$$

流入求和点的总电流为

$$I_\Sigma = I_{n-1} + I_{n-2} + \cdots + I_1 + I_0 =$$

$$d_{n-1}\frac{I}{2^1}+d_{n-2}\frac{I}{2^2}+\cdots+d_1\frac{I}{2^{n-1}}+d_0\frac{I}{2^n}=$$

$$\frac{I}{2^n}(d_{n-1}2^{n-1}+d_{n-2}2^{n-2}+\cdots+d_1 2^1+d_0 2^0)=$$

$$\frac{I}{2^n}\sum_{i=0}^{n-1}d_i 2^i=\frac{U_{\text{REF}}}{2^n R}\sum_{i=0}^{n-1}d_i 2^i$$

运算放大器的输出电压为

$$u_o=R_f I_{\sum}=-R_f\frac{U_{\text{REF}}}{2^n R}\sum_{i=0}^{n-1}d_i 2^i$$

令 $R_f=R$，则有

$$u_o=-\frac{U_{\text{REF}}}{2}\sum_{i=0}^{n-1}d_i 2^i=-\frac{U_{\text{REF}}}{2^n}D_n$$

即输出的模拟电压 u_o正比于输入的数字量 D_n，从而实现了从数字量到模拟量的转换。

倒 T 型电阻网络 D/A 转换器的特点如下：

- 优　点　电阻种类少，只有 R 和 $2R$，提高了制造精度；支路电流流入求和点时不存在时间差，提高了转换速度。
- 应　用　它是目前集成 D/A 转换器中转换速度较高且使用较多的一种，如 8 位 D/A 转换器 DAC0832，就是采用倒 T 型电阻网络。

3) D/A 转换器的主要性能指标

D/A 转换器的主要特性指标包括以下几方面：

① 分辨率　指最小输出电压(对应的输入数字量只有最低有效位为 1)与最大输出电压(对应的输入数字量所有有效位全为 1)之比。如 n 位 D/A 转换器，其分辨率为 $1/(2^{n-1})$。在实际使用中，表示分辨率大小的方法也用输入数字量的位数来表示。

② 线性度　用非线性误差的大小表示 D/A 转换的线性度，并且把理想的输入/输出特性的偏差与满刻度输出值之比的百分数定义为非线性误差。

③ 转换精度　D/A 转换器的转换精度与 D/A 转换器的集成芯片的结构和接口电路配置有关。如果不考虑其他 D/A 转换误差，则 D/A 的转换精度就是分辨率的大小，因此要获得高精度的 D/A 转换结果，首先要保证选择有足够分辨率的 D/A 转换器。同时，D/A 转换精度还与外接电路的配置有关，当外部电路器件或电源误差较大时，会造成较大的 D/A 转换误差，当这些误差超过一定程度时，D/A 转换就产生错误。

在 D/A 转换过程中，影响转换精度的主要因素有失调误差、增益误差、非线性误差和微分非线性误差。

④ 建立时间　这是 D/A 转换速率快慢的一个重要参数，也是 D/A 转换器中的输入代码有满刻度值的变化时，其输出模拟信号电压(或模拟信号电流)达到满刻度值±(1/2)LSB(或与满刻度值差百分之多少)时所需要的时间。不同型号的 D/A 转换器，其建立时间也不同，一

般从几纳秒到几微秒。

若输出形式是电流的，则其 D/A 转换器的建立时间是很短的；若输出形式是电压的，则其 D/A 转换器的主要建立时间是输出运算放大器所需要的响应时间。

⑤ 温度系数　在满刻度输出的条件下，温度每升高 1 ℃，输出变化的百分数定义为温度系数。

⑥ 电源抑制比　对于高质量的 D/A 转换器，要求开关电路及运算放大器所用的电源电压发生变化时，对输出电压影响极小。通常把满量程电压变化的百分数与电源电压变化的百分数之比称为电源抑制比。

⑦ 工作温度范围　一般情况下，影响 D/A 转换精度的主要环境和工作条件因素是温度和电源电压变化。由于工作温度会对运算放大器加权电阻网络等产生影响，所以只有在一定的工作范围内才能保证额定精度指标。较好的 D/A 转换器的工作温度范围在 −40～85 ℃，较差的 D/A 转换器的工作温度范围在 0～70 ℃。多数器件的静、动态指标均在 25℃工作温度下测得的。工作温度对各项精度指标的影响用温度系数来描述，如失调温度系数、增益温度系数和微分线性误差温度系数等。

⑧ 失调误差（或称零点误差）　失调误差定义为数字输入全为 0 码时，其模拟输出值与理想输出值之偏差值。对于单极性 D/A 转换，模拟输出的理想值为零伏点。对于双极性 D/A 转换，理想值为负域满量程。偏差值的大小一般用 LSB 的份数或用偏差值相对满量程的百分数来表示。

⑨ 增益误差（或称标度误差）　D/A 转换器的输入与输出传递特性曲线的斜率称为 D/A 转换增益或标度系数，实际转换的增益与理想增益之间的偏差称为增益误差。增益误差在消除失调误差后用满码（全 1）。输入时，其输出值与理想输出值（满量程）之间的偏差，一般也用 LSB 的份数或用偏差值相对满量程的百分数来表示。

⑩ 非线性误差　D/A 转换器的非线性误差定义为实际转换特性曲线与理想特性曲线之间的最大偏差，并以该偏差相对于满量程的百分数度量。在转换器电路设计中，一般要求非线性误差不大于±(1/2)LSB。

4) D/A 转换器的分类

① 电压输出型　此类型的 D/A 转换器虽有直接从电阻阵列输出电压的，但一般采用内置输出放大器以低阻抗输出。直接输出电压的器件仅用于高阻抗负载，由于无输出放大器部分的延迟，故常作为高速 D/A 转换器使用，如 TLC5620。

② 电流输出型　此类型的 D/A 转换器很少直接利用电流输出，大多外接电流/电压转换电路得到电压输出。当外接运算放大器进行电流/电压转换时，电路构成基本上与内置放大器的电压输出型相同，这时由于在 D/A 转换器的电流建立时间上加入了运算放大器的延迟，使响应变慢。

外接电流/电压转换有两种方法：一是只在输出引脚上接负载电阻而进行电流/电压转

换，二是外接运算放大器。

用负载电阻进行电流/电压转换的方法，虽可在电流输出引脚上出现电压，但必须在规定的输出电压范围内使用，而且由于输出阻抗高，所以一般外接运算放大器使用。而大部分CMOS的D/A转换器当输出电压不为零时不能正确动作，所以必须外接运算放大器。此外，这种电路中运算放大器因输出引脚的内部电容而容易起振，有时必须作相位补偿，如THS5661A。

③ 乘算型　D/A转换器中有使用恒定基准电压的，也有在基准电压输入上加交流信号的，后者由于能得到数字输入和基准电压输入相乘的结果而输出，因而称为乘算型D/A转换器。一般，乘算型D/A转换器不仅可以进行乘法运算，而且可以作为使输入信号数字化衰减的衰减器及对输入信号进行调制的调制器使用，如AD7533。

④ 一位D/A转换器　它与前述转换方式全然不同，将数字值转换为脉冲宽度调制或频率调制的输出，然后用数字滤波器作平均化而得到一般的电压输出（又称位流方式），用于音频等场合。

考核复习题

一、选择题（在备选答案中只有一个是正确的，将它选出填入括号中）

下列关于D/A变换器接口的描述，不正确的是（　　）。

A. 它是嵌入式微机系统与外部模拟控制对象的重要控制接口

B. 它通常由模拟开关、权电阻电路、缓冲电路组成

C. 它也可以把外界的模拟量变换成数字量

D. 它输出的模拟量可以是电流，也可以是电压

二、简述题

1. 用D触发器实现2倍分频的Verilog描述。

2. 可编程逻辑器件在现代电子设计中越来越重要，请问：

(1) 你所知道的可编程逻辑器件有哪些？

(2) 试用VHDL或Verilog、ABLE描述8位D触发器逻辑。

3. FPGA和ASIC的概念，它们的区别。

参考答案

一、选择题

C

二、简述题

1. 答：

```
module divide2( clk ,clk_o,reset);
```

```
        input clk ,reset;
        output clk_o;
        wire in;
        reg out ;
        always @ ( posedge clk or posedge reset)
            if ( reset)
                out  <= 0;
            else
                out  <= in;
        assign in = ~out;
        assign clk_o = out;
endmodule
```

2. 答：

(1) PAL,PLD,CPLD,FPGA。

(2) 8 位 D 触发器

```
module dff8(clk ,reset,d,q);
    input clk;
    input reset;
    input d;
    output q;
    reg q;
    always @ (posedge clk or posedge reset)
            if(reset)
                q  <= 0;
            else
                q  <= d;
endmodule
```

3. 答：

FPGA 是可编程 ASIC。

ASIC 是专用集成电路，是面向专门用途的电路，是专门为一个用户设计和制造的。根据一个用户的特定要求，能以低研制成本，短交货周期供货的全定制、半定制集成电路。

与 ASIC(Application Specific IC)相比，FPGA 又具有设计开发周期短，设计制造成本低，开发工具先进，标准产品无需测试，质量稳定以及可实时在线检验等优点。

下篇　嵌入式系统设计

第4章　嵌入式C语言与汇编语言

考核要点

了解程序、编译、连接、数据、数据结构、软件、C语言、程序设计方法和汇编语言。

了解嵌入式C语言程序设计的基础知识（如：数据类型、运算符、表达式、程序设计方法、常用语句、数组、指针和文件等）。熟悉模块化设计方法与函数的使用方法。

能够读懂一般难度的利用C语言与汇编语言编写的源程序，并能够进行简单的应用编程。了解ARM汇编指令、汇编语言的编程以及汇编语言与C语言混合编程的方法。

考核知识

C语言运行速度快、编译效率高、移植性好和可读性强，因此在嵌入式程序设计中经常会用到C语言程序设计。嵌入式C语言程序设计是利用基本的C语言知识，面向嵌入式工程实际应用进行程序设计。也就是说，它首先是C语言程序设计，因此必须符合C语言基本语法，只是它是面向嵌入式的应用而设计的程序。

1. C语言的特点

C语言是贝尔实验室于20世纪70年代初研制出来的，后来又被多次改进，并出现了多种版本。80年代初，美国国家标准化协会(ANSI)根据C语言问世以来各种版本对C语言的发展和扩充，制定了ANSI C标准(1989年再次做了修订)。C语言的特点如下：

①语言简洁、紧凑，使用方便、灵活；

②运算符丰富；

③数据结构丰富，数据类型有整型、实型、字符型、数组、指针、结构体和共用体等；

④具有结构化的控制语句(如if…else、while、do…while、switch、for)；

⑤语法限制不太严格，程序设计自由度大；

⑥允许直接访问物理地址，能进行位(bit)操作，可以直接对硬件操作；

⑦生成目标代码质量高，程序执行效率高；

⑧可移植性好。

C语言虽不擅长科学计算和管理领域，但对操作系统和系统实用程序，以及对硬件进行操作方面，它都有明显的优势。现在很多大型应用软件也用 C 语言编写，在嵌入式系统设计中，C 语言用得最多。

2. C 语言关键字

(1) 数据类型

char　short　signed　unsigned　int　float　long　double

(2) 修饰符

const　static　volatile　restrict

(3) 标识符

struct　union　void　enum

(4) 选择体

if　else　switch　case　default

(5) 存储指定

register　typedef　auto　extern

(6) 循环体

do　while　for

(7) 跳　转

goto　continue　break　return

(8) 功能指定

inline

(9) 预处理指示

#include　#define　#undef　#line　#error　#pragma

(10) 条件编译

#if　#ifdef　#ifndef　#elif　#else　#endif

3. C 语言操作符

(1) 基本表达式和后缀操作符

() 子表达式或函数调用　[] 数组下标　—> 结构指针

. 结构成员　++ 增加(后缀)　— 减少(后缀)

(2) 一元操作符

! 逻辑“非”　~ 取补　++ 增加(前缀)　— 减少(后缀)

— 一元减　+ 一元加　(类型) 类型强制

* 间接指针　& 取地址　sizeof 字节大小

(3) 赋值符

= 相等赋值　+= 加等于　—= 减等于　*= 乘等于

/= 除等于　　%= 求余等于　　<<= 左移位等于　　>>= 右移位等于

&= 按位“与”等于　　^= 按位“异或”等于　　|= 按位“或”等于

(4) 位操作

& 位“与”　　^ 位“异或”　　| 位“或”

<< 位左移　　>> 位右移

(5) 数学运算

* 乘　　/ 除　　% 求余　　+ 加　　- 减

(6) 关系运算

< 小于　　<= 小于或等于　　> 大于　　!= 不等测试

>= 大于或等于　　== 相等测试

(7) 逻辑运算

&& 逻辑“与”　　|| 逻辑“或”

(8) 条件运算

?：条件测试

(9) 序　列

，逗号

注　意　++i 和 i++ 的不同之处，++i 使用 *i* 之前先使 *i* 加 1，i++ 使用 *i* 之后使 *i* 加 1。

逗号表达式的求解过程：先求解表达式 1，再求解表达式 2，整个表达式的值是表达式 2 的值。

4. 数据类型

C 语言的数据类型包括：整型、字符型、实型或浮点型(单精度和双精度)、枚举类型、数组类型、结构体类型、共用体类型、指针类型和空类型。

ARM 编译器支持的数据类型如表 4.1 所列。

表 4.1　ARM 编译器支持的数据类型

数据类型	长度/位	对齐特性	数据类型	长度/位	对齐特性
char	8	1(字节对齐)	float	32	4(字对齐)
short	16	2(半字对齐)	double	64	4(字对齐)
int	32	4(字对齐)	long double	64	4(字对齐)
long	32	4(字对齐)	all pointers	32	4(字对齐)
longlong	64	4(字对齐)	bool(C++only)	32	4(字对齐)

(1) 整数类型

在 ARM 体系中，整数类型是以 2 的补码形式存储的。对于 long long 类型来说，在 little

endian 内存模式下，其低 32 位保存在低地址的字单元中，高 32 位保存在高地址的字单元中；在 big endian 模式下，其低 32 位保存在高地址的字单元中，高 32 位保存在低地址的字单元中。

(2) 字符型数据

字符变量用单引号括起来，如'a'，'b'等；还有一些是特殊的字符常量，如'\n'，'\t'等。它们分别代表换行和横向跳格。

字符变量以 char 来定义，一个变量只能存放一个字符常量。

字符串常量是由双引号括起来的字符序列。这里一定要注意'a'和"a"的不同，前者为字符常量，后者为字符串常量，C 语言规定：每个字符串的结尾加一个结束标志'\0'，实际上"a"包含两个字符，即'a'和'\0'。

(3) 实型数据

实型常量表示形式：十进制数形式由数字和小数点组成（必须有小数点），如：0.12、.123、123.、0.0 等。指数形式如 123e3 代表 123×10^3。

实型变量分为单精度（float）和双精度（double）两类。在一般系统中 float 型占 4 字节，7 位有效数字，double 型占 8 字节，15～16 位有效数字。

5. 常量与变量

常量其值不可改变，符号常量名通常用大写。变量其值可以改变，变量名只能由字母、数字和下画线组成，且第一个字符必须为字母或下画线，否则为不合法的变量名。变量在编译时为其分配相应的存储单元。

6. 数值型数据间的混合运算

整型、字符型、实型数据间可以混合运算，运算时不同类型数据要转换成同一类型再运算，转换规则：

char，short→int→unsigned→long→double←float

7. 存储类修饰符

以下关键字用于声明变量，以指定特定需要或内存中变量存储的相关条件：

static　　　volatile　　　const

(1) 静态变量

使用静态有两个主要功能：

第一个最常见的用法是定义一个变量，在函数连续调用期间，变量不会消失。

第二个用法是限制变量的范围。在模块级定义时，能被整个模块中所有函数访问，不能被其他函数访问，也不能被模块外的其他函数访问。

声明模块级静态变量能取得一些其他潜在的益处。静态变量由于定义只能被一组特定的函数访问，因此，编译器和连接器能够明智地选择变量在存储空间的放置。例如，对于静态变量，编译器/连接器也许选择将一个模块中所有静态变量放在连续的区域，这样增加了各种优化机会，例如用简单的增加或减少代替重载。相反，全局变量在存储空间的位置通常基于优化编译器的哈稀算法，这排除了可能的优化。

须着重指出，这些变量不会存储在堆栈中，因为它们必须保存其值。

(2) 静态函数

一个静态函数只能被其所在模块中的其他函数调用。使用静态函数是结构化编程的好习惯。静态函数能产生小且快的代码。因为编译器在编译时确切地知道什么函数能调用一个给定的静态函数。

(3) 关键字 static 的使用

在函数体声明静态的变量，在函数调用期间保持其值。

在模块内声明静态的变量，(但在函数体之外)能被模块内所有函数访问。

在模块内声明静态的函数，只能被模块内其他函数调用。

对于嵌入式系统，封装持续生存的数据(包装)，模块化编码(数据隐藏)，在每个模块中隐藏内部处理。

(4) 可变(volatile)变量

可变变量是其值在正常程序流程以外可能改变的变量。在嵌入式系统中，这种情况通过两种主要途径发生，即通过一个中断服务程序，或作为硬件动作的结果。例如，通过一个串口接收到一个字符，结果串口状态寄存器更新，这完全在程序流程之外发生。

在分开的头文件中定义所有外设的名字，能使所写代码更友好并使移植简化。

(5) const 变量

关键字 const，C 语言中并不表示恒量，而是代表“只读”。在嵌入式系统中，有很大的不同。

const 声明可用于任何变量，它告诉编译器将其存储在 ROM 代码中。编译器保留了那个位置程序存储器地址。由于位于 ROM 中，其值不能改变。

由于它作为常量工作，必须赋一初值。如：const double PI＝3.14159265；

const 变量与明显的常数相对，很多情况下要求用 const 变量代替明显的常数。例如：

用 const unsigned char channels＝8；代替 #define CHANNELS 8 。

8. C 语言程序的总体结构

在 C 语言中，除实现顺序、选择和循环 3 种基本结构等的 9 条控制语句外，输入输出操作均由标准库函数(不是 C 语言的组成部分)来实现。

一个完整的 C 语言程序，是由一个 main() 函数(又称主函数)和若干个其他函数结合而成的，或仅由一个 main() 函数构成。

9. C程序的文件结构

一个基于C的软件系统一般由以下的文件构成：

① 若干个C文件。每个C文件中包含若干个函数。

② 若干个头文件。每个头文件包括一些数据结构的定义以及C函数的原型。

③ 若干个库文件。库文件是编译后的二进制文件，一般由若干个C文件编译后组成，其中包含了若干个函数的可执行代码。这些库文件中的函数可执行代码在链接时合并到最终的可执行文件中。

④ 一个或多个Make文件。Make文件描述了多个文件中的依赖关系以及生成最终可执行文件或库文件所需要的信息。

10. 数据输出

C语言不提供输入/输出语句，输入/输出操作是由C语言的库函数完成的，但要包含头文件stdio.h。

putchar( ) 向终端输出一个字符。

printf( )的格式字符如下：

① d格式符用来输出十进制整数。

② %d按整型数据的实际长度输出。

③ %md使输出长度为m，如果数据长度小于m，则左补空格；如果大于m，则输出实际长度。

11. C语言的“预处理伪指令”在嵌入式程序设计中的应用

(1) 文件包含伪指令

例如：“#include 〈string.h〉”语句是文件包含伪指令，其作用是将头文件包含到程序中。一般文件包含伪指令的格式如下：

```
#include  〈头文件名.h〉          ;标准头文件
#include  “头文件名.h”          ;自定义头文件
```

由此可见，头文件可分为标准头文件与自定义头文件。一对角括号中的头文件为标准头文件。标准头文件就是按dos系统的环境变量include所指定的目录顺序搜索头文件。也就是通常所说的到系统指定的目录去搜索头文件。一对双引号中的头文件名为用户自定义头文件。搜索时，首先在当前目录（通常为源文件所在目录）中搜索，其次按环境变量include指定的目录顺序搜索。搜索到头文件后，就将该伪指令直接用头文件内容替换。

头文件中的内容主要是定义一些本程序要用到的符号常量、复合变量原型、用户定义的变量类型原型和函数的原型说明等。如：

```
*File: main.c
```

```
*Desc: c main entry
*********************************************************************
#include "44blib.h"
#include "44b.h"
#include "rtc.h"
#include "../LCD_Test/bmp.h"
......
```

其中："44blib.h"对程序开发中的函数进行声明，并用宏定义对一些常用的表达式或常量进行预定义。

"44blib.c"文件对开发中用到的一些库函数要做函数原型定义。

"44b.h"主要是用宏的方式定义各模块中寄存器的地址。

"rtc.h"对实时时钟模块程序中用到的常量进行宏定义。

这里介绍的"预处理伪指令"本身不是C语言的组成部分，故不能直接进行编译，而必须在编译前由预处理器将这些"预处理伪指令"用实际的内容代替，因此也称为"编译预处理命令"或"编译预处理伪指令"。

注　意　伪指令行都以#号打头。

(2) 宏定义伪指令

伪指令：简单宏、参数宏、条件宏、宏释放。

宏定义伪指令必须在编译前由预处理器将程序中的宏标识符用相应的宏体替换。

例如："#define ULONG unsigned long"语句是一个宏定义伪指令。其格式如下：

```
#define    宏标识符      宏体
```

将语句中的宏标识符ULONG用宏体unsigned long替换。

参数宏的例子说明如下：

```
#define SQR(x,y) sqrt((x)*(x)+(y)*(y))
```

源文件中有：

```
z = SQR(a+b,a-b);            //替换为 sqrt((a+b)*(a+b)+(a-b)*(a-b));
```

由上可见，参数宏类似于函数的调用。事实上，许多库函数是用参数宏写的。

参数宏与函数的区别：一是形式参数表中没有类型说明符；二是参数宏在时空的开销上比函数都小。

条件宏：先测试是否定义过某宏标识符，然后决定如何处理。这样做是为了避免重复定义。格式如下：

下面格式是测试存在

```
#ifdef          宏标识符
#undef          宏标识符
#define         宏标识符    宏体
#else
#define         宏标识符    宏体
#endif
/******************************/
下面格式是测试不存在
#ifndef         宏标识符
#define         宏标识符    宏体
#else
#undef          宏标识符
#define         宏标识符    宏体
#endif
```

宏释放：用于释放原先定义的宏标识符。格式如下：

```
#undef    宏标识符
```

(3) 条件编译伪指令

例如："#if _B0SIZE==B0SIZE_BYTE"语句是条件编译伪指令。它是写给编译器的，指示编译器只有在满足某一条件时才编译源文件中与之相应的部分。格式如下：

```
#if(条件表达式 1)
...
#elif(条件表达式 2)
...
#elif(条件表达式 n)
...
#else
...
#endif
```

这样，编译时，编译器仅对#if()…#endif 之间满足某一条件表达式的源文件部分进行编译。

12. 嵌入式程序设计中的函数及函数库

函数是 C 语言程序设计的核心。一个较大的 C 语言程序一般是由一个主函数和若干个子函数组成，每个函数完成一个特定的功能。主函数可以调用其他函数，其他函数之间也可以相互调用。通过函数间的相互调用可以大大减少编程的工作量。函数定义的格式如下：

```
extern int starg(char a,int b,int *p)
```

extern static 是存储类型说明，extern 表示 C 语言的函数都是全程序存在的，在不加任何存储类说明的情况下都是全程序可见的。但是，如果程序为多源文件时，非定义函数的文件要调用该函数时，需加原型说明。另外，即使在定义函数的源文件中，如果在函数定义之前超前调用，也需要加原型说明，而且原型说明中必须加存储类说明符 extern。

在进行函数的定义性说明时，加上 static 表示在本文件定义前和非本函数定义文件中，该函数将不能被调用。这是为了提高函数的安全性。

函数声明的格式为

```
extern static int starg(char a,int b,int *p)
```

C 语言的函数在不加任何存储类说明的情况下都是全程序可见的。但是，如果程序为多源文件时，非定义函数的文件要调用该函数时，需加原型说明。

13. 嵌入式程序设计中常用的 C 语言语句

C 语言语句格式为：

标号：语句；

其中：标号部分可有可无，由有效标识符后跟冒号组成。

C 语言的语句有多种：表达式语句、复合语句、条件语句、循环语句、swith 语句、break 语句、continue 语句、返回语句等。其中用得最多的是条件语句、swith 语句和循环语句，这里重点介绍这三种。

(1) 条件语句

格式：两重选择

```
if(条件表达式)
    语句 1;
else
    语句 2;
```

多重选择

```
if(条件表达式 1)
    语句 1;
else if(条件表达式 2)
    语句 2;
    …
else if(条件表达式 n)
```

语句 *n*;

(2) switch 语句

格式：

```
switch(开关表达式)
    {   case 常量表达式 1：[语句 1;]
        case 常量表达式 2：[语句 2;]
            …
        case 常量表达式 n：[语句 n;]
        default：[语句 n+1;]
    }
```

注　意　开关表达式的值必须是 int 整数。语句可以是复合语句，也可以是空(即没有语句)。在 switch 语句中，可以通过 break 语句和 goto 语句跳出。例如：

```
void user_input_action(int value)
{
    if(!((value < 0x30)|(value > 0x39))) Uart_Printf(" %x",value - 0x30);
    switch(value)
    {
    case '0':
        TS_Test();
        break;
    case '1':
        Digit_Led_Test();
        break;
    case '2':
        Uart_Printf("\nLook at LCD ...\n");
        Lcd_Test();
        break;
    case '3':
        Uart_Printf("\nKeyboard function testing,please press Key and Look at 8LED ...\n");
        Test_Keyboard();
        break;
    case '4':
        Test_Iis();
        break;
    case '5':
```

```
            Test_Timer();
            break;
        case '6':
            Dhcp_Test();
            break;
        case '7':
            Test_Flash();
            break;
        case '8':
            Test_Iic();
            break;
        case '9':
            Tftp_Test();
            break;
        default:
            break;
        }
}
```

(3) 循环语句

在 C 语言中有 3 种循环语句：for 循环语句、while 循环语句和 do while 循环语句。

1）for 循环语句

格式：

```
for(表达式 1;表达式 2;表达式 3)
    {语句;
    }
```

其中：表达式 1 是对循环量赋初值，表达式 2 是对循环进行控制的条件语句，表达式 3 是对循环量进行增减变化。

2）while 循环语句

格式：

```
while(条件表达式)
    语句;
```

3）do while 循环语句

格式：

```
do
```

```
    语句;
while(条件表达式);
```

14. 嵌入式程序设计中C语言的变量、数组、结构和联合

(1) 变 量

定义格式:

```
int *count
```

(2) 数 组

定义格式:

```
int Symbol[5]={DIGIT_0,DIGIT_1,DIGIT_2,DIGIT_3,DIGIT_4 };
```

分类:一维数组 int a[5]二维数组 in a[5][10]

其元素类型均为数组类型。定义未赋初值,则其括号内必须有常量表达式,表示为数组分配内存的大小。初值默认时数组各元素为随机值;需赋初值时,使用等号,后面跟花括号,花括号内是用逗号分隔的初值表。

(3) 指针数组

定义格式:

```
int *p [5]={地址,地址,…}]; 指针数组
```

指针数组本质上是一个数组,只是它的元素是指针,就是说数组中存放的是其变量的地址,它在字符串排序中特别有用。

(4) 数组指针

定义格式:

```
int (*p) [5]=a ;
```

数组指针本质上是一个指针,只是该指针指向的是一个数组。指针指向数组的首地址。

(5) 结构体

结构体(struct)是由一系列具有相同类型或不同类型的数据构成的数据集合,也叫结构。

在C语言中,可以定义结构体类型,将多个相关的变量包装成为一个整体使用。在结构体中的变量,可以是相同、部分相同,或完全不同的数据类型。在C语言中,结构体不能包含函数。

定义格式为:

```
struct 结构名{
    变量 1;
```

```
    变量2;
    ……
    }
```

例如：

```
struct sockaddr {
    unsigned short sa_family;
    char sa_data[14];
};
```

(6) 联　合

联合是一种新的数据类型，是一种特殊形式的变量。

联合说明和联合变量定义与结构十分相似。其格式为：

```
union 联合名{
            数据类型 成员名;
            数据类型 成员名;
            ……
            } 联合变量名;
```

联合表示几个变量公用一个内存位置，在不同的时间保存不同的数据类型和不同长度的变量。下例说明一个联合 a_bc：

```
union exam{
            int i;
            char mm;
            };
```

用已说明的联合可定义联合变量。

例如，用上面说明的联合定义一个名为 lgc 的联合变量，可写成：

```
union exam test1;
```

在联合变量 test1 中，整型量 i 和字符 mm 公用同一内存位置。

当一个联合被说明时，编译程序自动产生一个变量，其长度为联合中最大的变量长度。

15. 嵌入式 C 语言程序设计实例

前面对 C 语言的语法及嵌入式中用到的 C 语言知识作了简单介绍。下面以 S3C2410 开发板上的 LED 模块的整个测试程序为例，介绍如何运用 C 语言进行基于 ARM 的嵌入式程序设计。

要求：测试数码管的好坏，首先使数码管八段全亮；然后，LED1、LED2 轮流闪烁；同时会在 LCD 和串口终端输出主界面信息。从 PC 键盘操作可以交互地进行系统各模块的测试。

由要求可知，编写一个成功的主文件代码主要需要以下几部分：

① 用＃include 指令将本文件所用到的头文件包含到该程序中；

② 对本文件中定义的函数进行声明；

③ 定义本文件中用到的各种类型的外部变量及数组；

④ 编写各个函数代码，其中包括一个主函数 main()，由 main()提供主线，通过调用各子函数来实现各种功能。

本开发板的硬件电路如图 4.1 所示。

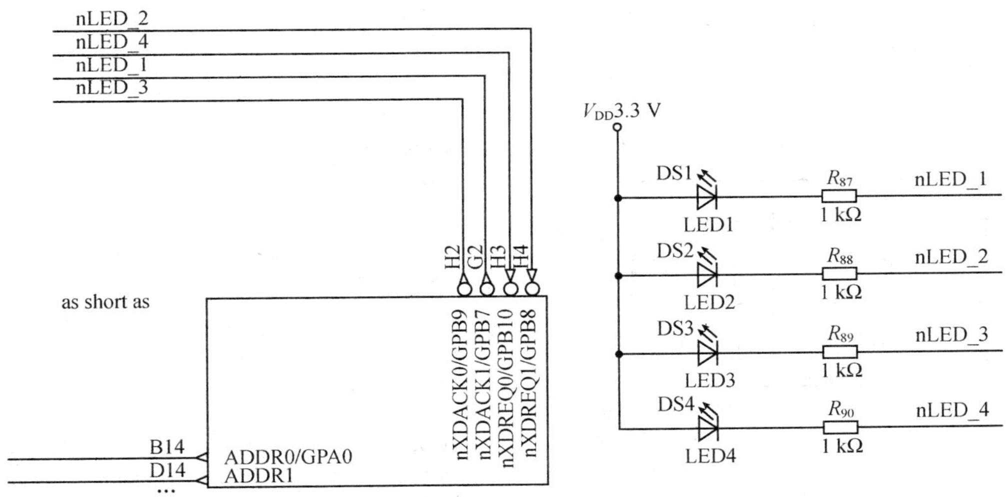

图 4.1　开发板的硬件电路

从图中可以看到：

LED1～4 分别接在 GPB7～10 上，所以，为了能用程序控制它们，就必须设置这几个引脚对应的寄存器。其对应的寄存器及其功能描述如表 4.2～表 4.5 所列。

表 4.2　GPBDAT 功能描述

GPBDAT	位	功能描述
GPB[10:0]	[10:0]	当该端口配置为输入端口时，从外面读入数据到相应的引脚。当该端口配置为输出端口时，写入该寄存器的数据可以发送到相应的引脚上。当该端口配置为功能引脚时，没有值可以读取

表 4.3 GPBUP 功能描述

GPBUP	位	功能描述
GPB[10:0]	[10:0]	0:允许相应的端口引脚上拉, 1:不允许相应的端口引脚上拉

表 4.4 端口 B 寄存器功能描述

寄存器	地 址	R/W	功能描述	复位值
GPBCON	0x56000010	R/W	配置端口 B	0x0
GPBDAT	0x56000014	R/W	端口 B 的数据寄存器	没定义
GPBUP	0x56000018	R/W	端口 B 的上拉允许寄存器	0x0
Reserved	0x5600001c	—	保留	

表 4.5 端口 B 配置寄存器功能描述

GPBCON	位	功能描述
GPB10	[21:20]	00=输入, 01=输出, 10=nXDREQ0, 11=保留
GPB9	[19:18]	00=输入, 01=输出, 10=nXACK0, 11=保留
GPB8	[17:16]	00=输入, 01=输出, 10=nXDREQ1, 11=保留
GPB7	[15:14]	00=输入, 01=输出, 10=nXACK1, 11=保留

当 GPBCON 每个引脚对应的位设置成 00 时为输入,01 时为输出,10 时为复用功能。nXDREQ[1:0]为外部 DMA 请求,nXDACK[1:0]为外部 DMA 应答。

当端口配置成输入模式时,可以读取 GPBDAT 取得各位对应引脚上的电平值。

当端口配置成输出模式时,可以通过各位的值来控制相应引脚的电平。GPBUP 的各位可以配置相应的引脚是否使用内部的上拉电阻。

另外,从硬件电路上可以知道,当 nLEDn 为低电平(即 nLEDn=0)时 LED 才会点亮。

[实验代码]

```
//===================================================================
//File Name : 2410test.c
//Function  : S3C2410 LED test program
```

```
//Program   : Modify By DengGuangsheng
//Date      : 2007/06
//Version   : 0.0
//History
//              Program    : Shin, On Pil (SOP)
//              Date       : June 13, 2003
//              Version    : 0.0
//=====================================================================
#include <stdlib.h>
#include <string.h>
#include "def.h"
#include "option.h"
#include "2410addr.h"
#include "2410lib.h"
#include "2410slib.h"
#include "uart0.h"
#include "mmu.h"
void Isr_Init(void);
void HaltUndef(void);
void HaltSwi(void);
void HaltPabort(void);
void HaltDabort(void);
extern void __rt_lib_init( void ) ;
//=====================================================================
void Main(void)
{
    int i = 0;

    MMU_Init();                          //初始化 MMU 单元

#if ADS10
    __rt_lib_init();                     //for ADS 1.0
#endif

    ChangeClockDivider(1,1);             //1:2:4 配置 APB 总线时钟和 AHB 总线时钟
    ChangeMPllValue(0xa1,0x3,0x1);       //fCLK = 202.8 MHz 配置系统主时钟
    Port_Init();                         //IO 端口初始化
```

```
    Isr_Init();                                 //设中断
    Uart_Init(0,115200);                        //COM口初始化

    Uart_Printf("\n\nHello MY2410!\n") ;

    while(1)
    {
        Uart_Printf("Show LED\n") ;             //串口返回调试信息
        Delay(2000);                            //延时
        i ++ ;
        if (i>15) i = 0;
        Led_Display(i);                         //控制四个LED显示
    }
}
//==================================================================
void Isr_Init(void)
{
    pISR_UNDEF    = (unsigned)HaltUndef;
    pISR_SWI      = (unsigned)HaltSwi;
    pISR_PABORT   = (unsigned)HaltPabort;
    pISR_DABORT   = (unsigned)HaltDabort;
    rINTMOD       = 0x0;                        //IRQ模式
    rINTMSK       = BIT_ALLMSK;                 //中断屏蔽
    rINTSUBMSK    = BIT_SUB_ALLMSK;             //子中断屏蔽
}
//==================================================================
void HaltUndef(void)
{
    Uart_Printf("Undefined instruction exception.\n");
    while(1);
}
//==================================================================
void HaltSwi(void)
{
    Uart_Printf("SWI exception.\n");
    while(1);
}
```

```
//==================================================================
void HaltPabort(void)
{
    Uart_Printf("Pabort exception.\n");
    while(1);
}
//==================================================================
void HaltDabort(void)
{
    Uart_Printf("Dabort exception.\n");
    while(1);
}
```

以下函数在 2410lib.c 文件里

```
//========================[BOARD  LED ]================================
void Led_Display(int data)
{
    rGPBDAT = (~data & 0xf) << 7;          //因为是第 7～10 位,且只有 4 位,故左移 7
}
```

16. ARM 汇编指令集

(1) 跳转指令

跳转指令用于实现程序流程的跳转,在 ARM 程序中有两种方法可以实现程序流程的跳转:

① 使用专门的跳转指令。

② 直接向程序计数器 PC 写入跳转地址值。

通过向程序计数器 PC 写入跳转地址值,可以实现在 4 GB 的地址空间中的任意跳转,在跳转之前结合使用:

```
MOV   LR,PC
```

该指令实现在 4 GB 连续的线性地址空间的子程序调用。

ARM 指令集中的跳转指令可以完成从当前指令向前或向后 32 MB 地址空间的跳转,包括以下 4 条指令:

1) B 指令

B 指令是最简单的跳转指令。一旦遇到一个 B 指令,ARM 处理器将立即跳转到给定的目标地址,从那里继续执行。注意,存储在跳转指令中的实际值是相对当前 PC 值的一个偏移量,而不是一个绝对地址,它的值由汇编器来计算。以下指令:

B　Label　　;程序无条件跳转到标号 Label 处执行

2）BL 指令

BL 是另一个跳转指令，但跳转之前，会在寄存器 R14 中保存 PC 的当前内容，因此，可以通过将 R14 的内容重新加载到 PC 中，来返回到跳转指令之后的那个指令处执行。该指令是实现子程序调用的一个基本但常用的手段。以下指令：

BL　Label　;当程序无条件跳转到 Label 处执行时，同时将当前的 PC 值保存到 R14 中

3）BLX 指令

BLX 指令从 ARM 指令集跳转到指令中所指定的目标地址，并将处理器的工作状态由 ARM 状态切换到 Thumb 状态，该指令同时将 PC 的当前内容保存到寄存器 R14 中。因此，当子程序使用 Thumb 指令集，而调用者使用 ARM 指令集时，可以通过 BLX 指令实现子程序的调用和处理器工作状态的切换。同时，子程序的返回可以通过将寄存器 R14 值复制到 PC 中来完成。

4）BX 指令

BX 指令跳转到指令中所指定的目标地址，目标地址处的指令既可以是 ARM 指令，也可以是 Thumb 指令。

（2）数据处理指令

数据处理指令可分为数据传送指令、算术逻辑运算指令和比较指令等。

- 数据传送指令用于在寄存器和存储器之间进行数据的双向传输。
- 算术逻辑运算指令完成常用的算术与逻辑的运算。该类指令不但将运算结果保存在目的寄存器中，同时更新 CPSR 中的相应条件标志位。
- 比较指令不保存运算结果，只更新 CPSR 中相应的条件标志位。

1）MOV 指令

MOV 指令可完成从另一个寄存器、被移位的寄存器或将一个立即数加载到目的寄存器。其中，S 选项决定指令的操作是否影响 CPSR 中条件标志位的值，当没有 S 时指令不更新 CPSR 中条件标志位的值。例如：

```
MOV R1,R0              ;将寄存器 R0 的值传送到寄存器 R1
MOV PC,R14             ;将寄存器 R14 的值传送到 PC,常用于子程序返回
MOV R1,R0,LSL＃3       ;将寄存器 R0 的值左移 3 位后传送到 R1
```

2）MVN 指令

MVN 指令可完成从另一个寄存器、被移位的寄存器或将一个立即数加载到目的寄存器。与 MOV 指令不同之处是在传送之前按位被取反，即把一个被取反的值传送到目的寄存器中。其中，S 决定指令的操作是否影响 CPSR 中条件标志位的值，当没有 S 时指令不更新 CPSR 中

条件标志位的值。例如：

```
MVN  R0,#0                    ;将立即数 0 取反传送到寄存器 R0 中,完成后 R0 = -1
```

3）CMP 指令

CMP 指令用于把一个寄存器的内容与另一个寄存器的内容或立即数进行比较，同时更新 CPSR 中条件标志位的值。该指令进行一次减法运算，但不存储结果，只更改条件标志位。标志位表示的是操作数 1 与操作数 2 的关系（大、小、相等），例如，当操作数 1 大于操作数 2 时，此后的有 GT 后缀的指令将可以执行。例如：

```
CMP  R1,R0                ;将寄存器 R1 的值与寄存器 R0 的值相减,并根据结果设置 CPSR 的标志位
CMP  R1,#100              ;将寄存器 R1 的值与立即数 100 相减,并根据结果设置 CPSR 的标志位
```

4）CMN 指令

CMN 指令用于把一个寄存器的内容与另一个寄存器的内容或立即数取反后进行比较，同时更新 CPSR 中条件标志位的值。该指令实际完成操作数 1 和操作数 2 相加，并根据结果更改条件标志位。例如：

```
CMN  R1,R0                ;将寄存器 R1 的值与寄存器 R0 的值相加,并根据结果设置 CPSR 的标志位
```

5）TEQ 指令

TEQ 指令用于把一个寄存器的内容和另一个寄存器的内容或立即数进行按位的“异或”运算，并根据运算结果更新 CPSR 中条件标志位的值。该指令通常用于比较操作数 1 和操作数 2 是否相等。例如：

```
TEQ  R1,R2                ;将寄存器 R1 的值与寄存器 R2 的值按位“异或”,并根据
                          ;结果设置 CPSR 的标志位
```

6）ADD 指令

ADD 指令用于把两个操作数相加，并将结果存放到目的寄存器中。操作数 1 应是一个寄存器，操作数 2 可以是一个寄存器、被移位的寄存器或一个立即数。例如：

```
ADD     R0,R1,R2              ;R0 = R1 + R2
ADD     R0,R1,#256            ;R0 = R1 + 256
ADD     R0,R2,R3,LSL#1        ;R0 = R2 + (R3 << 1)
```

7）SUB 指令

SUB 指令用于将操作数 1 减去操作数 2，并将结果存放到目的寄存器中。操作数 1 应是一个寄存器，操作数 2 可以是一个寄存器、被移位的寄存器或一个立即数。该指令可用于有符号数或无符号数的减法运算。例如：

```
SUB     R0,R1,R2              ;R0 = R1 - R2
```

```
SUB     R0,R1,#256              ;R0 = R1 - 256
SUB     R0,R2,R3,LSL#1          ;R0 = R2 - (R3 << 1)
```

8）AND 指令

AND 指令用于两个操作数进行逻辑“与”运算，并把结果放置到目的寄存器中。操作数 1 应是一个寄存器，操作数 2 可以是一个寄存器、被移位的寄存器或一个立即数。该指令常用于屏蔽操作数 1 的某些位。例如：

```
AND R0,R0,#3                ;保持 R0 的 0、1 位，其余位清零
```

9）ORR 指令

ORR 指令用于两个操作数进行逻辑“或”运算，并把结果放置到目的寄存器中。操作数 1 应是一个寄存器，操作数 2 可以是一个寄存器、被移位的寄存器或一个立即数。该指令常用于设置操作数 1 的某些位。例如：

```
ORR R0,R0,#3                ;设置 R0 的 0、1 位，其余位保持不变
```

10）EOR 指令

EOR 指令用于两个操作数进行逻辑“异或”运算，并把结果放置到目的寄存器中。操作数 1 应是一个寄存器，操作数 2 可以是一个寄存器、被移位的寄存器或一个立即数。该指令常用于反转操作数 1 的某些位。例如：

```
EOR R0,R0,#3                ;反转 R0 的 0、1 位，其余位保持不变
```

11）BIC 指令

BIC 指令用于清除操作数 1 的某些位，并把结果放置到目的寄存器中。操作数 1 应是一个寄存器，操作数 2 可以是一个寄存器、被移位的寄存器或一个立即数。操作数 2 为 32 位的掩码，如果在掩码中设置了某一位，则清除这一位，未设置的掩码位保持不变。例如：

```
BIC  R0,R0,#%1011           ;清除 R0 中的位 0、1 和 3，其余的位保持不变
```

(3) 乘法指令与乘加指令

ARM 微处理器支持的乘法指令与乘加指令共有 6 条，可分为运算结果为 32 位和运算结果为 64 位两类，与前面的数据处理指令不同，指令中的所有操作数、目的寄存器必须为通用寄存器，不能对操作数使用立即数或被移位的寄存器；同时，目的寄存器和操作数 1 必须是不同的寄存器。

乘法指令与乘加指令共有以下 6 条：

1）MUL 指令

MUL 指令完成将操作数 1 与操作数 2 的乘法运算，并把结果放置到目的寄存器中，同时可以根据运算结果设置 CPSR 中相应的条件标志位。其中，操作数 1 和操作数 2 均为 32 位的

有符号数或无符号数。例如：

```
MUL R0,R1,R2                    ;R0 = R1 × R2
MULS R0,R1,R2                   ;R0 = R1 × R2,同时设置 CPSR 中的相关条件标志位
```

2）MLA 指令

MLA 指令完成将操作数 1 与操作数 2 的乘法运算，再将乘积加上操作数 3，并把结果放置到目的寄存器中，同时可以根据运算结果设置 CPSR 中相应的条件标志位。其中，操作数 1 和操作数 2 均为 32 位的有符号数或无符号数。例如：

```
MLA R0,R1,R2,R3                 ;R0 = R1 × R2 + R3
MLAS R0,R1,R2,R3                ;R0 = R1 × R2 + R3,同时设置 CPSR 中的相关条件标志位
```

3）SMULL 指令

SMULL 指令完成将操作数 1 与操作数 2 的乘法运算，并把结果的低 32 位放置到目的寄存器 Low 中，结果的高 32 位放置到目的寄存器 High 中，同时可以根据运算结果设置 CPSR 中相应的条件标志位。其中，操作数 1 和操作数 2 均为 32 位的有符号数。例如：

```
SMULL    R0,R1,R2,R3            ;R0 = (R2 × R3)的低 32 位
                                ;R1 = (R2 × R3)的高 32 位
```

4）SMLAL 指令

SMLAL 指令完成将操作数 1 与操作数 2 的乘法运算，并把结果的低 32 位与目的寄存器 Low 中的值相加后又放置到目的寄存器 Low 中，结果的高 32 位与目的寄存器 High 中的值相加后又放置到目的寄存器 High 中，同时可以根据运算结果设置 CPSR 中相应的条件标志位。其中，操作数 1 和操作数 2 均为 32 位的有符号数。

对于目的寄存器 Low，在指令执行前存放 64 位加数的低 32 位，指令执行后存放结果的低 32 位。

对于目的寄存器 High，在指令执行前存放 64 位加数的高 32 位，指令执行后存放结果的高 32 位。指令示例：

```
SMLAL    R0,R1,R2,R3            ;R0 = (R2 × R3)的低 32 位 + R0
                                ;R1 = (R2 × R3)的高 32 位 + R1
```

5）UMULL 指令

UMULL 指令完成将操作数 1 与操作数 2 的乘法运算，并把结果的低 32 位放置到目的寄存器 Low 中，结果的高 32 位放置到目的寄存器 High 中，同时可以根据运算结果设置 CPSR 中相应的条件标志位。其中，操作数 1 和操作数 2 均为 32 位的无符号数。例如：

```
UMULL    R0,R1,R2,R3            ;R0 = (R2 × R3)的低 32 位
                                ;R1 = (R2 × R3)的高 32 位
```

6）UMLAL 指令

UMLAL 指令完成将操作数 1 与操作数 2 的乘法运算，并把结果的低 32 位与目的寄存器 Low 中的值相加后又放置到目的寄存器 Low 中，结果的高 32 位与目的寄存器 High 中的值相加后又放置到目的寄存器 High 中，同时可以根据运算结果设置 CPSR 中相应的条件标志位。其中，操作数 1 和操作数 2 均为 32 位的无符号数。

对于目的寄存器 Low，在指令执行前存放 64 位加数的低 32 位，执行后存放结果的低 32 位。

对于目的寄存器 High，在指令执行前存放 64 位加数的高 32 位，执行后存放结果的高 32 位。

(4) 程序状态寄存器访问指令

1）MRS 指令

MRS 指令用于将程序状态寄存器的内容传送到通用寄存器中。该指令一般用在以下两种情况：

① 当需要改变程序状态寄存器的内容时，可用 MRS 将程序状态寄存器的内容读入通用寄存器，修改后再写回程序状态寄存器。

② 当在异常处理或进程切换时，需要保存程序状态寄存器的值，可先用该指令读出程序状态寄存器的值，然后保存。例如：

```
MRS R0,CPSR                    ;传送 CPSR 的内容到 R0
MRS R0,SPSR                    ;传送 SPSR 的内容到 R0
```

2）MSR 指令

MSR 指令用于将操作数的内容传送到程序状态寄存器的特定域中。其中，操作数可以为通用寄存器或立即数。〈域〉用于设置程序状态寄存器中需要操作的位，32 位的程序状态寄存器可分为 4 个域：

位[31：24]为条件标志位域，用 f 表示；

位[23：16]为状态位域，用 s 表示；

位[15：8]为扩展位域，用 x 表示；

位[7：0]为控制位域，用 c 表示。

该指令通常用于恢复或改变程序状态寄存器的内容。在使用时，一般要在 MSR 指令中指明将要操作的域。例如：

```
MSR CPSR,R0                    ;传送 R0 的内容到 CPSR
MSR SPSR,R0                    ;传送 R0 的内容到 SPSR
MSR CPSR_c,R0                  ;传送 R0 的内容到 SPSR,但仅修改 CPSR 中的控制位域
```

(5) 加载/存储指令

ARM 微处理器支持加载/存储指令。加载/存储指令用于在寄存器与存储器之间传送数据,加载指令用于将存储器中的数据传送到寄存器,存储指令则完成相反的操作。常用的加载/存储指令如下:

1) LDR 指令

LDR 指令用于从存储器中将一个 32 位的字数据传送到目的寄存器中。该指令通常用于从存储器中读取 32 位的字数据到通用寄存器,然后对数据进行处理。当程序计数器 PC 作为目的寄存器时,指令从存储器中读取的字数据被当做目的地址,从而可以实现程序流程的跳转。例如:

```
LDR R0,[R1]                 ;将存储器地址为 R1 的字数据读入寄存器 R0
LDR R0,[R1,R2]              ;将存储器地址为 R1 + R2 的字数据读入寄存器 R0
LDR R0,[R1,#8]              ;将存储器地址为 R1 + 8 的字数据读入寄存器 R0
LDR R0,[R1,R2]!             ;将存储器地址为 R1 + R2 的字数据读入寄存器 R0,并将新地址 R1 +
                            ;R2 写入 R1
LDR R0,[R1,#8]!             ;将存储器地址为 R1 + 8 的字数据读入寄存器 R0,并将新地址 R1 + 8
                            ;写入 R1
LDR R0,[R1],R2              ;将存储器地址为 R1 的字数据读入寄存器 R0,并将新地址 R1 + R2
                            ;写入 R1
LDR R0,[R1,R2,LSL#2]!       ;将存储器地址为 R1 + R2 × 4 的字数据读入寄存器 R0,并将新地址 R1 +
                            ;R2 × 4 写入 R1
LDRR0,[R1],R2,LSL#2         ;将存储器地址为 R1 的字数据读入寄存器 R0,并将新地址 R1 + R2 × 4
                            ;写入 R1
```

2) LDRB 指令

LDRB 指令用于从存储器中将一个 8 位的字节数据传送到目的寄存器中,同时将寄存器的高 24 位清零。该指令通常用于从存储器中读取 8 位的字节数据到通用寄存器,然后对数据进行处理。

当程序计数器 PC 作为目的寄存器时,指令从存储器中读取的字节数据被当做目的地址,从而可以实现程序流程的跳转。例如:

```
LDRB  R0,[R1]               ;将存储器地址为 R1 的字节数据读入寄存器 R0,并将 R0 的高 24 位清零
```

3) LDRH 指令

LDRH 指令用于从存储器中将一个 16 位的半字数据传送到目的寄存器中,同时将寄存器的高 16 位清零。该指令通常用于从存储器中读取 16 位的半字数据到通用寄存器,然后对数据进行处理。当程序计数器 PC 作为目的寄存器时,指令从存储器中读取的半字数据被当做目的地址,从而可以实现程序流程的跳转。例如:

```
LDRH    R0,[R1]              ;将存储器地址为 R1 的半字数据读入寄存器 R0,并将 R0 的高 16 位清零
```

4) STR 指令

STR 指令用于从源寄存器中将一个 32 位的字数据传送到存储器中。该指令在程序设计中比较常用,且寻址方式灵活多样,使用方式可参考 LDR 指令。例如:

```
STR R0,[R1],#8             ;将 R0 中的字数据写入以 R1 为地址的存储器中,并将新地址 R1 + 8
                           ;写入 R1
STR R0,[R1,#8]             ;将 R0 中的字数据写入以 R1 + 8 为地址的存储器中
```

5) STRB 指令

STRB 指令用于从源寄存器中将一个 8 位的字节数据传送到存储器中。该字节数据为源寄存器中的低 8 位。例如:

```
STRB    R0,[R1]            ;将寄存器 R0 中的字节数据写入以 R1 为地址的存储器中
```

6) STRH 指令

STRH 指令用于从源寄存器中将一个 16 位的半字数据传送到存储器中。该半字数据为源寄存器中的低 16 位。例如:

```
STRH    R0,[R1]            ;将寄存器 R0 中的半字数据写入以 R1 为地址的存储器中
```

(6) 批量数据加载/存储指令

ARM 微处理器所支持批量数据加载/存储指令可以一次在一片连续的存储器单元和多个寄存器之间传送数据。批量加载指令用于将一片连续的存储器中的数据传送到多个寄存器,批量数据存储指令则完成相反的操作。常用的加载/存储指令 LDM(或 STM)指令的格式如下:

LDM(或 STM){条件}{类型} 基址寄存器{!},寄存器列表{∧}

LDM(或 STM)指令用于从由基址寄存器所指示的一片连续存储器到寄存器列表所指示的多个寄存器之间传送数据。该指令的常见用途是将多个寄存器的内容入栈或出栈。

其中,{类型}有以下几种情况:

IA　每次传送后地址加 1;　　IB　每次传送前地址加 1;
DA　每次传送后地址减 1;　　DB　每次传送前地址减 1;
FD　满递减堆栈;　　ED　空递减堆栈;
FA　满递增堆栈;　　EA　空递增堆栈。

基址寄存器不允许为 R15,寄存器列表可以为 R0～R15 的任意组合。

{!}为可选后缀,若选用该后缀,则当数据传送完毕后,将最后的地址写入基址寄存器,否则基址寄存器的内容不改变。

{∧}为可选后缀,当指令为 LDM 且寄存器列表中包含 R15,选用该后缀时表示:除了正常的数据传送之外,还将 SPSR 复制到 CPSR。同时,该后缀还表示传入或传出的是用户模式下的寄存器,而不是当前模式下的寄存器。例如:

```
STMFD  R13!,{R0,R4 - R12,LR}        ;将寄存器列表中的寄存器(R0,R4 到 R12,LR)存入堆栈
LDMFD  R13!,{R0,R4 - R12,PC}        ;将堆栈内容恢复到寄存器(R0,R4 到 R12,PC)
```

(7) 数据交换指令

1) SWP 指令

SWP 指令用于将源寄存器 2 所指向的存储器中的字数据传送到目的寄存器中,同时将源寄存器 1 中的字数据传送到源寄存器 2 所指向的存储器中。显然,当源寄存器 1 和目的寄存器为同一个寄存器时,指令交换该寄存器和存储器的内容。例如:

```
SWP    R0,R1,[R2]              ;将 R2 所指向的存储器中的字数据传送到 R0,同时将 R1 中的字数据
                               ;传送到 R2 指向的存储单元
SWP    R0,R0,[R1]              ;该指令完成将 R1 所指向的存储器中的字数据与 R0 中的数据交换
```

2) SWPB 指令

SWPB 指令用于将源寄存器 2 所指向的存储器中的字节数据传送到目的寄存器中,目的寄存器的高 24 位清零,同时将源寄存器 1 中的字节数据传送到源寄存器 2 所指向的存储器中。显然,当源寄存器 1 和目的寄存器为同一个寄存器时,指令交换该寄存器和存储器的内容。

指令示例:

```
SWPB   R0,R1,[R2]              ;将 R2 所指向的存储器中的字节数据传送到 R0,R0 的高 24 位清零,
                               ;同时将 R1 中的低 8 位数据传送到 R2 指向的存储单元
SWPB   R0,R0,[R1]              ;完成将 R1 所指向的存储器中的字节数据与 R0 中的低 8 位
                               ;数据交换
```

(8) 移位指令(操作)

1) LSL(或 ASL)操作

LSL(或 ASL)可完成对通用寄存器中的内容进行逻辑(或算术)的左移操作,按操作数所指定的数量向左移位,低位用零来填充。其中,操作数可以是通用寄存器,也可以是立即数(0～31)。例如:

```
MOV    R0,R1,LSL#2             ;将 R1 中的内容左移两位后传送到 R0 中
```

2) LSR 操作

LSR 可完成对通用寄存器中的内容进行右移的操作,按操作数所指定的数量向右移位,左端用零来填充。其中,操作数可以是通用寄存器,也可以是立即数(0～31)。例如:

```
MOV    R0,R1,LSR#2          ;将 R1 中的内容右移两位后传送到 R0 中,左端用零来填充
```

3) ASR 操作

ASR 可完成对通用寄存器中的内容进行右移的操作,按操作数指定的数量向右移位,左端用第 31 位的值来填充。其中,操作数可以是通用寄存器,也可以是立即数(0～31)。例如:

```
MOV   R0,R1,ASR#2           ;将 R1 中的内容右移两位后传送到 R0 中,左端用第 31 位的值来填充
```

4) ROR 操作

ROR 可完成对通用寄存器中的内容进行循环右移的操作,按操作数所指定的数量向右循环移位,左端用右端移出的位来填充。其中,操作数可以是通用寄存器,也可以是立即数(0～31)。显然,当进行 32 位的循环右移操作时,通用寄存器中的值不改变。例如:

```
MOV    R0,R1,ROR#2          ;将 R1 中的内容循环右移两位后传送到 R0 中
```

5) RRX 操作

RRX 可完成对通用寄存器中的内容进行带扩展的循环右移的操作,按操作数所指定的数量向右循环移位,左端用进位标志位 C 来填充。其中,操作数可以是通用寄存器,也可以是立即数(0～31)。例如:

```
MOV    R0,R1,RRX#2          ;将 R1 中的内容进行带扩展的循环右移两位后传送到 R0 中
```

(9) 协处理器指令

1) CDP 指令

CDP 指令的格式为:

CDP{条件} 协处理器编码,协处理器操作码 1,目的寄存器,源寄存器 1,源寄存器 2,协处理器操作码 2

CDP 指令用于 ARM 处理器通知 ARM 协处理器执行特定的操作,若协处理器不能成功完成特定的操作,则产生未定义指令异常。其中,协处理器操作码 1 和协处理器操作码 2 为协处理器将要执行的操作,目的寄存器和源寄存器均为协处理器的寄存器,指令不涉及 ARM 处理器的寄存器和存储器。例如:

```
CDP    P3,2,C12,C10,C3,4           ;该指令完成协处理器 P3 的初始化
```

2) LDC 指令

LDC 指令的格式为:

LDC{条件}{L} 协处理器编码,目的寄存器,[源寄存器]

LDC 指令用于将源寄存器所指向的存储器中的字数据传送到目的寄存器中,若协处理器

不能成功完成传送操作，则产生未定义指令异常。其中，{L}选项表示指令为长读取操作，如用于双精度数据的传输。例如：

```
LDC    P3,C4,[R0]                  ;将 ARM 处理器的寄存器 R0 所指向的存储器中的字数据传送
                                   ;到协处理器 P3 的寄存器 C4 中
```

3）STC 指令

STC 指令的格式为：

STC{条件}{L} 协处理器编码，源寄存器，[目的寄存器]

STC 指令用于将源寄存器中的字数据传送到目的寄存器所指向的存储器中，若协处理器不能成功完成传送操作，则产生未定义指令异常。其中，{L}选项表示指令为长读取操作，如用于双精度数据的传输。例如：

```
STC    P3,C4,[R0]                  ;将协处理器 P3 的寄存器 C4 中的字数据传送到 ARM 处理器的
                                   ;寄存器 R0 所指向的存储器中
```

4）MCR 指令

MCR 指令的格式为：

MCR{条件} 协处理器编码，协处理器操作码 1，源寄存器，目的寄存器 1，目的寄存器 2，协处理器操作码 2

MCR 指令用于将 ARM 处理器寄存器中的数据传送到协处理器寄存器中，若协处理器不能成功完成操作，则产生未定义指令异常。其中，协处理器操作码 1 和协处理器操作码 2 为协处理器将要执行的操作，源寄存器为 ARM 处理器的寄存器，目的寄存器 1 和目的寄存器 2 均为协处理器的寄存器。例如：

```
MCR    P3,3,R0,C4,C5,6             ;将 ARM 处理器寄存器 R0 中的数据传送到协处理器
                                   ;P3 的寄存器 C4 和 C5 中
```

5）MRC 指令

MRC 指令的格式为：

MRC{条件} 协处理器编码，协处理器操作码 1，目的寄存器，源寄存器 1，源寄存器 2，协处理器操作码 2

MRC 指令用于将协处理器寄存器中的数据传送到 ARM 处理器寄存器中，若协处理器不能成功完成操作，则产生未定义指令异常。其中，协处理器操作码 1 和协处理器操作码 2 为协处理器将要执行的操作，目的寄存器为 ARM 处理器的寄存器，源寄存器 1 和源寄存器 2 均为协处理器的寄存器。例如：

```
MRC    P3,3,R0,C4,C5,6                ;将协处理器 P3 的寄存器中的数据传送到 ARM
                                      ;处理器的寄存器中
```

(10) 异常产生指令

1) SWI 指令

SWI 指令用于产生软件中断,以便用户程序能调用操作系统的系统例程。操作系统在 SWI 的异常处理程序中提供相应的系统服务,指令中 24 位的立即数指定用户程序调用系统例程的类型,相关参数通过通用寄存器传递,当指令中 24 位的立即数被忽略时,用户程序调用系统例程的类型由通用寄存器 R0 的内容决定,同时,参数通过其他通用寄存器传递。例如:

```
SWI    0x02                           ;调用操作系统编号位 02 的系统例程
```

2) BKPT 指令

BKPT 指令的格式为:

BKPT   16 位的立即数

BKPT 指令产生软件断点中断,可用于程序的调试。

17. ARM 汇编器所支持的伪指令

在 ARM 汇编语言程序里,有一些特殊指令助记符,这些助记符与指令系统的助记符不同,没有相对应的操作码,通常称这些特殊指令助记符为伪指令,它们所完成的操作称为伪操作。伪指令在源程序中的作用是为完成汇编程序做各种准备工作。这些伪指令仅在汇编过程中起作用,一旦汇编结束,伪指令的使命就完成了。

在 ARM 的汇编程序中,有如下几种伪指令:符号定义伪指令、数据定义伪指令、汇编控制伪指令、宏指令及其他伪指令。

(1) 符号定义(Symbol Definition)伪指令

符号定义伪指令用于定义 ARM 汇编程序中的变量、对变量赋值以及定义寄存器的别名等操作。常见的符号定义伪指令有以下 4 种:

1) GBLA、GBLL 和 GBLS

GBLA、GBLL 和 GBLS 伪指令用于定义一个 ARM 程序中的全局变量,并将其初始化。其中:

GBLA 伪指令用于定义一个全局的数字变量,并初始化为 0;

GBLL 伪指令用于定义一个全局的逻辑变量,并初始化为 F(假);

GBLS 伪指令用于定义一个全局的字符串变量,并初始化为空。

由于以上 3 条伪指令用于定义全局变量,因此在整个程序范围内变量名必须唯一。例如:

```
GBLA    Test1                         ;定义一个全局的数字变量,变量名为 Test1
Test1   SETA    0xaa                  ;将该变量赋值为 0xaa
```

```
GBLL    Test2                       ;定义一个全局的逻辑变量,变量名为 Test2
Test2    SETL    {TRUE}             ;将该变量赋值为真
GBLS    Test3                       ;定义一个全局的字符串变量,变量名为 Test3
Test3    SETS    "Testing"          ;将该变量赋值为"Testing"
```

2) LCLA、LCLL 和 LCLS

LCLA、LCLL 和 LCLS 伪指令用于定义一个 ARM 程序中的局部变量,并将其初始化。其中:

LCLA 伪指令用于定义一个局部的数字变量,并初始化为 0;

LCLL 伪指令用于定义一个局部的逻辑变量,并初始化为 F(假);

LCLS 伪指令用于定义一个局部的字符串变量,并初始化为空。

以上 3 条伪指令用于声明局部变量,在其作用范围内变量名必须唯一。例如:

```
LCLA    Test4                       ;声明一个局部的数字变量,变量名为 Test4
Test3      SETA    0xaa             ;将该变量赋值为 0xaa
LCLL    Test5                       ;声明一个局部的逻辑变量,变量名为 Test5
Test4      SETL    {TRUE}           ;将该变量赋值为真
LCLS    Test6                       ;定义一个局部的字符串变量,变量名为 Test6
Test6      SETS    "Testing"        ;将该变量赋值为"Testing"
```

3) SETA、SETL 和 SETS

SETA、SETL、SETS 伪指令用于给一个已经定义的全局变量或局部变量赋值。其中:

SETA 伪指令用于给一个数学变量赋值;

SETL 伪指令用于给一个逻辑变量赋值;

SETS 伪指令用于给一个字符串变量赋值。

变量名为已经定义过的全局变量或局部变量,表达式为将要赋给变量的值。例如:

```
LCLA    Test3                       ;声明一个局部的数字变量,变量名为 Test3
Test3      SETA    0xaa             ;将该变量赋值为 0xaa
LCLL    Test4                       ;声明一个局部的逻辑变量,变量名为 Test4
Test4      SETL    {TRUE}           ;将该变量赋值为真
```

4) RLIST

RLIST 伪指令可用于对一个通用寄存器列表定义名称。该伪指令定义的名称可在 ARM 指令 LDM/STM 中使用。在 LDM/STM 指令中,列表中的寄存器访问次序为根据寄存器的编号由低到高,而与列表中的寄存器排列次序无关。例如:

```
RegList  RLIST   {R0 - R5,R8,R10}          ;将寄存器列表名称定义为 RegList,可在 ARM 指令
                                           ;LDM/STM 中通过该名称访问寄存器列表
```

(2) 数据定义(Data Definition)伪指令

数据定义伪指令一般用于为特定的数据分配存储单元，同时可完成已分配存储单元的初始化。常见的数据定义伪指令如下：

1) DCB

DCB 伪指令用于分配一片连续的字节存储单元，并用伪指令中指定的表达式初始化。其中，表达式可以为 0～255 的数字或字符串。DCB 也可用"＝"代替。例如：

```
Str DCB "This is a test!"             ;分配一片连续的字节存储单元并初始化
```

2) DCW(或 DCWU)

DCW(或 DCWU)伪指令用于分配一片连续的半字存储单元，并用伪指令中指定的表达式初始化。其中，表达式可以为程序标号或数字表达式。

用 DCW 分配的字存储单元是半字对齐的，而用 DCWU 分配的字存储单元并不需严格半字对齐。例如：

```
DataTest    DCW     1,2,3             ;分配一片连续的半字存储单元并初始化
```

3) DCD(或 DCDU)

DCD(或 DCDU)伪指令用于分配一片连续的字存储单元，并用伪指令中指定的表达式初始化。其中，表达式可以为程序标号或数字表达式。DCD 也可用"&"代替。

用 DCD 分配的字存储单元是字对齐的，而用 DCDU 分配的字存储单元并不需严格字对齐。例如：

```
DataTest    DCD     4,5,6             ;分配一片连续的字存储单元并初始化
```

4) DCFD(或 DCFDU)

DCFD(或 DCFDU)伪指令用于为双精度的浮点数分配一片连续的字存储单元，并用伪指令中指定的表达式初始化。每个双精度的浮点数占据两个字单元。

用 DCFD 分配的字存储单元是字对齐的，而用 DCFDU 分配的字存储单元并不需严格字对齐。例如：

```
FDataTest   DCFD    2E115,-5E7        ;分配一片连续的字存储单元并初始化为指定的双精度数
```

5) SPACE

SPACE 伪指令用于分配一片连续的存储区域并初始化为 0。其中，表达式为要分配的字节数。SPACE 也可用"%"代替。例如：

```
DataSpace   SPACE   100               ;分配连续 100 字节的存储单元并初始化为 0
```

6) MAP

MAP 伪指令用于定义一个结构化的内存表的首地址。MAP 也可用"^"代替。

语法格式为

MAP expr{,base-regisre}

其中,expr 为表达式,可以为程序中的标号或数学表达式;基址寄存器为可选项,当基址寄存器选项不存在时,表达式的值即为内存表的首地址,当该选项存在时,内存表的首地址为表达式的值与基址寄存器的和。

MAP 伪指令通常与 FIELD 伪指令配合使用来定义结构化的内存表。例如:

```
MAP 0x100,R0                          ;定义结构化内存表首地址的值为 0x100 + R0
```

7) FILED

FIELD 伪指令用于定义一个结构化内存表中的数据域。FILED 也可用"#"代替。

表达式的值为当前数据域在内存表中所占的字节数。

FIELD 伪指令常与 MAP 伪指令配合使用来定义结构化的内存表。MAP 伪指令定义内存表的首地址,FIELD 伪指令定义内存表中的各个数据域,并可以为每个数据域指定一个标号供其他的指令引用。

注　意　MAP 和 FIELD 伪指令仅用于定义数据结构,并不实际分配存储单元。

例如:

```
MAP     0x100                   ;定义结构化内存表首地址的值为 0x100
A       FIELD   16              ;定义 A 的长度为 16 字节,位置为 0x100
B       FIELD   32              ;定义 B 的长度为 32 字节,位置为 0x110
S       FIELD   256             ;定义 S 的长度为 256 字节,位置为 0x130
```

18. 汇编控制(Assembly Control)伪指令

汇编控制伪指令用于控制汇编程序的执行流程,常用的汇编控制伪指令包括以下 4 条:

(1) IF、ELSE、ENDIF

语法格式:

```
IF    逻辑表达式
      指令序列 1
ELSE
      指令序列 2
ENDIF
```

IF、ELSE、ENDIF 伪指令能根据条件的成立与否决定是否执行某个指令序列。当 IF 后面的逻辑表达式为真,则执行指令序列 1,否则执行指令序列 2。其中,ELSE 及指令序列 2 可以没有,此时,当 IF 后面的逻辑表达式为真时,执行指令序列 1,否则继续执行后面的指令。

(2) WHILE、WEND

语法格式：

```
WHILE      逻辑表达式
    指令序列
WEND
```

WHILE、WEND 伪指令能根据条件的成立与否决定是否循环执行某个指令序列。当 WHILE 后面的逻辑表达式为真时，执行指令序列。该指令序列执行完毕后，再判断逻辑表达式的值，若为真则继续执行，一直到逻辑表达式的值为假。

(3) MACRO、MEND

语法格式：

```
MACRO
$标号      宏名      $参数 1,$参数 2,……
指令序列
MEND
```

MACRO、MEND 伪指令可以将一段代码定义为一个整体，称为宏指令，然后就可以在程序中通过宏指令多次调用该段代码。其中，$标号在宏指令被展开时，标号会被替换为用户定义的符号，宏指令可以使用一个或多个参数，当宏指令被展开时，这些参数被相应的值替换。

宏指令的使用方式和功能与子程序有些相似，子程序可以提供模块化的程序设计，节省存储空间并提高运行速度。但在使用子程序结构时需要保护现场，从而增加了系统的开销，因此，在代码较短且需要传递的参数较多时，可以使用宏指令代替子程序。

包含在 MACRO 和 MEND 之间的指令序列称为宏定义体，在宏定义体的第一行应声明宏的原型(包含宏名、所需的参数)，然后就可以在汇编程序中通过宏名来调用该指令序列。在源程序被编译时，汇编器将宏调用展开，用宏定义中的指令序列代替程序中的宏调用，并将实际参数的值传递给宏定义中的形式参数。

MACRO、MEND 伪指令可以嵌套使用。

(4) MEXIT

语法格式：

```
MEXIT
```

MEXIT 用于从宏定义中跳转出去。

19. 其他常用的伪指令

还有一些其他的伪指令，在汇编程序中经常会被使用。

(1) AREA

语法格式：

AREA 段名　　属性1,属性2,……

AREA伪指令用于定义一个代码段或数据段。其中，段名若以数字开头，则该段名需用“|”括起来，如|1_test|。

属性字段表示该代码段（或数据段）的相关属性，多个属性用逗号分隔。常用的属性如下：

- CODE属性　用于定义代码段，默认为READONLY。
- DATA属性　用于定义数据段，默认为READWRITE。
- READONLY属性　指定本段为只读，代码段默认为READONLY。
- READWRITE属性　指定本段为可读可写，数据段的默认属性为READWRITE。
- ALIGN属性　使用方式为ALIGN表达式。在默认时，ELF（可执行连接文件）的代码段和数据段是按字对齐的，相应的对齐方式为2的整数次幂。
- COMMON属性　定义一个通用的段，不包含任何用户代码和数据。各源文件中同名的COMMON段共享同一段存储单元。

一个汇编语言程序至少要包含一个段，当程序太长时，也可以将程序分为多个代码段和数据段。

例如：

```
AREA    Init,CODE,READONLY
    ……              ;指令序列
    ;该伪指令定义了一个代码段,段名为Init,属性为只读
```

(2) ALIGN

语法格式：

ALIGN　　{表达式{,偏移量}}

ALIGN伪指令可通过添加填充字节的方式，使当前位置满足一定的对齐方式。其中，表达式的值用于指定对齐方式，可能的取值为2的整数次幂，如1、2、4、8、16等。若未指定表达式，则将当前位置对齐到下一个字的位置。偏移量也为一个数字表达式，若使用该字段，则当前位置的对齐方式为：2的整数次幂＋偏移量。

例如：

```
AREA  Init,CODE,READONLY,ALIGN = 3          ;指定后面的指令为8字节对齐
……                                         ;指令序列
END
```

(3) CODE16、CODE32

语法格式：

CODE16(或 CODE32)

CODE16 伪指令通知编译器，其后的指令序列为 16 位的 Thumb 指令。

CODE32 伪指令通知编译器，其后的指令序列为 32 位的 ARM 指令。

若在汇编源程序中同时包含 ARM 指令和 Thumb 指令时，可用 CODE16 伪指令通知编译器其后的指令序列为 16 位的 Thumb 指令，CODE32 伪指令通知编译器其后的指令序列为 32 位的 ARM 指令。因此，在使用 ARM 指令和 Thumb 指令混合编程的代码中，可用这两条伪指令进行切换，但要注意它们只通知编译器其后指令的类型，并不能对处理器进行状态的切换。例如：

```
AREA    Init,CODE,READONLY
……
CODE32                      ;通知编译器其后的指令为 32 位的 ARM 指令
LDR R0, = NEXT + 1          ;将跳转地址放入寄存器 R0
BX  R0                      ;程序跳转到新的位置执行，并将处理器切换到 Thumb 工作状态
……
CODE16                      ;通知编译器其后的指令为 16 位的 Thumb 指令
NEXT    LDR R3, = 0x3FF
……
END                         ;程序结束
```

(4) ENTRY

ENTRY 伪指令用于指定汇编程序的入口点。在一个完整的汇编程序中至少要有一个 ENTRY(也可以有多个，当有多个 ENTRY 时，程序的真正入口点由链接器指定)，但在一个源文件里最多只能有一个 ENTRY(可以没有)。例如：

```
AREA    Init,CODE,READONLY
ENTRY                       ;指定应用程序的入口点
……
```

(5) END

END 伪指令用于通知编译器已经到了源程序的结尾。

(6) EQU

EQU 伪指令用于为程序中的常量、标号等定义一个等效的字符名称，类似于 C 语言中的 #define。其中 EQU 可用“ * ”代替。

名称为 EQU 伪指令定义的字符名称，当表达式为 32 位常量时，可以指定表达式的数据

类型,有三种类型:CODE16、CODE32 和 DATA。例如:

```
Test    EQU 50                    ;定义标号 Test 的值为 50
Addr EQU 0x55,CODE32              ;定义 Addr 的值为 0x55,且该处为 32 位的 ARM 指令
```

(7) EXPORT(或 GLOBAL)

EXPORT 伪指令用于在程序中声明一个全局的标号,该标号可在其他的文件中引用。EXPORT 可用 GLOBAL 代替。标号在程序中区分大小写,[WEAK]选项声明其他的同名标号优先于该标号被引用。例如:

```
AREA    Init,CODE,READONLY
EXPORT      Stest                 ;声明一个可全局引用的标号 Stest
……
END
```

(8) IMPORT

IMPORT 伪指令用于通知编译器要使用的标号在其他源文件中定义,但要在当前源文件中引用,而且无论当前源文件是否引用该标号,它都会被加入到当前源文件的符号表中。

标号在程序中区分大小写,[WEAK]选项表示当所有的源文件都没有定义这样一个标号时,编译器也不给出错误信息。在多数情况下将该标号置为0,若该标号为B或BL指令引用,则将B或BL指令置为NOP操作。例如:

```
AREA    Init,CODE,READONLY
IMPORT      Main                ;通知编译器当前文件要引用标号 Main,但 Main 在其他源文件中定义
……
END
```

(9) EXTERN

EXTERN 伪指令用于通知编译器要使用的标号在其他源文件中定义,但要在当前源文件中引用,如果当前源文件实际并未引用该标号,则它就不会被加入到当前源文件的符号表中。

标号在程序中区分大小写,[WEAK]选项表示当所有的源文件都没有定义这样一个标号时,编译器也不给出错误信息。在多数情况下将该标号置为0,若该标号为B或BL指令引用,则将B或BL指令置为NOP操作。例如:

```
AREA    Init,CODE,READONLY
EXTERN      Main                ;通知编译器当前文件要引用标号 Main,但 Main 在其他源文件中定义
……
END
```

(10) GET(或 INCLUDE)

GET 伪指令用于将一个源文件包含到当前的源文件中,并将被包含的源文件在当前位置

进行汇编处理。可以使用 INCLUDE 代替 GET。

汇编程序中常用的方法是在某源文件中定义一些宏指令，用 EQU 定义常量的符号名称，用 MAP 和 FIELD 定义结构化的数据类型，然后用 GET 伪指令将这个源文件包含到其他源文件中。使用方法与 C 语言中的“include”相似。

GET 伪指令只能用于包含源文件，包含目标文件需要使用 INCBIN 伪指令。例如：

```
AREA    Init,CODE,READONLY
GET a1.s                    ;通知编译器当前源文件包含源文件 a1.s
GE  T   C:\a2.s             ;通知编译器当前源文件包含源文件 C:\a2.s
……
END
```

(11) INCBIN

INCBIN 伪指令用于将一个目标文件或数据文件包含到当前的源文件中，被包含的文件不作任何变动地存放在当前文件中，编译器从其后开始继续处理。例如：

```
AREA    Init,CODE,READONLY
INCBIN      a1.dat          ;通知编译器当前源文件包含文件 a1.dat
INCBIN C:\a2.txt            ;通知编译器当前源文件包含文件 C:\a2.txt
……
END
```

(12) RN

RN 伪指令用于给一个寄存器定义一个别名。采用这种方式可以方便程序员记忆该寄存器的功能。其中，名称为给寄存器定义的别名，表达式为寄存器的编码。例如：

```
Temp    RN  R0              ;将 R0 定义一个别名 Temp
```

20. ARM 开发板中 C 和汇编混合编程

在嵌入式系统开发中，目前使用的主要编程语言是 C 和汇编，C++已经有相应的编译器。在稍大规模的嵌入式软件中，大部分的代码都是用 C 语言编写的，主要是因为 C 语言的结构比较好，便于人的理解，而且有大量的支持库。尽管如此，很多地方还是要用到汇编语言，例如开机时硬件系统的初始化，包括 CPU 状态的设定、中断的使能、主频的设定，以及 RAM 的控制参数及初始化，一些中断处理方面也可能涉及汇编语言。另一个使用汇编语言的地方就是一些对性能非常敏感的代码块，这是不能依靠 C 编译器的生成代码，而要手工编写汇编，达到优化的目的。而且，汇编语言是和 CPU 的指令集紧密相连的，作为涉及底层的嵌入式系统开发，熟练汇编语言的使用也是必须的。

C 和汇编的混合编程，包括相互之间的函数调用。下面分 4 种情况进行讨论，暂不涉及C++。

① 在C语言中内嵌汇编。

在C语言中内嵌的汇编指令包含大部分的ARM和Thumb指令，不过其使用与汇编文件中的指令有些不同，存在一些限制，主要有下面几个方面：

a. 不能直接向PC寄存器赋值，程序跳转要使用B或者BL指令。

b. 在使用物理寄存器时，不要使用过于复杂的C表达式，避免物理寄存器冲突。

c. R12和R13可能被编译器用来存放中间编译结果，计算表达式值时可能将R0到R3、R12及R14用于子程序调用，因此要避免直接使用这些物理寄存器。

d. 一般不要直接指定物理寄存器，而让编译器进行分配。

内嵌汇编使用的标记是__asm或者asm关键字，用法如下：

```
__asm
  {
   Instruction
    [; instruction]
    …
    [instruction]
  }
asm("instruction [; instruction]");
```

下面通过一个例子来说明如何在C中内嵌汇编语言。

```
#include <stdio.h>
void my_strcpy(const char *src, char *dest)
  {
char ch;
    __asm
      {
      loop:
        ldrb ch, [src], #1
        strb ch, [dest], #1
        cmp ch, #0
        bne loop
      }
    }
int main()
  {
    char *a = "forget it and move on!";
    char b[64];
```

```
    my_strcpy(a, b);
    printf("original: %s", a);
    printf("copyed: %s", b);
    return 0;
}
```

在这里C和汇编之间的值传递是用C的指针来实现的，因为指针对应的是地址，所以汇编中也可以访问。

② 在汇编中使用C定义的全局变量。内嵌汇编不用单独编辑汇编语言文件，比较简洁，但是有诸多限制，当汇编的代码较多时，一般放在单独的汇编文件中。这时就需要在汇编和C之间进行一些数据的传递，最简便的办法就是使用全局变量。

③ 在C中调用汇编的函数。在C中调用汇编文件中的函数，要做的主要工作有两个：

一是在C中声明函数原型，并加extern关键字。

二是在汇编中用EXPORT导出函数名，并用该函数名作为汇编代码段的标识，然后用mov pc,lr返回。这样，就可以在C中使用该函数了。

从C的角度，并不知道该函数的实现是用C还是汇编。更深的原因是因为C的函数名起到表明函数代码起始地址的作用，这个与汇编的label是一致的。

④ 在汇编中调用C的函数，需要在汇编中IMPORT对应的C函数名，然后将C的代码放在一个独立的C文件中进行编译，剩下的工作由连接器来处理。

在嵌入式系统开发中，常用的C和汇编混合编程最核心的问题就是如何在C和汇编之间传值。

考核复习题

一、单项选择题(在备选答案中只有一个是正确的，将它选出填入括号中)

1. 已知有变量data1定义如下：

```
union data
{   int i;
    char ch;
         float f;
} data1;
```

则变量data1所占的内存存储空间可表示为(　　)。

A. sizeof(int)　　B. sizeof(char)

C. sizeof(float)　　D. sizeof(int)+sizeof(char)+sizeof(float)

2. 已知有如下程序，那么，输出结果为(　　)。

```
#include <stdio.h>
void main(){
        int a[5] = {1,2,3,4,5};
        int * p = (int *)(&a + 1);
    printf("%d",p[-1]);
        }
```

A. 该程序不可执行,无输出结果　　B. 5

C. 1　　D. 不确定的随机值

3. 具有很多 C 语言的功能,又称过滤器的是(　　)。

A. csh　　B. tcsh

C. awk　　D. sed

4. 若已定义的函数有返回值,则以下关于该函数调用的叙述中错误的是(　　)。

A. 函数调用可以作为独立的语句存在

B. 函数调用可以作为一个函数的实参

C. 函数调用可以出现在表达式中

D. 函数调用可以作为一个函数的形参

5. 以下说法正确的是(　　)。

A. C 语言程序总是从第一个函数开始执行

B. 在 C 语言程序中,要调用函数必须在 main()函数中定义

C. C 语言程序总是从 main()函数开始执行

D. C 语言程序中的 main()函数必须放在程序的开始部分

6. 寄存器 R15 用做(　　)。

A. 栈指针寄存器　　B. 程序计数器

C. 当前程序状态寄存器　　D. 基地址寄存器

7. IRQ 中断的优先级别是(　　)。

A. 1　　B. 2

C. 3　　D. 4

8. 有如下程序:

```
main()
{
    int x = 1,a = 0,b = 0;
    switch(x)
      {
      case 0: b++;
```

```
        case 1: a++;
        case 2: a++;b++;
    }
    printf("a=%d,b=%d\n",a,b);
}
```

该程序的输出结果是（　　）。

A. a=2 ,b=1　　　　B. a=1,b=1

C. a=1,b=0　　　　D. a=2,b=2

二、简答题

1. 简述C语言中数组和指针的异同点。

2. 已知C语言程序有主程序模块prog.c,prog.h,其中调用了另一模块subr.c,subr.h中的功能。试写出一个可将这两个模块编译成可执行文件pr1的makefile。

3. 阅读下面C语言程序,填空:

```
#include "..\ucos-ii\includes.h"                    /* uC/OS interface */
#include "..\ucos-ii\add\osaddition.h"
#include "..\inc\drv.h"
#include <string.h>
OS_STK   Main_Stack[STACKSIZE*8] = {0, };           //    1) ________
void Main_Task(void *Id);
#define Main_Task_Prio 12                           //    2) ________
OS_EVENT *Nand_Rw_Sem;                              //    3) ________
OS_EVENT *Uart_Rw_Sem;
int main(void)
{
    ARMTargetInit();                                //开发板初始化
    OSInit();                                       //    4)________
    uHALr_ResetMMU();                               //复位MMU
    LCD_Init();                                     //初始化LCD模块
    LCD_printf("LCD initialization is OK\n");       //向液晶屏输出数据
    LCD_printf("320 x 240   Text Mode\n");
    initOSGUI();                                    //初始化图形界面
    LoadFont();                                     //调Unicode字库
    LoadConfigSys();                                //使用config.sys文件配置系统设置
    LCD_printf("Create task on uCOS-II...\n");
    OSTaskCreate(Main_Task,(void *)0,(OS_STK *)&Main_Stack[STACKSIZE*8-1],Main_Task_Prio);
                                                    //    5)________
```

```
    OSAddTask_Init();                          //创建系统附加任务
    LCD_printf("Starting uCOS - II...\n");
    LCD_printf("Entering graph mode...\n");
    LCD_ChangeMode(DspGraMode);                //变 LCD 显示模式为文本模式
    InitRtc();                                 //初始化系统时钟
      Nand_Rw_Sem = OSSemCreate(1);            //    6) ________________
    OSStart();                                 //    7) ________________
    return 0;
}
```

4. 下列程序的输出结果是什么？

```
maim ()
{ char b[] = "Hello you";
        b[5] = 0;
printf (" % s\n",b); }
```

5. 根据以下程序回答问题：

```
struct NODE
{int k;
   struct NODE *link;
};
main()
  { struct NODE m[5], *p = m, *q = m + 4;
       int i = 0;
       while(p!= q)
        {p -> k = ++ i;p ++ ;
         q -> k = i ++ ;q -- ;
}
   q -> k = i;
for(i = 0;i<5;i ++ )printf(" % d",m[i].k);
printf("\n");
}
```

(1) i、p、struct NODE 和 m 分别占据多少字节的内存空间？

(2) p 和 q 指针初始指向的地址相差多少字节？

(3) 程序运行后的输出结果是什么？

6. 在分辨率为 320×240 的 LCD 上，执行完下列程序后，画出在 LCD 上显示的图形并在画横线处添加注释。

```
void Main_Task(void *Id)
{        int oldx,oldy;
         PDC pdc;
         ClearScreen();
         pdc = CreateDC();
         SetDrawOrg(pdc, LCDWIDTH/2,LCDHEIGHT/2, &oldx, & oldy);
         Circle(pdc,0, 0, 50);                  // ________________
         MoveTo(pdc, -50, -50);                 // ________________
         LineTo(pdc, 50, -50);                  // ________________
         ArcTo(pdc, 80, -20, TRUE, 30);         // ________________
         LineTo(pdc, 80, 20);
         ArcTo(pdc, 50, 50, TRUE, 30);
         LineTo(pdc, -50, 50);
         ArcTo(pdc, -80, 20, TRUE, 30);
         LineTo(pdc, -80, -20);
         ArcTo(pdc, -50, -50, TRUE, 30);
         OSTimeDly(3000);
    }
```

参考答案

一、单项选择题

1. C　2. B　3. C　4. D　5. C　6. B　7. D　8. A

二、简答题

1. 答：

相同点：① 表达式中的数组名被编译器当做一个指向该数组第一个元素的指针；

② 下标总是与指针偏移量相同；

③ 在函数参数的声明中，数组被编译器当做一个指向该数组第一个元素的指针。

不同点：① 指针用于保存数据的地址，而数组用于保存数据；

② 指针是间接访问而数组是直接访问方式。

2. 答：

```
pr1: prog.o subr.o
    gcc -o pr1 prog.o subr.o
prog.o: prog.c prog.h
    gcc -c -o prog.o prog.c
```

```
subr.o: subr.c subr.h
    gcc -c -o subr.o subr.c
```

3. 阅读下面C语言程序，填空：

```
#include"..\ucos-ii\includes.h"                    /* uC/OS interface */
#include "..\ucos-ii\add\osaddition.h"
#include "..\inc\drv.h"
#include <string.h>
OS_STK   Main_Stack[STACKSIZE*8] = {0, };          //1) 定义并初始化堆栈(数组)
void Main_Task(void *Id);
#define Main_Task_Prio 12                          //2) 定义任务优先级
OS_EVENT *Nand_Rw_Sem;                             //3) 定义信号量
OS_EVENT *Uart_Rw_Sem;
int main(void)
{
    ARMTargetInit();                               //开发板初始化
    OSInit();                                      //4) 操作系统初始化
    uHALr_ResetMMU();                              //复位 MMU
    LCD_Init();                                    //初始化 LCD 模块
    LCD_printf("LCD initialization is OK\n");      //向液晶屏输出数据
    LCD_printf("320 x 240   Text Mode\n");
    initOSGUI();                                   //初始化图形界面
    LoadFont();                                    //调 Unicode 字库
    LoadConfigSys();                               //使用 config.sys 文件配置系统设置
    LCD_printf("Create task on uCOS-II...\n");
    OSTaskCreate(Main_Task,(void *)0,(OS_STK *)&Main_Stack[STACKSIZE*8-1],Main_Task_Prio);
                                                   //5) 创建系统任务
    OSAddTask_Init();                              //创建系统附加任务
    LCD_printf("Starting uCOS-II...\n");
    LCD_printf("Entering graph mode...\n");
    LCD_ChangeMode(DspGraMode);                    //变 LCD 显示模式为文本模式
    InitRtc();                                     //初始化系统时钟
      Nand_Rw_Sem = OSSemCreate(1);                //6) 创建信号量,初值为 1 ,满足互斥条件
    OSStart();                                     //7) 操作系统任务调度开始
    return 0;
}
```

4. 答：程序的输出结果是“Hello”。

5. 答：

① i、p、struct NODE 和 m 的分别占据 4 字节、4 字节、8 字节和 40 字节的内存空间。

② p 和 q 指针初始指向的地址相差 32 字节。

③ 程序运行后的输出结果 13431。

6. 答：LCD 上显示的图形如图 4.2 所示。

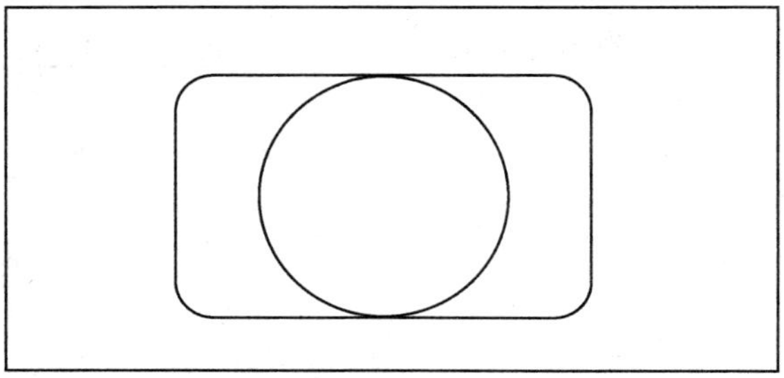

图 4.2　习题二、6 图

```
void Main_Task(void *Id)
{        int oldx,oldy;
         PDC pdc;
         ClearScreen();
         pdc = CreateDC();
         SetDrawOrg(pdc, LCDWIDTH/2,LCDHEIGHT/2, &oldx, & oldy);
         Circle(pdc,0, 0, 50);                 // 以原点为圆心,50 为半径画圆
         MoveTo(pdc, -50, -50);                // 画笔移动到坐标(-50,-50)处
         LineTo(pdc, 50, -50);                 // 从坐标(-50,-50)到(50,-50)画直线
         ArcTo(pdc, 80, -20, TRUE, 30);        // 从当前坐标开始以 30 为半径顺时针画圆弧到
                                               // 坐标(80,-20)
         LineTo(pdc, 80, 20);
         ArcTo(pdc, 50, 50, TRUE, 30);
         LineTo(pdc, -50, 50);
         ArcTo(pdc, -80, 20, TRUE, 30);
         LineTo(pdc, -80, -20);
         ArcTo(pdc, -50, -50, TRUE, 30);
         OSTimeDly(3000);
    }
```

第5章　嵌入式系统开发环境构建

考核要点

熟悉嵌入式系统开发环境，熟悉嵌入式系统开发环境的搭建方法，并能根据实际项目要求自己构建开发环境。熟悉嵌入式系统软件开发工具的使用方法（如 ADS1.2、IAR EWARM 等）以及其他辅助工具的使用（如烧写工具等）。

考核知识

1. ADS 概念

ARM ADS 全称为 ARM Developer Suite。它是 ARM 公司推出的新一代 ARM 集成开发工具。现在 ADS 的最新版本是 1.2，它取代了早期的 ADS1.1 和 ADS1.0。它除了可以安装在 Windows NT4，Windows 2000，Windows 98 和 Windows 95 操作系统下以外，还支持 Windows XP 和 Windows Me 操作系统。

ADS 由命令行开发工具、ARM 实时库、GUI 开发环境（Code Warrior 和 AXD）、实用程序和支持软件组成。有了这些部件，用户就可以为 ARM 系列的 RISC 处理器编写和调试自己的开发应用程序了。

ADS 为用户提供了 7 个模板，分别是：

① ARM Executable Image　用于由 ARM 指令的代码生成一个 ELF 格式的可执行映像文件；

② ARM Object Library　用于由 ARM 指令的代码生成一个 armar 格式的目标文件库；

③ Empty Project　用于创建一个不包含任何库或者源文件的工程；

④ Makefile Importer Wizard　用于将 VC 的 nmake 或者 GNU make 文件转入到 Code Warrior IDE 工程文件；

⑤ Thumb ARM Executable Image　用于由 ARM 指令和 Thumb 指令的混合代码生成一个可执行的 ELF 格式的映像文件；

⑥ Thumb Executable image　用于由 Thumb 指令创建一个可执行的 ELF 格式的映像文件；

⑦ Thumb Object Library　用于由 Thumb 指令的代码生成一个 armar 格式的目标文件库。

一般情况下均选择 ARM Executabel Image，然后在 Project name 文本框中输入工程名称，在 Location 文本框中指定路径。

2. ADS 命令行开发工具

下面这些工具可完成将源代码编译，链接成可执行代码的功能。

ADS 提供了下面的命令行开发工具：

(1) armcc

armcc 是 ARM C 编译器。这个编译器通过了 Plum Hall C Validation Suite 为 ANSIC 一致性的测试。armcc 用于将 ANSI C 编写的程序编译成 32 位 ARM 指令代码。armcc 是最常用的编译器。下面介绍它的主要功能：在命令控制台环境下，输入下列命令，可以查看 armcc 的语法格式以及最常用的一些操作选项。

```
armcc -help
```

armcc 最基本的用法为：

```
armcc [options] file1 file2 ... filen
```

option 是编译器所需要的选项，fiel1，file2，…，filen 是相关的文件名。其中，option 的选项如下：

-c：表示只进行编译不链接文件；

-C：(注意：这是大写的 C)禁止预编译器将注释行移走；

-D〈symbol〉：定义预处理宏，相当于在源程序开头使用了宏定义语句“＃define symbol”，这里 symbol 默认为 1；

-E：仅仅是对 C 源代码进行预处理就停止；

-g〈options〉：指定是否在生成的目标文件中包含调试信息表；

-I〈directory〉：将 directory 所指的路径添加到＃include 的搜索路径列表中去；

-J〈directory〉：用 directory 所指的路径代替默认的＃include 的搜索路径；

-o〈file〉：指定编译器最终生成的输出文件名；

-O0：不优化；

-O1：这是控制代码优化的编译选项，大写字母 O 后面跟的数字不同，表示的优化级别不同，-O1 关闭了影响调试结果的优化功能；

-O2：该优化级别提供了最大的优化功能；

-S：对源程序进行预处理和编译，自动生成汇编文件而不是目标文件；

-U〈symbol〉：取消预处理宏名，相当于在源文件开头，使用语句“＃undef symbol”；

-W〈options〉：关闭所有的或被选择的警告信息。

(2) armcpp

armcpp 是 ARM C＋＋编译器。它将 ISO C＋＋或 EC＋＋编译成 32 位 ARM 指令代码。

(3) tcc

tcc 是 Thumb C 编译器。该编译器通过了 Plum Hall C Validation Suite 为 ANSI 一致性

的测试。tcc 将 ANSI C 源代码编译成 16 位的 Thumb 指令代码。

(4) tcpp

tcpp 是 Thumb C++编译器。它将 ISO C++和 EC++源码编译成 16 位 Thumb 指令代码。

(5) armasm

armasm 是 ARM 和 Thumb 的汇编器。它对用 ARM 和 Thumb 汇编语言写的源代码进行汇编。

(6) armlink

armlink 是 ARM 连接器。该命令既可以将编译得到的一个或多个目标文件与相关的一个或多个库文件进行链接，生成一个可执行文件，也可以将多个目标文件部分链接成一个目标文件，以供进一步的链接。ARM 链接器生成的是 ELF 格式的可执行映像文件。

(7) armsd

armsd 是 ARM 和 Thumb 的符号调试器。它能够进行源码级的程序调试。用户可以在用 C 语言或汇编语言编写的代码中进行单步调试，设置断点，查看变量值和内存单元的内容。

3. AXD 调试

调试器本身是一个软件，用户通过这个软件使用 debug agent 可以对包含有调试信息的，正在运行的可执行代码进行如变量的查看、断点的控制等调试操作。

ADS 中包含有 3 个调试器：

① AXD(ARM eXtended Debugger)　ARM 扩展调试器；

② armsd(ARM Symbolic Debugger)　ARM 符号调试器；

③ 与老版本兼容的 Windows 或 Unix 下的 ARM 调试工具 ADW/ADU(Application Debugger Windows/Unix)。

下面对在调试映像文件中所涉及的一些术语作简单介绍。

(1) Debug target

在软件开发的最初阶段，可能还没有具体的硬件设备。如果要测试所开发的软件是否达到了预期的效果，可以由软件仿真来完成。即使调试器和要测试的软件运行在同一台 PC 上，也可以把目标当做一个独立的硬件来看待。

当然，也可以搭建一个 PCB 板，它可以包含一个或多个处理器。在这个板上可以运行和调试应用软件。

只有当通过硬件或软件仿真所得到的结果达到了预期的效果，才算完成了应用程序的编写工作。

调试器能够发送以下指令：

① 装载映像文件到目标内存；

② 启动或停止程序的执行；

③ 显示内存、寄存器或变量的值；

④ 允许用户改变存储的变量值。

(2) Debug agent

Debug agent 执行调试器发出的命令动作，比如：设置断点，从存储器中读数据，把数据写到存储器等。

Debug agent 既不是被调试的程序，也不是调试器。在 ARM 体系中，它有几种方式：Multi-ICE(Multi-processor In-Circuit Emulator)，ARMulator 和 Angel。其中 Multi-ICE 是一个独立的产品，是 ARM 公司自己的 JTAG 在线仿真器，不是由 ADS 提供的。

AXD 可以在 Windows 和 UNIX 下进行程序的调试。它为用 C、C++和汇编语言编写的源代码提供了一个全面的 Windows 和 UNIX 环境。

(3) 调试代理软件

AXD(ARM eXtended Debugger)是 ADS 软件中独立于 CodeWarrior IDE 的图形软件。打开 AXD 软件，默认打开的目标是 ARMulator。这也是调试时最常用的一种调试工具，即软件仿真。要使用 AXD 必须首先要生成包含有调试信息的程序，在前面的 LED 工程中，已经生成的 led. axf 就是包含调试信息的可执行 ELF 格式的映像文件。

在进行 ADS 调试之前，首先进行 ARMulator 仿真，就是配置好 AXD 的调试环境。ARMulator仿真一般是在不具备硬件条件的情况下进行软件仿真的，多用于学习状态，并不能完全反映实际硬件运行状态。

下面简单介绍用 JTAG 工具进行硬件调试的流程。很多公司都有支持 ADS 的 JTAG 调试工具，如 ARM 公司、IAR 公司等，但是一般大公司的这些 JTAG 工具虽然性能强大，但是价格较高。初学者可以通过一些第三方的免费或者评估软件配合简易的 JTAG 小板进行调试开发，最广泛应用的是 BANYAN Ⅱ 软件(或 H_JTAG 软件)和 Wiggler 板。

首先需要安装 BANYAN Ⅱ 软件，并在调试前先运行它。用 JTAG 工具进行硬件调试。

方法一：

利用 BANYAN Ⅱ 软件和 Wiggler 板进行 JTAG 调试。注意：BANYAN 支持 Wiggler 和 Predefined 两种简易 JTAG 调试工具，由于所使用的是兼容的简易 Wiggler JTAG 调试工具，故需在 Interface Device 里面设置成 Wiggler，一般默认情况即为 Wiggler，如果设置不正确将不能找到目标芯片 MY2410。请切记完成该步骤!!!

在完成硬件设置后即可检测 JTAG 工具能否连上目标板。单击 Detect 菜单选项，如果连接正确将真正检测 ARM920T 核，如果连接错误将出现错误提示。

然后在 AXD 软件里通过 Option→Configure Target 设置 Target Enviroments。

安装完 Banyan 后，在“开始”→“程序”→Banyan 中打开 Daemon，单击菜单栏下的 DEBUG 绿色箭头图标，打开 AXD 调试器，如图 5.1 所示。

接上 Wiggler 仿真器，打开 ARM 开发板电源，单击图 5.1 所示的 Auto Configure 图标。

软件会自动检测到开发板上的 CPU。

方法二：

利用调试代理软件 H-JTAG 进行调试。

① 将 Wiggler 小板(配件中标注 ARM Wiggler 的小板)与 MY2410 板上的 JTAG 口(标注 JTAG)通过 20 芯带线进行连接，Wiggler 25 芯端直接接 PC 并口。

② 开发板上电，打开 H-JTAG，此时将自动检测到 ARM920T，如果没有检测，则单击 Operations→Detect Target，如图 5.2 所示。

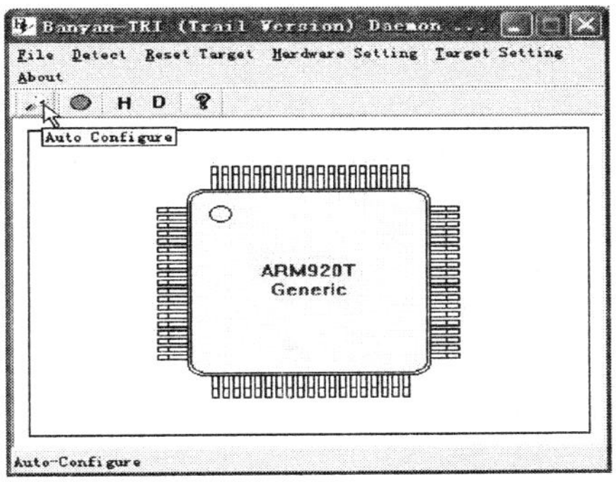

图 5.1 Banyan 调试代理

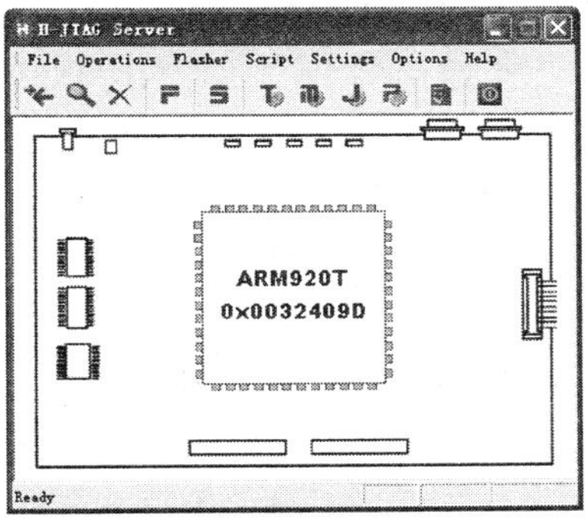

图 5.2 H-JTAG 调试代理

(4) 在 AXD 中打开调试文件

有两种方法打开 AXF 文件：一是在 make 完成后通过 Project→Debug 或者 F7 进入 AXD；二是通过“开始”→“程序”→ARM Developer Suite→AXD 打开 AXD，然后再在菜单 File 中选择 Load image 选项，打开 Load Image 对话框，找到要装载的.axf 映像文件，单击“打开”按钮，就把映像文件装载到目标内存中了。在所打开的映像文件中会有一个蓝色的箭头指示当前执行的位置。

4. IAR EWARM 概念

IAR Embedded Workbench for ARM 是 IAR Systems 公司为 ARM 微处理器开发的一个集成开发环境(下面简称 IAR EWARM)。比较其他的 ARM 开发环境，IAR EWARM 具有入门容易、使用方便和代码紧凑等特点。

IAR Systems 公司目前推出的最新版本是 IAR Embedded Workbench for ARM version 4.31，并提供一个 32 KB 代码限制且时间限制长达 25 年的免费评估版。可以到 IAR 公司的网站 www.iar.com/ewarm 去下载。

IAR EWARM 中包含一个全软件的模拟程序(simulator)。用户不需要任何硬件支持就可以模拟各种 ARM 内核、外部设备甚至中断的软件运行环境。从中可以了解和评估 IAR EWARM 的功能和使用方法。

5. EWARM 集成开发环境及配套仿真器

IAR Embedded Workbench for ARM version 4.31 是一个针对 ARM 处理器的集成开发环境，包含项目管理器、编辑器、编译连接工具和支持 RTOS 的调试工具，在该环境下可以使用 C/C++和汇编语言方便地开发嵌入式应用程序。IAR EWARM 的主要模块如下：

① 项目管理器；

② 功能强大的编辑器；

③ 高度优化的 IAR ARM C/C++Compiler；

④ IAR ARM Assembler；

⑤ 1 个通用的 IAR XLINK Linker；

⑥ IAR XAR 和 XLIB 建库程序和 IAR DLIB C/C++运行库；

⑦ IAR C-SPY 调试器(先进的高级语言调试器)；

⑧ 命令行实用程序。

以下介绍 EWARM 4.31 版本的一些特点。

(1) IAR EWAM 软件的特点

① 最新支持到 ARM11 内核(ARM1136J，ARM1136J-S，ARM1136JF，ARM1136JF-S)。

② 早已支持的其他 ARM 内核：

ARM7(ARM7TDMI，ARM7TDMI-S，ARM720T)；

ARM9(ARM9TDMI，ARM920T，ARM922T，ARM940T，ARM9E，ARM9E-S，ARM926EJ-S，ARM946E-S，ARM966E-S，ARM968E-S)；

ARM10(ARM10E，ARM1020E，ARM1022E，ARM1026EJ-S)；

XScale(XScale，XScale-IR7)。

(2) 更加客户化地提供芯片级的支持

① 完备的各厂商 ARM 处理器的 C/C++和汇编语言外设寄存器定义文件，支持的芯片厂商有 Analog Devices、ARM、Atmel、Cirrus Logic、Freescale、Intel、NetSilicon、OKI、Philips、Samsung、Sharp、ST 和 TI。

② 支持 Analog Devices、Atmel、Freescale、OKI、Philips、ST 和 TI 等厂商的 ARM 处理器的 Flash Loader 程序。

③ 大量适合于嵌入式代码的编程语言扩展特性，包括存储器关键字、本征函数、中断函数、存储器映射 I/O 等。

(3) EWARM 编译器的软件特色

① 先进的通用编译器优化和针对特定处理器的速度优化及存储器优化功能；

② 轻量运行库，用户可以根据需要自行配置，提供全部源代码；

③ 灵活的存储器控制，允许详细地为代码和数据分配地址；

④ 去除不需要的函数和变量；

⑤ C/C++变量和函数连接时全局类型检查；

⑥ 可选的校验和生成功能，用于运行时映像校验；

⑦ 自动将代码和数据放置到非连续的存储器区域；

⑧ 强大的可重定位宏汇编器，支持丰富的命令集和操作符。

(4) EWARM 调试器的软件特色

① 完全集成的源代码和反汇编程序调试器；

② 非常细化的执行控制(函数调用级步进)；

③ 复杂的代码和数据断点；

④ 丰富的数据监视功能；

⑤ Locals，Watch，Auto，Live Watch 和 Quick Watch 等变量查看窗口；

⑥ 寄存器和存储器查看窗口；

⑦ 支持 STL 容器；

⑧ C/C++调用栈窗口，同时还可以显示将要进入的函数，双击调用链上的任何函数将更新编辑器、局部变量、寄存器、变量查看和反汇编窗口，以显示在该函数调用时的状态；

⑨ 跟踪功能，可以检查执行的历史记录，在跟踪窗口中移动时将更新编辑器和反汇编窗口以显示合适的位置；

⑩ 控制台 I/O 仿真；

⑪ 中断和 I/O 模拟仿真；

⑫ 类似 C 语言的宏系统，可扩充调试器的功能；

⑬ 由主机执行的应用程序系统调用仿真；

⑭ 代码覆盖率和执行时间分析工具；

⑮ 通用的 Flash Loader 程序及开发指南；

⑯ 同时支持多个 Flash 的 Flash Loader 程序；

⑰ 支持 OSEK Run-Time Interface (ORTI)；

⑱ 提供为调试器扩充第三方功能的软件开发包，如 RTOS 调试扩充和仿真器驱动扩充；

⑲ 命令行调试工具。

(5) IAR C-SPY 支持的调试方法

① IAR J-Link JTAG 接口(支持所有 ARM7 和 ARM9 核，通过 USB 或 TCP/IP 连接)；

② IAR J-Trace JTAG 接口(支持所有 ARM7 和 ARM9 核，通过 USB 或 TCP/IP 连接)；

③ RDI 接口类的第三方仿真器(Abatron BDI1000 & BDI2000，EPI Majic，Ashling Opella，Aiji OpenICE，Signum JTAGjet，ARM Multi-ICE 等)；

④ Macraigor Wiggler，Raven，mpDemon 和 USB demon 等调试接口；

⑤ EPI Jeeni 仿真器支持。

考核复习题

简答题

1. 简述集成开发环境 ADS1.2 的主要用途。

2. 试简述 AXD 用于程序调试的工具条的名称和用途。

3. 试说明超级终端的用途和操作要领。

4. 试说明 ADS 软件的主要编译器及用途。

参考答案

简答题

1. 答：主要可以完成源文件编辑、文件管理、交叉编译、链接、下载和调试等工作。

2. 答：AXD 用于程序调试的工具条包含运行调试工具条和调试观察窗口工具条两种。运行调试工具条可用于全速、单步和停止运行，以及设置断点。调试观察窗口工具条主要用于观察寄存器、变量或存储器内的内容。

3. 答：超级终端主要监控程序试运行的结果，在 COM port 属性窗口，应正确设置波特率、流控制和奇偶校验等属性。

4. 答：

① armcc 是 ARM C 编译器。

② armcpp 是 ARM C++编译器。它将 ISO C++或 EC++编译成 32 位 ARM 指令代码。

③ tcc 是 Thumb C 编译器。该编译器通过了 Plum Hall C Validation Suite 为 ANSI 一致性的测试。tcc 将 ANSI C 源代码编译成 16 位的 Thumb 指令代码。

④ tcpp 是 Thumb C++编译器。它将 ISO C++和 EC++源码编译成 16 位 Thumb 指令代码。

⑤ armasm 是 ARM 和 Thumb 的汇编器。它对用 ARM 和 Thumb 汇编语言写的源代码进行汇编。

⑥ armlink 是 ARM 连接器。该命令既可以将编译得到的一个或多个目标文件与相关的一个或多个库文件进行链接，生成一个可执行文件，也可以将多个目标文件部分链接成一个目标文件，以供进一步链接。ARM 链接器生成的是 ELF 格式的可执行映像文件。

⑦ armsd 是 ARM 和 Thumb 的符号调试器。它能够进行源码级的程序调试。用户可以在用 C 或汇编语言编写的代码中进行单步调试，设置断点，查看变量值和内存单元的内容。

第6章 嵌入式系统常用模块设计

考核要点

了解和熟悉 ARM 嵌入式微处理器的体系结构(如总线信号的概念、可编程 I/O、处理器结构、处理器模式和状态、异常和中断、存储系统等)。了解和熟悉嵌入式系统常用模块的功能(如:电源模块、复位电路、SDRAM 电路、NAND Flash 电路、NOR Flash 电路、UART 通用异步串行接口电路、中断、输入/输出端口、PWM、A/D 转换与触摸屏、I^2C(IIC)串行总线接口、USB 接口、LCD 控制器和以太网控制器等)。

考核知识

1. ARM 微处理器结构

(1) RISC 体系结构

传统的复杂指令集计算机 CISC(Complex Instruction Set Computer)结构有其固有的缺点,即随着计算机技术的发展而不断引入新的复杂的指令集,为支持这些新增的指令,计算机的体系结构会越来越复杂,然而,在 CISC 指令集的各种指令中,其使用频率却相差悬殊,大约有 20%的指令会反复使用,占整个程序代码的 80%;而余下的 80%的指令却不经常使用,在程序设计中只占 20%。显然,这种结构是不太合理的。

基于以上的不合理性,1979 年美国加州大学伯克利分校提出了精简指令集计算机 RISC(Reduced Instruction Set Computer)的概念,RISC 并非只是简单地减少指令,而是把着眼点放在如何使计算机的结构更加简单合理地提高运算速度上。RISC 结构优先选取使用频率最高的简单指令,避免复杂指令;将指令长度固定,指令格式和寻址方式种类减少;以控制逻辑为主,不用或少用微码控制等措施来达到上述目的。到目前为止,RISC 体系结构还没有严格的定义,一般认为,RISC 体系结构应具有如下特点:

① 采用固定长度的指令格式,指令归整、简单,基本寻址方式有 2~3 种。

② 使用单周期指令,便于流水线操作执行。

③ 大量使用寄存器,数据处理指令只对寄存器进行操作,只有加载/存储指令可以访问存储器,以提高指令的执行效率。

除此以外,ARM 体系结构还采用了一些特别的技术,在保证高性能的前提下尽量缩小芯片的面积,并降低功耗。

(2) 嵌入式微处理器的基本结构

① 嵌入式硬件系统一般由嵌入式微处理器、存储器和输入/输出部分组成。

② 嵌入式微处理器是嵌入式硬件系统的核心,通常由控制单元、算术逻辑单元和寄存器

3 大部分组成：

- 控制单元 主要负责取指、译码和取数等基本操作，并发送主要的控制指令。
- 算术逻辑单元 主要处理数值型数据和进行逻辑运算工作。
- 寄存器 用于暂存临时性的数据。

32 位处理器采用 32 位的地址和数据总线，其地址空间达到 2^{32} B＝4 GB。目前，主流的 32 位嵌入式处理器系统主要有 ARM 系列、MIPS 系列和 PowerPC 系列等。ARM 微处理器体系结构目前被公认为嵌入式应用领域领先的 32 位嵌入式 RISC 处理器结构。按照目前的发展形式，ARM 几乎成了嵌入式应用的代名词。

(3) 总线电路及信号驱动

总线是各种信号线的集合，是嵌入式系统中各部件之间传送数据、地址和控制信息的公共通路。在同一时刻，每条通路上能够传输一位二进制信号。按照总线所传送的信息类型，可分为：数据总线(DB)、地址总线(AB)和控制总线(CB)。

① 总线的主要参数如下：

- 总线带宽 一定时间内总线上可以传送的数据量，一般用 MB/s 表示。
- 总线宽度 总线能同时传送的数据位数(bit)，即常说的 32 位、64 位等总线宽度的概念，也称为总线位宽。总线的位宽越宽，总线每秒数据传输率越大，也就是总线带宽越宽。
- 总线频率 工作时钟频率以 MHz 为单位，工作频率越高，则总线工作速度越快，亦即总线带宽越宽。

以上三个总线参数的关系如下(单位是 MB/s)：

$$总线带宽 = 总线位宽 \times 总线频率/8$$

常用总线有 ISA 总线、PCI 总线、I^2C 总线、SPI 总线、PC104 总线和 CAN 总线等。

② 只有具有三态输出的设备才能够连接到数据总线上，常用的三态门为输出缓冲器。

③ 当总线上所接的负载超过总线的负载能力时，必须在总线和负载之间加接缓冲器或驱动器。最常用的是三态缓冲器，其作用是驱动和隔离。

④ 采用总线复用技术可以实现数据总线和地址总线的共用。但会带来两个问题：

- 需要增加外部电路对总线信号进行复用解耦，例如：地址锁存器。
- 总线速度相对非复用总线系统低。

⑤ 两类总线通信协议：同步方式和异步方式。

⑥ 对总线仲裁问题的解决是以优先级(优先权)的概念为基础。

(4) ARM 总线结构

ARM 微控制器使用的是 AMBA 总线体系结构，用来连接高性能系统模块，支持突发方式数据传输。

AMBA(Advanced Microcontroller Bus Architecture)是 ARM 公司公布的总线标准,先进的 AMBA 规范定义了以下三种总线:

- AHB(Advanced High-performance Bus) 用于连接高性能系统模块。它支持突发数据传输方式及单个数据传输方式,所有时序参考同一个时钟沿。
- ASB(Advanced System Bus) 用于连接高性能系统模块,支持突发数据传输模式。
- APB(Advance Peripheral Bus) 是一个简单接口,支持低性能的外围接口。

(5) ARM 存储数据类型

ARM 处理器支持以下三种数据类型:

- 8 位有符号和无符号字节(Byte)。
- 16 位有符号和无符号半字(Halfword),它们必须以两字节的边界对齐(半字对齐)。
- 32 位有符号和无符号字(word),它们必须以 4 字节的边界对齐(字对齐)。

字对齐:字单元地址的低两位 A1A0=0b00,即地址末位为 0x0,0x4,0x8,0xc。

半字对齐:半字单元地址的最低位 A0=0b0,即地址末位为 0x0,0x2,0x4,0x6,0x8,0xa,0xc,0xe。

对于指令,ARM 指令系统分为 32 位 ARM 指令集和 16 位 Thumb 指令集,在存储时分别以 32 位和 16 位两种不同长度存储。

对于数据,ARM 支持对 32 位字数据、16 位半字数据和 8 位字节数据的操作。因此,数据存储器可以存储 32 位、16 位、8 位三种不同长度数据。

在 ARM 内部,所有操作都面向 32 位的操作数,只有数据传送指令支持较短的字节和半字的数据类型。当从存储器读入一字节或半字时,根据其数据类型将其扩展到 32 位。

(6) ARM 存储器组织

ARM 存储器以 8 位为一个单元存储数据(一字节),每个存储单元分配一个存储地址。

ARM 将存储器看做从零地址开始的字节的线性组合。作为 32 位的微处理器,ARM 体系结构所支持的最大寻址空间为 4 GB(2^{32} B)。

第 0~3 字节放置第一个存储的字数据,第 4~7 字节放置第二个存储的字数据,依次排列。

32 位的字数据要使用 4 个地址单元,16 位半字数据要使用 2 个地址单元。这样,就存在一个所存储的字或半字数据的排列顺序问题。ARM 体系结构可以用两种方法存储字数据,称为大端格式和小端格式。

大端格式是指此格式中,字数据的高字节存储在低地址中,而字数据的低字节则存放在高地址中。

小端格式与大端存储格式相反,在此格式中,低地址中存放的是字数据的低字节,高地址存放的是字数据的高字节。

(7) 指令长度及数据类型

ARM 微处理器的指令长度可以是 32 位(在 ARM 状态下),也可以为 16 位(在 Thumb 状态下)。

ARM 微处理器支持字节(8 位)、半字(16 位)、字(32 位)三种数据类型。其中,字需要 4 字节对齐(地址的低两位为 0),半字需要 2 字节对齐(地址的最低位为 0)。

(8) ARM 存储器层次

微处理器希望存储器容量大、速度快。但容量大者速度慢;速度快者容量小。解决方法是构建一个由多级存储器组成的复合存储器系统。

1) 两级存储器方案

一般包括一个容量小但速度快的从存储器,一个容量大但速度慢的主存储器。宏观上看,这个存储器系统像一个即大又快的存储器。这个容量小但速度快的元件是 Cache,它自动地保存处理器经常用到的指令和数据的备份。

2) 多级存储器系统

嵌入式系统实现多级存储器系统:

- 寄存器组 访问时间为几纳秒(ns)。
- 片上 RAM 与片外 RAM 比速度快、功耗低、容量小。读/写时间为几纳秒(ns)。
- 片上 Cache 8～32 KB,访问时间为十几纳秒(ns)。
- 主存储器 一般为几 MB～1 GB 的动态存储器,访问时间约 50 ns。

(9) ARM 微处理器的寄存器结构

ARM 处理器共有 37 个寄存器,被分为若干个组(BANK)。这些寄存器包括:31 个通用寄存器,包括程序计数器(PC 指针),均为 32 位的寄存器。6 个状态寄存器,用以标识 CPU 的工作状态及程序的运行状态,均为 32 位,目前只使用了其中的一部分。

同时,ARM 处理器又有 7 种不同的处理器模式,如表 6.1 所列。

表 6.1 ARM 处理器的 7 种处理器模式

处理器模式	描 述
用户模式(User,usr)	正常程序执行的模式
快速中断模式(FIQ,fiq)	用于高速数据传输和通道处理
外部中断模式(IRQ,irq)	用于通常的中断处理
特权模式(Supervisor,Sve)	供操作系统使用的一种保护模式
数据访问中止模式(Abort,abt)	用于虚拟存储及存储保护
未定义指令中止模式(Undefined,und)	用于支持通过软件仿真硬件的协处理器
系统模式(System,sys)	用于运行特权级的操作系统任务

其中，每一种处理器模式下均有一组相应的寄存器与之对应，即在任意一种处理器模式下，可访问的寄存器包括15个通用寄存器(R0～R14)、1～2个状态寄存器和程序计数器。在所有的寄存器中，有些是在7种处理器模式下共用的同一个物理寄存器，而有些寄存器则是在不同的处理器模式下有不同的物理寄存器。

除了用户模式之外，其他6种处理器模式称为特权模式。在这些模式下，程序可以访问所有的系统资源，也可以任意地进行处理器模式的切换。除了系统模式外，其他5种特权模式又称为异常模式。处理器模式可以通过软件控制来进行切换，也可以通过外部中断或异常处理过程进行切换。大多数的用户程序可以运行在用户模式下，这时应用程序不能够访问一些受应用程序保护的系统资源。

应用程序不能直接进行处理器模式的切换。当需要处理器模式切换时，应用程序可以产生异常处理，并在异常处理过程中进行处理器模式的切换。这种体系结构可以使整个操作系统控制整个系统的资源。当应用程序发生异常中断时，处理器进入相应的异常模式，在每一种异常模式中都有一组寄存器，供相应的异常处理程序使用，这样就保证在进入异常模式时，用户模式下的寄存器(保存了程序的运行的状态)不被破坏。

(10) ARM微处理器的指令结构

ARM微处理器在较新的体系结构中支持两种指令集：ARM指令集和Thumb指令集。其中，ARM指令为32位的长度，Thumb指令为16位长度。Thumb指令集为ARM指令集的功能子集，与等价的ARM代码相比较，可节省30%～40%的存储空间，同时具备32位代码的所有优点。

(11) ARM状态下的寄存器组织

通用寄存器包括R0～R15，可以分为以下三类：

① 未分组寄存器R0～R7；

② 分组寄存器R8～R14；

③ 程序计数器PC(R15)。

未分组寄存器R0～R7在所有的运行模式下，都指向同一个物理寄存器，在中断或异常处理进行运行模式转换时，由于不同的处理器运行模式均使用相同的物理寄存器，可能会造成寄存器中数据的破坏，这一点在进行程序设计时应引起注意。

分组寄存器R8～R14，每一次所访问的物理寄存器都与处理器当前的运行模式有关。每个寄存器对应两个不同的物理寄存器，当使用fiq模式时，访问寄存器R8_fiq～R12_fiq；当使用除fiq模式以外的其他模式时，访问寄存器R8_usr～R12_usr。

对于R13和R14来说，每个寄存器对应6个不同的物理寄存器，其中，一个是用户模式与系统模式共用，另外5个物理寄存器对应于其他5种不同的运行模式。

采用以下的记号来区分不同的物理寄存器：

R13_〈mode〉

R14_〈mode〉

其中，mode 为以下几种模式之一：usr、fiq、irq、svc、abt、und。

寄存器 R13 在 ARM 指令集中常用做堆栈指针，但这只是一种习惯用法，用户也可使用其他的寄存器作为堆栈指针。而在 Thumb 指令集中，某些指令强制性地要求使用 R13 作为堆栈指针。

R14 也称为子程序连接寄存器或连接寄存器 LR。当执行 BL 子程序调用指令时，R14 中得到 R15 的备份。其他情况下，R14 用做通用寄存器。与之类似，当发生中断或异常时，对应的分组寄存器 R14_svc、R14_irq、R14_fiq、R14_abt 和 R14_und 用来保存 R15 的返回值。

寄存器 R15 用做程序计数器(PC)。在 ARM 状态下，位[1：0]为 0，位[31：2]用于保存 PC；在 Thumb 状态下，位[0]为 0，位[31：1]用于保存 PC。虽然可以用做通用寄存器，但是有一些指令在使用 R15 时有一些特殊限制，若不注意，执行的结果将是不可预料的。在 ARM 状态下，PC 的 0 位和 1 位是 0；在 Thumb 状态下，PC 的 0 位是 0。

由于 ARM 体系结构采用了多级流水线技术，对于 ARM 指令集而言，PC 总是指向当前指令的下两条指令的地址，即 PC 的值为当前指令的地址值加 8 字节。

在 ARM 状态下，任一时刻可以访问以上所讨论的 16 个通用寄存器和 1～2 个状态寄存器。在非用户模式(特权模式)下，则可访问到特定模式分组寄存器。

寄存器 R16 用做当前程序状态寄存器 CPSR。CPSR 可在任何运行模式下被访问，它包括条件标志位、中断禁止位、当前处理器模式标志位，以及其他一些相关的控制和状态位。每一种运行模式下又都有一个专用的物理状态寄存器，称为备份的程序状态寄存器 SPSR。当异常发生时，SPSR 用于保存 CPSR 的当前值；从异常退出时，可由 SPSR 来恢复 CPSR。由于用户模式和系统模式不属于异常模式，它们没有 SPSR，当在这两种模式下访问 SPSR，结果是未知的。

(12) Thumb 状态下的寄存器组织

Thumb 状态下的寄存器集是 ARM 状态下寄存器集的一个子集，程序可以直接访问 8 个通用寄存器(R7～R0)、程序计数器(PC)、堆栈指针(SP)、连接寄存器(LR)和 CPSR。同时，在每一种特权模式下都有一组 SP、LR 和 SPSR。

Thumb 状态下的寄存器组织与 ARM 状态下的寄存器组织的关系：

① Thumb 状态下和 ARM 状态下的 R0～R7 是相同的。

② Thumb 状态下和 ARM 状态下的 CPSR 与所有的 SPSR 都是相同的。

③ Thumb 状态下的 SP 对应于 ARM 状态下的 R13。

④ Thumb 状态下的 LR 对应于 ARM 状态下的 R14。

⑤ Thumb 状态下的程序计数器对应于 ARM 状态下的 R15。

在 Thumb 状态下，高位寄存器 R8～R15 并不是标准寄存器集的一部分，但可使用汇编语言程序受限制地访问这些寄存器，将其用做快速的暂存器。使用带特殊变量的 MOV 指令，数据可以在低位寄存器和高位寄存器之间进行传送；高位寄存器的值可以使用 CMP 和 ADD 指令进行比较或加上低位寄存器中的值。

(13) 程序状态寄存器

ARM 体系结构包含 1 个当前程序状态寄存器(CPSR)和 5 个备份的程序状态寄存器(SPSRs)。备份的程序状态寄存器用来进行异常处理,其功能包括:

① 保存 ALU 中的当前操作信息;

② 控制允许和禁止中断;

③ 设置处理器的运行模式。

1) 条件码标志位(Condition Code Flags)

N、Z、C、V 均为条件码标志位。它们的内容可被算术或逻辑运算的结果所改变,并且可以决定某条指令是否被执行。在 ARM 状态下,绝大多数的指令都是有条件执行的;在 Thumb 状态下,仅有分支指令是有条件执行的。

条件码标志各位的具体含义如表 6.2 所列。

表 6.2　条件码标志的具体含义

标志位	含　义
N	当用两个补码表示的带符号数进行运算时,N=1 表示运算的结果为负数;N=0 表示运算的结果为正数或零
Z	Z=1 表示运算的结果为零;Z=0 表示运算的结果为非零
C	可以有 4 种方法设置 C 的值: -加法运算(包括比较指令 CMN):当运算结果产生了进位时(无符号数溢出),C=1,否则 C=0; -减法运算(包括比较指令 CMP):当运算时产生了借位(无符号数溢出),C=0,否则 C=1; -对于包含移位操作的非加/减运算指令,C 为移出值的最后一位; -对于其他的非加/减运算指令,C 的值通常不改变
V	可以有 2 种方法设置 V 的值: -对于加/减法运算指令,当操作数和运算结果为二进制的补码表示的带符号数时,V=1 表示符号位溢出; -对于其他的非加/减运算指令,V 的值通常不改变
Q	在 ARM v5 及以上版本的 E 系列处理器中,用 Q 标志位指示增强的 DSP 运算指令是否发生了溢出;在其他版本的处理器中,Q 标志位无定义

2) 控制位

PSR 的低 8 位(包括 I、F、T 和 M[4:0])称为控制位,当发生异常时这些位可以被改变。如果处理器运行特权模式,这些位也可以由程序修改。

3) 中断禁止位 I、F

I=1,禁止 IRQ 中断;F=1,禁止 FIQ 中断。

4）T 标志位

该位反映处理器的运行状态。对于 ARM 体系结构 v5 及以上版本的 T 系列处理器，当该位为 1 时，程序运行于 Thumb 状态，否则运行于 ARM 状态。对于 ARM 体系结构 v5 及以上版本的非 T 系列处理器，当该位为 1 时，执行下一条指令以引起未定义的指令异常；当该位为 0 时，表示运行于 ARM 状态。

5）运行模式位 M[4:0]

M0、M1、M2、M3、M4 是模式位。这些位决定了处理器的运行模式。具体含义如表 6.3 所列。

表 6.3　运行模式位 M[4:0]的具体含义

M[4:0]	处理器模式	可访问的寄存器
0b10000	用户模式	PC，CPSR，R0～R14
0b10001	FIQ 模式	PC，CPSR，SPSR_fiq，R14_fiq～R8_fiq，R7～R0
0b10010	IRQ 模式	PC，CPSR，SPSR_irq，R14_irq，R13_irq，R12～R0
0b10011	管理模式	PC，CPSR，SPSR_svc，R14_svc，R13_svc，R12～R0
0b10111	中止模式	PC，CPSR，SPSR_abt，R14_abt，R13_abt，R12～R0
0b11011	未定义模式	PC，CPSR，SPSR_und，R14_und，R13_und，R12～R0
0b11111	系统模式	PC，CPSR（ARM v4 及以上版本），R14～R0

由表 6.3 可知，并不是所有的运行模式位的组合都是有效的，其他的组合结果会导致处理器进入一个不可恢复的状态。

6）保留位

PSR 中的其余位为保留位。当改变 PSR 中的条件码标志位或者控制位时，保留位不要被改变，在程序中也不要使用保留位来存储数据。保留位将用于 ARM 版本的扩展。

2. ARM 各系列产品性能比较

ARM 各系列产品的性能比较如表 6.4 所列。

表 6.4　ARM 各系列产品性能比较

型号 \ 功能		Cache 大小 (I/D)	紧密耦合存储器(TCM)	存储器管理	AHB 总线接口	Thumb	DSP	Jazelle
ARM7	ARM7TDMI	无	无	无	有	有	无	无
	ARM7TDMI-S	无	无	无	有	有	无	无
	ARM7EJ-S	无	无	无	有	有	有	有
	ARM720T	8 KB	无	MMU	有	有	无	无

续表 6.4

型号 \ 功能		Cache 大小(I/D)	紧密耦合存储器(TCM)	存储器管理	AHB 总线接口	Thumb	DSP	Jazelle
ARM9	ARM920T	16 KB/16 KB	无	MMU	有	有	无	无
	ARM922T	8 KB/8 KB	无	MMU	有	有	有	无
	ARM940T	4 KB/4 KB	无	MMU	有	有	有	无
ARM9E	ARM926EJ-S	4～128 KB/4～128 KB	有	MMU	双 AHB	有	有	有
	ARM946E-S	4～1 MB/4～1 MB	有	MPU	AHB	有	有	无
	ARM966E-S	无	有	无	AHB	有	有	无
ARM10E	ARM1020E	32 KB/32 KB	无	MMU	双 AHB	有	有	无
	ARM1022E	16 KB/16 KB	无	MMU	双 AHB	有	有	无
	ARM1026EJ-S	可变	有	MMU＋MMU	双 AHB	有	有	有
ARM11	ARM1136J-S	4～64 KB	有	MMU	4 个 64 位 AHB	有	有	无
	ARM1136JF-S	4～64 KB	有	MMU	4 个 64 位 AHB	有	有	有
ARMSecur Core	SC100	无	无	MPU	无	有	无	无
	SC110	无	无	MPU	无	有	无	无
	SC200	可选	无	MPU	无	有	有	有
	SC210	可选	无	MPU	无	有	有	有
ARMIntel	Strong ARM	16 KB/8 KB	无	MMU	N/A	无	无	无
	Xscale	32 KB/32 KB	无	MMU	N/A	有	有	无

3. 异常(Exceptions)

当正常的程序执行流程发生暂时的停止时，称为异常，例如处理一个外部的中断请求。在处理异常之前，当前处理器的状态必须保留，这样当异常处理完成之后，当前程序可以继续执行。处理器允许多个异常同时发生，它们将会按固定的优先级进行处理。ARM 体系结构中的异常，与 8 位/16 位体系结构的中断有很多相似之处，但异常与中断的概念并不完全等同。

(1) ARM 体系结构所支持的异常类型

ARM 体系结构所支持的异常及具体含义如表 6.5 所列。

表 6.5 ARM 体系结构所支持的异常

异常类型	具体含义
复位	当处理器复位电平有效时，产生复位异常，程序跳转到复位异常处理程序处执行
未定义指令	当 ARM 处理器或协处理器遇到不能处理的指令时，产生未定义指令异常。可使用该异常机制进行软件仿真
软件中断	该异常由执行 SWI 指令产生，可用于用户模式下的程序调用特权操作指令；可使用该异常机制实现系统功能调用
指令预取中止	若处理器预取指令的地址不存在，或该地址不允许当前指令访问，存储器会向处理器发出中止信号，但当预取的指令被执行时，才会产生指令预取中止异常
数据中止	若处理器数据访问指令的地址不存在，或该地址不允许当前指令访问时，产生数据中止异常
IRQ(外部中断请求)	当处理器的外部中断请求引脚有效，且 CPSR 中的 I 位为 0 时，产生 IRQ 异常。系统的外设可通过该异常请求中断服务
FIQ(快速中断请求)	当处理器的快速中断请求引脚有效，且 CPSR 中的 F 位为 0 时，产生 FIQ 异常

(2) 对异常的响应

① 将下一条指令的地址存入相应连接寄存器 LR，以便程序在处理异常返回时能从正确的位置重新开始执行。若异常是从 ARM 状态进入，LR 寄存器中保存的是下一条指令的地址（当前 PC+4 或 PC+8，与异常的类型有关）；若异常是从 Thumb 状态进入，则在 LR 寄存器中保存当前 PC 的偏移量。这样，异常处理程序就不需要确定异常是从何种状态进入的。

例如：在软件中断异常 SWI，指令“MOV PC，R14_svc”总是返回到下一条指令，不管 SWI 是在 ARM 状态执行，还是在 Thumb 状态执行。

② 将 CPSR 复制到相应的 SPSR 中。

③ 根据异常类型，强制设置 CPSR 的运行模式位。

④ 强制 PC 从相关的异常向量地址取下一条指令执行，从而跳转到相应的异常处理程序处。

还可以设置中断禁止位，以禁止中断发生。

如果异常发生时，处理器处于 Thumb 状态，则当异常向量地址加载进入 PC 时，处理器自动切换到 ARM 状态。ARM 微处理器对异常的响应过程可以用伪码描述如下：

```
R14_〈Exception_Mode〉 = Return Link
SPSR_〈Exception_Mode〉 = CPSR
```

```
CPSR[4:0] = Exception Mode Number
CPSR[5] = 0                                      ;当运行于 ARM 工作状态时
If <Exception_Mode> == Reset or FIQ then         ;当响应 FIQ 异常时,禁止新的 FIQ 异常
    CPSR[6] = 1
    CPSR[7] = 1
PC = Exception Vector Address
```

(3) 从异常返回

异常处理完毕之后,ARM 微处理器会执行以下几步操作从异常返回:

① 将连接寄存器 LR 的值减去相应的偏移量后送到 PC 中。

② 将 SPSR 复制回 CPSR 中。

③ 若在进入异常处理时设置了中断禁止位,要在此清除。

可以认为应用程序总是从复位异常处理程序开始执行的,因此复位异常处理程序不需要返回。

(4) 各类异常的具体描述

1) FIQ 异常

FIQ 异常是为支持数据传输或者通道处理而设计的。在 ARM 状态下,系统有足够的私有寄存器,从而可以避免对寄存器保存的需求,并减少了系统上下文切换的开销。

若将 CPSR 的 F 位置为 1,则会禁止 FIQ 中断,若将 CPSR 的 F 位清零,处理器会在指令执行时检查 FIQ 的输入。注意,只有在特权模式下才能改变 F 位的状态。

可由外部通过对处理器上的 nFIQ 引脚输入低电平产生 FIQ。不管是在 ARM 状态还是在 Thumb 状态下进入 FIQ 模式,FIQ 处理程序均会执行以下指令从 FIQ 模式返回:

```
SUBS  PC,R14_fiq ,#4
```

该指令将寄存器 R14_fiq 的值减去 4 后,复制到程序计数器 PC 中,从而实现从异常处理程序中的返回,同时将 SPSR_mode 寄存器的内容复制到当前程序状态寄存器 CPSR 中。

2) IRQ 异常

IRQ 异常属于正常的中断请求,可通过对处理器的 nIRQ 引脚输入低电平产生,IRQ 的优先级低于 FIQ,当程序执行进入 FIQ 异常时,IRQ 可能被屏蔽。

若将 CPSR 的 I 位置为 1,则会禁止 IRQ 中断,若将 CPSR 的 I 位清零,处理器会在指令执行完之前检查 IRQ 的输入。注意,只有在特权模式下才能改变 I 位的状态。

不管是在 ARM 状态还是在 Thumb 状态下进入 IRQ 模式,IRQ 处理程序均会执行以下指令从 IRQ 模式返回:

```
SUBS  PC ,R14_irq ,#4
```

该指令将寄存器 R14_irq 的值减去 4 后，复制到程序计数器 PC 中，从而实现从异常处理程序中的返回，同时将 SPSR_mode 寄存器的内容复制到当前程序状态寄存器 CPSR 中。

3）中止(Abort)异常

产生中止异常意味着对存储器的访问失败。ARM 微处理器在存储器访问周期内检查是否发生中止异常。中止异常包括两种类型：

① 指令预取中止，发生在指令预取时。

② 数据中止，发生在数据访问时。

当指令预取访问存储器失败时，存储器系统向 ARM 处理器发出存储器中止(Abort)信号，预取的指令记为无效。但只有当处理器试图执行无效指令时，指令预取中止异常才会发生；如果指令未执行，例如在指令流水线中发生了跳转，则预取指令中止不会发生。若数据中止发生，系统的响应与指令的类型有关。当确定了中止的原因后，Abort 处理程序均会执行以下指令从中止模式返回，无论是在 ARM 状态还是 Thumb 状态：

```
SUBS PC,R14_abt,#4                    ;指令预取中止
SUBS PC,R14_abt,#8                    ;数据中止
```

以上指令恢复 PC 和 CPSR 的值，并重新执行中止的指令。

4）软件中断指令(SWI)

该指令用于进入管理模式，常用于请求执行特定的管理功能。软件中断处理程序执行以下指令从 SWI 模式返回，无论是在 ARM 状态还是 Thumb 状态：

```
MOV  PC ,R14_svc
```

以上指令恢复 PC 和 CPSR 的值，并返回到 SWI 的下一条指令。

5）未定义指令(Undefined Instruction)异常

当 ARM 处理器遇到不能处理的指令时，会产生未定义指令异常。采用这种机制，可以通过软件仿真扩展 ARM 或 Thumb 指令集。

在仿真未定义指令时，处理器执行以下程序返回，无论是在 ARM 状态还是 Thumb 状态：

```
MOVS PC,R14_und
```

以上指令恢复 PC(从 R14_und)和 CPSR(从 SPSR_und)的值，并返回到未定义指令后的下一条指令。

(5) 异常进入/退出

表 6.6 总结了进入异常处理时保存在相应 R14 中的 PC 值，以及在退出异常处理时推荐使用的指令。

表 6.6 异常进入/退出

指　令	返回指令	以前的状态		注　意
		ARM R14_x	Thumb R14_x	
BL	MOV PC,R14	PC+4	PC+2	1
SWI	MOVS PC,R14_svc	PC+4	PC+2	1
UDEF	MOVS PC,R14_und	PC+4	PC+2	1
FIQ	SUBS PC,R14_fiq,#4	PC+4	PC+4	2
IRQ	SUBS PC,R14_irq,#4	PC+4	PC+4	2
PABT	SUBS PC,R14_abt,#4	PC+4	PC+4	1
DABT	SUBS PC,R14_abt,#8	PC+8	PC+8	3
RESET	NA	—	—	4

注：1 在此 PC 应是具有预取中止的 BL/SWI/未定义指令所取的地址。

2 在此 PC 是从 FIQ 或 IRQ 取得不能执行的指令的地址。

3 在此 PC 是产生数据中止的加载或存储指令的地址。

4 系统复位时，保存在 R14_svc 中的值是不可预知的。

(6) 异常向量(exception vectors)

异常向量地址显示如表 6.7 所列。

(7) 异常优先级(exception priorities)

当多个异常同时发生时，系统根据固定的优先级决定异常的处理次序。异常优先级由高到低的排列次序如表 6.8 所列。

表 6.7 异常向量表

地　址	异　常	进入模式
0x0000 0000	复位	管理模式
0x0000 0004	未定义指令	未定义模式
0x0000 0008	软件中断	管理模式
0x0000 000c	中止(预取指令)	中止模式
0x0000 0010	中止(数据)	中止模式
0x0000 0014	保留	保留
0x0000 0018	IRQ	IRQ
0x0000 001c	FIQ	FIQ

表 6.8 异常优先级

优先级	异　常
1(最高)	复位
2	数据中止
3	FIQ
4	IRQ
5	预取指令中止
6(最低)	未定义指令、SWI

(8) 应用程序中的异常处理

当系统运行时，异常可能会随时发生，为保证在 ARM 处理器发生异常时不至于处于未知状态。在应用程序的设计中，首先要进行异常处理，采用的方式是在异常向量表中的特定位置放置一条跳转指令，跳转到异常处理程序。当 ARM 处理器发生异常时，程序计数器 PC 会被强制设置为对应的异常向量，从而跳转到异常处理程序；当异常处理完成以后，返回到主程序继续执行。

(9) ARM 指令的寻址方式

1）寄存器寻址

操作数的值在寄存器中，指令中的地址码字段指出的是寄存器编号，指令执行时直接取出寄存器值来操作。例如：

```
SUB  R0,R1,R2                ;R1 - R2→R0
```

该指令将 R1 的值减去 R2 的值，结果保存到 R0 中。

这种寻址方式是各类微处理器经常采用的一种方式，也是一种执行效率较高的寻址方式。

2）立即寻址

立即寻址指令中的操作码字段后面的地址码部分就是操作数本身，也就是说，数据就包含在指令当中，取出指令也就取出了可以立即使用的操作数(立即数)。立即寻址也称为立即数寻址。例如：

```
SUBS  R0,R0,#1               ;R0 - 1→R0
MOV   R0,#0xff00             ;0xff00→R0
```

3）寄存器偏移寻址

寄存器偏移寻址是 ARM 指令集特有的寻址方式，当第 2 操作数是寄存器偏移方式时，第 2 个寄存器操作数在与第 1 个操作数结合之前，选择进行移位操作。例如：

```
MOV   R0,R2,LSL #3           ;R2 的值左移 3 位，结果放入 R0，即 R0 = R2 * 8
ANDS  R1,R1,R2,LSL R3        ;R2 的值左移 R3 位，然后和 R1 相“与”操作，结果放入 R1
```

偏移寻址的方式有以下几种：

LSL(Logical Shift Left)　逻辑左移，寄存器中字的低端空出的位补 0。

LSR(Logical Shift Right)　逻辑右移，寄存器中字的高端空出的位补 0。

ASL　算术左移，由于左移空出的有效位用 0 填充，因此它与 LSL 同义。

ASR(Arithmetic Shift Right)　算术右移，移位过程中保持符号位不变，即如果源操作数为正数，则字的高端空出的位补 0，否则补 1。

ROR(Rotate Right)　循环右移，由字的低端移出的位填入字的高端空出的位。

RRX(Rotate Right eXtended by 1 place)　带扩展的循环右移，操作数右移一位，高端空

出的位用原 C 标志值填充。

4）寄存器间接寻址

寄存器间接寻址指令中的地址码给出的是一个通用寄存器编号，所需要的操作数保存在寄存器指定地址的存储单元中，即寄存器为操作数的地址指针。例如：

```
LDR  R0,[R1]          ;R0←[R1]
STR  R0,[R1]          ;[R1]←R0
```

第一条指令将以 R1 的值为地址的存储单元中的内容加载到寄存器 R0 中。

第二条指令将 R0 的内容存储到以 R1 的值为地址的存储单元中。

5）基址寻址

基址寻址是将基址寄存器的内容与指令中给出的偏移量相加，形成操作数的有效地址，基址寻址用于访问基址附近的存储单元，常用于查表，数组操作，功能部件寄存器访问等。例如：

```
LDR  R2,[R3,#0x0f]     ;将 R3 中的数值加 0x0f 作为地址，取出此地址的数值保存在 R2 中
STR  R1,[R0,# -2]      ;将 R0 中的数值减 2 作为地址，把 R1 中的内容保存到此地址位置
```

6）多寄存器寻址

多寄存器寻址就是一次可以传送几个寄存器值，允许一条指令传送 16 个寄存器的任何子集或所有寄存器。例如：

```
LDMIA  R1!,{R2 - R7,R12} ;将 R1 单元中的数据读出到 R2～R7,R12,R1 自动加 1
STMIA  R0!,{R3 - R6,R10} ;将 R3～R6,R10 中的数据保存到 R0 指向的地址,R0 自动加 1
```

使用多寄存器寻址指令时，寄存器子集的顺序是由小到大排列的，连续的寄存器可用“－”连接，否则用“,”分隔书写。

7）堆栈寻址

堆栈是一种数据结构，存储区的操作顺序分为“后进先出”和“先进后出”，堆栈寻址是隐含的，它使用一个专门的寄存器（堆栈指针 SP）指向一块存储区域（堆栈）。指针所指向的存储单元就是堆栈的栈顶。存储器堆栈可分为两种：

① 向上生长　向高地址方向生长，称为递增堆栈。

② 向下生长　向低地址方向生长，称为递减堆栈。

堆栈指针指向最后压入的堆栈的有效数据项，称为满堆栈；堆栈指针指向下一个要放入的空位置，称为空堆栈。这样就有 4 种类型的堆栈表示递增和递减的满堆栈和空堆栈的各种组合。

满递增：堆栈通过增大存储器的地址向上增长，堆栈指针指向内含有效数据项的最高地址。指令如 LDMFA，STMFA 等。

空递增：堆栈通过增大存储器的地址向上增长，堆栈指针指向堆栈上的第一个空位置。

指令如 LDMEA,STMEA 等。

满递减：堆栈通过减小存储器的地址向下增长，堆栈指针指向内含有效数据项的最低地址。指令如 LDMFD,STMFD 等。

空递减：堆栈通过减小存储器的地址向下增长，堆栈指针指向堆栈下的第一个空位置。指令如 LDMED,STMED 等。

8）块复制寻址

块复制寻址是把存储器中的一个数据块加载到多个寄存器中，或者是把多个寄存器中的内容保存到存储器中。

应用指令：块复制寻址是多寄存器传送指令 LDM/STM 的寻址方式，因此也叫多寄存器寻址。

块复制寻址操作中的寄存器，可以是 R0～R15 这 16 个寄存器的子集（一部分），或是所有寄存器。它有 4 种寻址操作：

LDMIA / STMIA	Increment After（先传送，后地址加 4）
LDMIB / STMIB	Increment Before（先地址加 4 ，后传送）
LDMDA / STMDA	Decrement After（先传送，后地址减 4）
LDMDB / STMDB	Decrement Before（先地址减 4，后传送）

例如：

```
STMIA  R0!,{R1 - R7}        ;将 R1～R7 的数据保存到存储器中，存储器指针在保存第一个值之后
                            ;增加，增长方向为向上增长
STMIB  R0!,{R1 - R7}        ;将 R1～R7 的数据保存到存储器中，存储器指针在保存第一个值之前
                            ;增加，增长方向为向上增长
```

9）相对寻址

相对寻址是基址寻址的一种变通，由程序计数器 PC 提供基准地址，指令中的地址码字段作为偏移量，两者相加后得到的地址即为操作数的有效地址。

4. I/O 端口

I/O 端口是微处理器与外界联系的通道，它可以对各类外部信号（开关量、模拟量、频率信号）进行检测、判断、处理，并可控制各类外部设备。现在的 I/O 端口已经集成了更多的特性和功能，对 I/O 端口的功能进行了拓展和复用，例如外部中断、ADC 检测以及 PWM 输出等。

在 ARM 体系结构中，GPIO 是 I/O 的最基本形式，是一组输入引脚或输出引脚。有些 GPIO 引脚能够加以编程改变工作方向，通常有两个控制寄存器：数据寄存器和数据方向寄存器。数据方向寄存器设置端口的方向。如果将引脚设置为输出，那么数据寄存器将控制着该引脚状态。若将引脚设置为输入，则此输入引脚的状态由引脚上的逻辑电路层来实现对它的控制。

S3C2410 微处理器共有 117 个多功能复用输入/输出(I/O)端口，它们分为以下 8 组：

- A 端口(GPA)　23 个输出端口；
- B 端口(GPB)　11 个输入/输出端口；
- C 端口(GPC)　16 个输入/输出端口；
- D 端口(GPD)　16 个输入/输出端口；
- E 端口(GPE)　16 个输入/输出端口；
- F 端口(GPF)　8 个输入/输出端口；
- G 端口(GPG)　16 个输入/输出端口；
- H 端口(GPH)　11 个输入/输出端口。

这些端口都具有多功能，通过引脚配置寄存器，可以将其设置为所需要的功能，如：I/O 功能、中断功能等。

每一个端口都有 4 个寄存器，它们是：① 引脚配置寄存器；② 数据寄存器；③ 引脚上拉寄存器；④ 保留寄存器。

5. 中　断

优先级更高的事件发生，打断优先级低的时间进程。引起中断的事件称为中断源。

一个单片机可能支持多个中断源，这些中断源可以分为可屏蔽中断和非可屏蔽中断，而这些中断源并不都是系统工作所需的，可以根据系统需求屏蔽那些不需要的中断源。

中断嵌套是指当一个低优先级中断尚未执行完毕，又发生了一个高优先级的中断，系统转而执行高优先级中断服务程序，待处理完高优先级中断后再回过头来执行低优先级中断服务程序。

中断响应时间是指从发出中断请求到进入中断处理所用的时间；中断处理时间是指中断处理开始到中断处理结束的时间。

中断响应过程包括以下内容：

① 保护现场　将当前地址、累加器 ACC、状态寄存器保存到堆栈中。

② 切换 PC 指针　根据不同的中断源所产生的中断，切换到相应的入口地址。

③ 执行中断服务处理程序。

④ 恢复现场　将保存在堆栈中的主程序地址、累加器 ACC、状态寄存器恢复。

⑤ 中断返回　从中断处返回到主程序，继续执行。

中断入口地址是单片机为每个中断源分配的不同的中断入口地址，也称为中断向量。

6. 复　位

通过外部电路给微处理器的复位引进一个复位信号，让系统重新开始运行。复位发生时完成的事件如下：

① PC 指针从起始位置开始执行(大多数单片机都是从 0x0 处开始执行)。

② I/O 端口设置成默认状态(高阻态或者输出低电平)。

③ 部分专用控制寄存器 SFR 恢复到默认状态。

④ 普通 RAM 不变(如果是上电复位,则是随机数)。

复位启动方式有以下两种:

① 冷启动　也叫上电复位,指在断电状态下给系统加电,让系统开始正常运行。

② 热启动　在不断电的状态下,给系统复位引进一个复位信号,让系统重新开始。

复位电路有高电平复位和低电平复位两种类型。

注意事项:

① 复位信号的电平状态及持续时间必须满足系统要求。

② 避免复位信号抖动。

7. 时钟电路

微处理器是一种时序电路,必须提供脉冲电路才能正常工作。时钟电路相当于微处理器的心脏,它的每一次跳动(振动节拍)都控制着微处理器的工作节奏。振荡得慢时,系统工作速度就慢;振荡得快时,系统工作速度就快(功耗也增大)。时序电路的参数包括:

- 振荡周期　振荡源的振荡节拍。
- 机器周期　微处理器完成一个基本操作需要的振荡周期(节拍)。
- 指令周期　执行一条指令需要几个机器周期。不同的指令需要的机器周期数不同。

外部振荡电路用于向 S3C2410X 及其他电路提供工作时钟。根据 S3C2410X 的最高工作频率以及 PLL 电路的工作方式,选择 12 MHz 的有源晶振,经过 S3C2410X 片内的 PLL 电路倍频后,最高可以达到 202.8 MHz。

S3C2410X 的主时钟由外部晶振或外部时钟提供,选择后可以生成 3 种时钟信号,分别是 CPU 使用的 FCLK,AHB 总线使用的 HCLK 和 APB 总线使用的 PCLK。时钟管理模块同时拥有两个锁相环:一个称为 MPLL,用于 FCLK、HCLK 和 PCLK;另一个称为 UPLL,用于 USB 设备。对时钟的选择是通过 OM[3:2]实现的。

OM[3:2]=00B 时,晶体为 MPLL CLK 和 UPLL CLK 提供时钟源;

OM[3:2]=01B 时,晶体为 MPLL CLK 提供时钟源,EXTCLK 为 UPLL CLK 提供时钟源;

OM[3:2]=10B 时,EXTCLK 为 MPLL CLK 提供时钟源,晶体为 UPLL CLK 提供时钟源;

OM[3:2]=11B 时,EXTCLK 为 MPLL CLK 和 UPLL CLK 提供时钟源。

时钟控制逻辑决定了所使用的时钟源是采用 MPLL 作为 FCLK,还是采用外部时钟。复位后,Fin 直接传递给 FCLK,即使不想改变默认的 PLLCON 值,也需要重新写一遍。FCLK 由 ARM 920T 核使用,HCLK 提供给 AHB 总线,PCLK 提供给了 APB 总线。

S3C2410X 支持 HCLK、FCLK 和 PCLK 的分频选择,其比率是通过 CLKDIV 寄存器中的 HDIVN 和 PDIVN 控制的。

8. Flash 存储器

Flash 存储器是一种非易失性存储器，根据结构的不同可以将其分为 NOR Flash 和 NAND Flash 两种。

(1) Flash 存储器的特点

- 区块结构：在物理上分成若干个区块，区块之间相互独立。
- 先擦后写：Flash 的写操作只能将数据位从 1 写成 0，不能从 0 写成 1，所以在对存储器进行写入之前必须先执行擦除操作，将预写入的数据位初始化为 1。擦除操作的最小单位是一个区块，而不是单个字节。
- 操作指令：执行写操作，它必须输入一串特殊指令(NOR Flash)或者完成一段时序(NAND Flash)才能将数据写入。
- 位反转：由于 Flash 的固有特性，在读/写过程中偶尔会产生一位或几位的数据错误。位反转无法避免，只能通过其他手段对结果进行事后处理。
- 坏块：区块一旦损坏，将无法进行修复。对已损坏的区块操作其结果不可预测。

(2) NOR Flash 的特点

应用程序可以直接在闪存内运行，不需要再把代码读到系统 RAM 中运行。NOR Flash 的传输效率很高，在 1～4 MB 的小容量时具有很高的成本效益，但是很低的写入和擦除速度大大影响了它的性能。

(3) NAND Flash 的特点

具有极高的密度单元，可以达到高存储密度，并且写入和擦除的速度也很快，这也是为何所有的 U 盘都使用 NAND Flash 作为存储介质的原因。应用 NAND Flash 的困难在于闪存需要特殊的系统接口。

(4) NOR Flash 与 NAND Flash 的区别

① NOR Flash 的读速度比 NAND Flash 稍快一些。

② NAND Flash 的擦除和写入速度比 NOR Flash 快很多。

③ NAND Flash 的随机读取能力差，适合大量数据的连续读取。

④ NOR Flash 带有 SRAM 接口，有足够的地址引进来寻址，可以很容易地存取其内部的每一字节。NAND Flash 的地址、数据和命令共用 8 位总线(有些公司的产品使用 16 位)，每次读/写都要使用复杂的 I/O 接口串行地存取数据。

⑤ NOR Flash 的容量一般较小，通常在 1～8 MB 之间；NAND Flash 只用在 8 MB 以上的产品中。因此，NOR Flash 只应用在代码存储介质中，NAND Flash 适用于数据存储。

⑥ NAND Flash 中每个块的最大擦/写次数是 100 万次，而 NOR Flash 是 10 万次。

⑦ NOR Flash 可以像其他内存那样连接，非常直接地使用，并可以在上面直接运行代码；NAND Flash 需要特殊的 I/O 接口，在使用时，必须先写入驱动程序，才能继续执行其他操作。因为设计师绝不能向坏块写入，这就意味着在 NAND Flash 上必须自始至终地进行虚拟

映像。

⑧ NOR Flash 用于对数据可靠性要求较高的代码存储、通信、网络处理等产品，称为代码闪存；NAND Flash 则用于对存储容量要求较高的 MP3、存储卡、U 盘等产品，称为数据闪存。

9. RAM 存储器

(1) SRAM 的特点

SRAM 是静态随机存取存储器，只要供电它就会保持一个值。它没有刷新周期，由触发器构成基本单元，集成度低，每个 SRAM 存储单元由 6 个晶体管组成，因此其成本较高。它具有较高的速率，常用于高速缓冲存储器。

通常，SRAM 有以下 4 种引脚：

- CE　片选信号，低电平有效。
- R/W　读/写控制信号。
- ADDRESS　一组地址线。
- DATA　用于数据传输的一组双向信号线。

(2) DRAM 的特点

DRAM 是动态随机存取存储器，是一种以电荷形式进行存储的半导体存储器。它的每个存储单元都由一个晶体管和一个电容器组成，数据存储在电容器中。电容器会由于漏电而导致电荷丢失，因而 DRAM 器件是不稳定的。它必须有规律地刷新，从而将数据保存在存储器中。

DRAM 的接口比较复杂，通常有以下引脚：

- CE　片选信号，低电平有效。
- R/W　读/写控制信号。
- RAS　行地址选通信号，通常接地址的高位部分。
- CAS　列地址选通信号，通常接地址的低位部分。
- ADDRESS　一组地址线。
- DATA　用于数据传输的一组双向信号线。

(3) SDRAM 的特点

SDRAM 是同步动态随机存取存储器。同步是指内存工作需要同步时钟，内部的命令发送与数据的传输都以它为基准；动态是指存储器阵列需要不断地刷新来保证数据不丢失。它通常只能工作在 133 MHz 的主频。

(4) DDRAM 的特点

DDRAM 是双倍速率同步动态随机存取存储器，也称 DDR。DDRAM 是基于 SDRAM 技术的，SDRAM 在一个时钟周期内只传输一次数据，它是在时钟的上升期进行数据传输的；而 DDR 内存则是一个时钟周期内传输两次数据，它能够在时钟的上升期和下降期各传输一次数据。在 133 MHz 的主频下，DDR 内存带宽可以达到 133×64 b/8×2=2.1 GB/s。

10. S3C2410X 的存储器管理器

S3C2410X 的存储器管理器提供访问外部存储器的所有控制信号：26 位地址信号、32 位数据信号、8 个片选信号以及读/写控制信号等。

S3C2410X 的存储空间分成 8 组，最大容量是 1 GB，bank0～bank5 为固定 128 MB，bank6 和 bank7 的容量可编程改变，可以是 2 MB、4 MB、8 MB、16 MB、32 MB、64 MB 和 128 MB，并且 bank7 的开始地址与 bank6 的结束地址相连接，但是二者的容量必须相等。

bank0 可以作为引导 ROM，其数据线宽只能是 16 位和 32 位，复位时由 OM0、OM1 引脚确定；其他存储器的数据线宽可以是 8 位、16 位和 32 位。

S3C2410X 的存储器格式，可以编程设置为大端格式，也可以设置为小端格式。

除 bank0 外，其余 7 个存储器的总线宽度可编程设置为 8 位、16 位或 32 位，但 bank0 只能设置为 16 位或 32 位。bank0 作为引导 ROM，地址映射到 0x00000000，总线宽度已经在复位时由 OM[1：0]确定了。

S3C2410 提供 8 路片选(nGCSn[0～7])，每个片选都指定了固定的地址，每个片选固定间隔为 128 MB。开发板内存由两片 16 MB×16 位数据宽度的 SDRAM 构成，两片拼成 32 位模式，公用 nGCS6，共 64 MB 的 RAM。起始物理实地址：0x30000000。

11. 键盘接口

(1) 键盘的形式

键盘有两种形式：线性键盘和矩阵键盘。

线性键盘由若干个独立的按键组成，每个按键的一端与微机的一个 I/O 口相连。有多少个键就要有多少根连线与微机的 I/O 口相连，因此，只适用于按键少的场合。

矩阵键盘的按键按 N 行与 M 列排列，每个按键占据行与列的一个交点，需要的 I/O 口数目是 $N+M$，容许的最大按键数是 $N\times M$。显然，矩阵键盘可以减少与微机接口的连线数，简化结构，是一般微机常用的键盘结构。根据矩阵键盘的识键和译键方法的不同，矩阵键盘又可以分为非编码键盘和编码键盘两种。

(2) 识别键盘

识别键盘就是识别键盘上的按键的闭合状态。通常有下述方法：

① 对非编码键盘主要用软件的方法识键和译键。根据扫描方法的不同，可以分为行扫描法、列扫描法和反转法三种。

行扫描法是矩阵键盘按键常用的识别方法，此方法分为两步进行：

第一步　识别键盘哪一列的键被按下。让所有行线均为低电平，查询各列线电平是否为低，如果有列线为低，则说明该列有按键被按下，否则说明无按键按下。

第二步　如果某列有按键按下，则识别键盘是哪一行按下的。逐行置低电平，并置其余各行为高电平，查询各列的变化，如果列电平变为低电平，则可确定此行此列交叉点处按键被按下。

② 对编码键盘主要用硬件来实现键的扫描和识别，通常使用 8279 专用接口芯片，在硬件上要求较高。

12. 显示接口

(1) LCD

1) LCD 概述

LCD 为英文 Liquid Crystal Display 的缩写，即液晶显示器，是一种数字显示技术，可以通过液晶和彩色过滤器过滤光源，在平面面板上产生图像。

其种类可分为依驱动方式之静态驱动(static)、单纯矩阵驱动(simple matrix)以及主动矩阵驱动(active matrix)三种。其中，单纯矩阵型又是俗称的被动式(passive)，可分为扭转式向列型 TN(Twisted Nematic)和超扭转式向列型 STN(Super Twisted Nematic)两种；而主动矩阵型则以薄膜式晶体管型 TFT(Thin Film Transistor)为目前主流。

目前，市场上出售的 LCD 主要有两种类型：带有驱动电路的 LCD 显示模块，只要总线方式驱动；没有驱动电路的 LCD 显示器，使用控制器扫描方式。

光源的提供方式有两种：透射式和反射式。便携式计算机的 LCD 显示屏即为透射式，屏后面有一个光源，因此外界环境可以不需要光源。而一般微控制器上使用的 LCD 为反射式，需要外界提供光源，靠反射光来工作。

一块 LCD 屏显示图像，不但需要 LCD 驱动器，还需要有相应的 LCD 控制器。通常，LCD 驱动器会以 COF/COG 的形式与 LCD 玻璃基板制作在一起，而 LCD 控制器则有外部电路来实现。而 S3C2410 内部已经集成了 LCD 控制器，因此可以很方便地控制各种类型的 LCD 屏，例如：STN 和 TFT 屏。

2) LCD 组成

LCD 构成由三部分组成：LCD 显示屏、显示控制器和缓冲存储器。

3) LCD 控制器工作原理

LCD 控制器工作的时候，通过 DMA 请求总线，并直接通过 SDRAM 控制器读取 SDRAM 中指定地址(显示缓冲区)的数据，此数据经过 LCD 控制器转换成液晶屏扫描数据格式，直接驱动液晶显示器。

(2) VGA

VGA 本质上是一个模拟接口，一般都采用统一的 15 引脚接口，包括 2 个 NC 信号、3 根显示器数据总线、5 个 GND 信号、3 个 RGB 色彩分量、1 个行同步信号和 1 个场同步信号。其色彩分量采用的电平标准为 EIA 定义的 RS343 标准。

13. 触摸屏接口

按工作原理分，触摸屏可以分为表面声波屏、电容屏、电阻屏和红外屏等几种。触摸屏的控制采用专业芯片。

S3C2410 A/D 转换器和触摸屏接口主要由 6 部分构成：

① 信号输入通道；

② 8 转 1 切换开关；

③ A/D 转换器；

④ 控制逻辑；

⑤ 中断信号发生器；

⑥ 触摸屏接口。

(1) A/D 转换时间计算和分辨率

当 PCLK 频率为 50 MHz，预分频值(PRESCALER)为 49 时，10 位数字量的转换时间如下：

A/D 转换频率＝50 MHz /(49＋1)＝1 MHz

转换时间＝1/(1 MHz/5 个周期)＝1/200 kHz＝5 μs

注　意　A/D 转换器最大可以工作在 2.5 MHz 时钟下，所以转换速率可以达到 500 KSPS。

(2) 触摸屏的结构及工作原理

电阻式触摸屏由 3 层透明薄膜构成：一层是电阻层，另一层是导电层，它们中间有一隔离层。当某一点被按压时，在按压点电阻层与导电层接触，如果在电阻层的一边接电源，另一边接地，便可测量出按压点的电压，从而可算出其坐标。实现方法如下：

测量 X 坐标：从 XP 输出电压给 X＋端，从 XM 输出地电位给 X－端；从 YP 脚输入按压点电压。

控制信号一般设置为：nYPON＝1，nYMON＝0；nXPON＝0，nXMON＝1。

14. 串行接口

(1) 概　念

串行通信是指使数据一位一位地进行传输而实现的通信。与并行通信相比，串行通信具有传输线少、成本低等优点，特别适合远距离传送；缺点是速度慢。

(2) 通信模式

串行数据传送有 3 种基本的通信模式：单工、半双工和全双工。

(3) 信息格式

串行通信在信息格式上可分为同步通信和异步通信两种方式。

1) 异步传输

把每个字符当做独立的信息来传输，并按照一固定且预定的时序传送。异步通信时，字符是一帧一帧传送的，每帧字符的传送靠起始位来同步。一帧数据的各个代码间间隔是固定的，而相邻两帧数据其时间间隔是不固定的。

异步通信必须遵循 3 项规定：

① 字符格式　起始位＋数据＋校验位＋停止位(检验位可无)，低位先传送。

② 波特率　每秒传送的位数。

③ 校验位　奇偶检验。

- 奇校验　要使字符加上校验位有奇数个“1”。
- 偶检验　要使字符加上校验位有偶数个“1”。

2）同步传输

同步方式不仅在字符之间是同步的，而且在字符与字符之间的时序仍然是同步的，即同步方式是将许多字符聚集成一字符块后，在每块信息之前要加上 1～2 个同步字符，字符块之后再加入适当的错误检测数据才传送出去。

(4) RS－232C 的电气特性

TTL 标准与 RS－232C 标准之间的电平转换利用集成芯片 RS－232 实现。

在 TxD 和 RxD 上，逻辑 1 为－3～－15 V，逻辑 0 为 3～15 V，它是负逻辑。

在 TES、CTS、DTR、DCD 等控制线上：信号有效（ON 状态）为 3～15 V，信号无效（OFF 状态）为－3～－15 V。

(5) RS－422 串行通信接口

RS－422 是一种单机发送、多机接收的单向、平衡传输规范，传输速率可达 10 Mb/s。RS－422采用差分传输方式，也称为平衡传输，使用一对双绞线。它需要一终端电阻，要求其阻值约等于传输电缆的特性阻抗。

(6) RS－485 串行总线接口

RS－485 是在 RS－422 的基础上建立的标准，增加了多点、双向通信能力，通信距离可为几十米到上千米。RS－485 收发器采用平衡发送和差分接收，具有抑制共模干扰的能力。它需要两个终端电阻。在近距离（300 m 以下）传输可不需要终端电阻。

(7) S3C2410 的 UART

S3C2410 的 UART（通用异步串行口）有 3 个独立的异步串行 I/O 端口：UART0、UART1、UART2，每个串口都可以在中断和 DMA 两种模式下进行收发。UART 支持的最高波特率达 230.4 kb/s。

每个 UART 包含波特率发生器、接收器、发送器和控制单元。波特率发生器以 PCLK 或 UCLK 为时钟源。发送器和接收器各包含 1 个 16 字节的 FIFO 寄存器和移位寄存器。

S3C2410 的 3 个 UART 都有遵从 1.0 规范的红外传输功能，UART0、UART1 有完整的握手信号，可以连接 MODEM。

当发送数据时，数据先写到 FIFO，再复制到发送移位寄存器，最后从数据输出端口（TxDn）依次被移位输出。被接收的数据也同样从接收端口（RxDn）移位输入到移位寄存器，再复制到 FIFO 中。

1）串行口结构

串行口结构主要由 4 部分构成：接收器（receiver）、发送器（transmitter）、波特率发生器（buad_rate shifter）和控制单元（control unit）。

2）串行口的操作

数据帧格式：可编程，包含 1 个开始位、5～8 个数据位、1 个可选的奇偶校验位、1 个或 2 个停止位，通过线路控制器（ULCONn）来设置。

发送中止信号：迫使串口输出逻辑 0，这种状态保持一个传输帧的时间长度。通常，在一帧数据完整地传输完之后，再通过这个全 0 状态将中止信号发送给对方。中止信号发送之后，传送数据连续放到 FIFO 中（在不使用 FIFO 模式下，将放到输出保持寄存器中）。

接收器具有错误检测功能：可以检测出溢出错误、奇偶校验错误、帧错误和中止状况。每种情况下都会将一个错误标志在接收状态寄存器置位。

15. I^2C 接口

(1) 概　念

I^2C 总线是 Philips 公司开发的一种串行总线。I^2C 总线的应用越来越广泛，现在在很多器件上都配置有 I^2C 总线接口，如 EEPROM、时钟芯片等。

I^2C 总线信号为两线：一条是能够双向传输的数据线 SDA；另一条是能够双向传输的时钟线 SCL。它是信号线最少的串行总线。I^2C 总线是具备总线仲裁和高低速设备同步等功能的高性能多主机总线。总线上的每个器件都有唯一的地址以供识别，而且各器件都可以作为一个发送器或者接收器（由器件的功能决定）。

(2) 操作模式

I^2C 总线有 4 种操作模式：主发送、主接收、从发送和从接收。

(3) 信号类型

I^2C 总线在传送数据过程中有 3 种类型信号：

- 开始信号　SCL 为高电平时，SDA 由高向低跳变。
- 结束信号　SCL 为高电平时，SDA 由低向高跳变。
- 应答信号　接收方在收到 8 位数据后，在第 9 个脉冲向发送方发出特点的低电平。

(4) 工作原理

主器件发送一个开始信号后，它会立即送出一个从地址，来通知将与它进行数据通信的从器件。1 字节的地址包括 7 位地址信息和 1 位传输方向指示位。第 7 位如果为 0，则表示要进行写操作；如果为 1，则表示要进行读操作。

SDA 线上传输的每字节长度都是 8 位，每次传输中字节的数量没有限制。在开始信号后面的第一字节是地址域，之后每个传输字节后面都有一个应答位（ACK），传输中串行数据的 MSB（字节高位）首先发送。

如果数据接收方无法再接收更多的数据，它可以通过将 SCL 保持低电平来中断传输，以迫使数据发送方等待，直到 SCL 被重新释放。这样可以达到高低速设备同步。

I^2C 总线的工作过程：SDA 和 SCL 都是双向的。空闲时，SDA 和 SCL 都是高电平，只有 SDA 变为低电平，接着 SCL 再变为低电平，I^2C 总线的数据传输才开始。SDA 线上传输的每一位在 SCL 的上升沿被采样，该位必须保持有效直到 SCL 再次变为低电平，然后 SDA 就在 SCL 再次变为高电平之前传输下一个位。最后，SCL 变回高电平，接着 SDA 也变为高电平，表示数据传输结束。

(5) S3C2410 的 I^2C 总线的特点

S3C2410 有一个 I^2C 总线接口。I^2C 总线的速度可以是标准速度传输(100 kb/s)，也可以高速传输(高达 400 kb/s)；并可以查询方式和中断方式工作。

它可以主设备身份传输，也可以从设备身份传输，共有 4 种操作模式：主机发送模式、主机接收模式、从机发送模式和从机接收模式。

16. 音频接口

(1) 基本原理

麦克风输入的数据经音频解码器解码完成 A/D 转换，解码后的音频数据通过音频控制器送入 DSP 或 CPU 进行相应的处理，然后数据经音频控制器发送给音频编码器，经编码 D/A 转换后由扬声器输出。

(2) 数字音频的格式

数字音频的格式有多种，最常用的是下面 3 种：

① 数字音频(PCM)　是 CD 或 DVD 采用的数据格式。其采样频率为 44.1 kHz。精度为 16 位时，PCM 音频数据速率为 1.41 Mb/s；精度为 32 位时为 2.42 Mb/s。一张700 MB的 CD 可以保存大约 60 min 的 16 位 PCM 数据格式的音乐。

② MPEG 层 3 音频(MP3)　MP3 播放器采用的音频格式。立体声 MP3 数据速率为 112～128 kb/s。

③ ATSC 数字音频压缩标准(AC3)　数字 TV、HDTV 和电影数字音频编码标准，立体声 AC3 编码后的数据速率为 192 kb/s。

(3) I^2S

I^2S 是音频数据的编码或解码常用的串行音频数字接口。I^2S 总线只处理声音数据，其他控制信号等则需要单独传输。I^2S 使用了 3 根串行总线：数据线 SD、字段选择线 WS 和时钟信号线 SCK。

当接收方和发送方的数据字段宽度不一样时，发送方不考虑接收方的数据字段宽度。如果发送方发送的数据字段小于系统字段宽度，则在低位补 0；如果发送方的数据宽度大于接收方的宽度，则超过 LSB 的部分被截断。字段选择 WS 用来选择左右声道，WS＝0 表示选择左声道；WS＝1 表示选择右声道。此外，WS 能让接收设备存储前一字节，并准备接收下一字节。

17. 并行接口

(1) 概　念

并行接口简称为并口，是一种增强了的双向并行传输接口。其优点是不需在 PC 中使用其他卡，无限制连接数目(只要有足够的端口)，设备的安装及使用容易，最高传输速度为 1.5 Mb/s。目前，计算机中的并行接口主要作为打印机端口，接口使用的不再是 36 针接头，而是 25 针 D 形接头。所谓并行，是指 8 位数据同时通过并行线进行传送，这样数据传送速度大大提高，但并行传送的线路长度受到限制，因为长度增加，干扰就会增加，容易出错。

并行接口是指数据的各位同时进行传送，其特点是传输速度快，但当传输距离较远、位数又多时，导致通信线路复杂且成本提高。

(2) 并行接口类型

并行接口可以分为 SPP(标准并口)、EPP(增强型并口)和 ECP(扩展型并口)。

(3) 并行总线类型

并行总线分为标准和非标准两类。常用的并行标准总线有 IEEE 488 总线和 ANSI SCSI 总线。MXI 总线是一种高性能非标准的通用多用户并行总线。

18. USB 接口

(1) USB 标准

通用串行总线 USB(Universal Serial Bus)是由 Intel、Compaq、Microsorft 等公司联合提出的一种新的串行总线标准，主要用于 PC 与外围设备互连。1996 年 2 月发布 v1.0，2000 年 4 月发布了 v2.0。

USB 设备最大的特点是即插即用。

(2) USB 总线的主要特点

① 使用简单，即插即用。

② 每个 USB 系统中都有主机，这个 USB 网络中最多可以连接 127 个设备。

③ 应用范围广，支持多个设备同时操作。

④ 低成本的电缆和连接器，使用统一的 4 引脚插头。

⑤ 较强的纠错能力。

⑥ 较低的协议开销带来了高的总线性能，且适合于低成本外设的开发。

⑦ 支持主机与设备之间的多数据流和多消息流传输，且支持同步和异步传输类型。

⑧ 总线供电，能为设备提供 5 V/100 mA 的供电。

(3) USB 系统的组成

USB 系统由 3 部分来描述：USB 主机、USB 设备和 USB 互连。

(4) USB 总线支持的数据传输率

支持的数据传输率有 3 种：

- 高速信令位传输率为 480 Mb/s；

- 全速信令位传输率为 12 Mb/s；
- 信令位传输率为 1.5 Mb/s。

(5) USB 总线电缆

有 4 根线：一对双绞信号线和一对电源线。

(6) USB 接口的组成

USB 接口由 5 部分组成：

- USB 芯片及协议程序(固件)；
- 控制器(控制 USB 芯片)；
- 控制器程序；
- USB 设备驱动程序；
- USB 设备。

(7) 传输方式

USB 数据传输方式有 4 种：

- 同步传输 设备与主机同步，速度高，一次传输，不确保无错误。如用于声音、视频传输。
- 中断传输 实时性强，应用于数据量少、分散、不可预测的数据传输中。如键盘、鼠标、游戏杆操作。
- 批量传输 应用于大量数据传输，保证传输数据正确无误。但对数据的实效性要求不高。如打印机、扫描仪等。
- 控制传输 传输的不是数据，而是命令和状态信号，主要用于主机对 USB 设备进行配置、控制、查询状态等。该方式数据量小、实效性要求也不高。

(8) 查询总线

USB 是一种查询总线，由主控制器启动所有的数据传输。USB 上所挂接的外设通过由主机调度的、基于令牌的协议来共享 USB 带宽。

大部分总线事务涉及 3 个包的传输：

- 令牌包 指示总线上要执行的事务、欲寻址的 USB 设备及数据传送方向。
- 数据包 传输数据或指示它没有数据要传输。
- 握手包 指示传输是否成功。

(9) 管 道

主机与设备端点之间的 USB 数据传输模型称为管道。管道有两种类型：流和消息。消息数据具有 USB 定义的结构，而数据流没有。

(10) 事务调度表

事务调度表允许对某些流管道进行流量控制，在硬件级，通过使用 NAK 握手信号来调节数据传输率，以防止缓冲区上溢或下溢产生。

(11) 工作原理

USB 设备插入 USB 端点时，主机都通过默认地址 0 与设备的端点 0 进行通信。在这个过程中，主机发出一系列试图得到描述符的标准请求，通过这些请求，主机得到所有感兴趣的设备信息，从而知道了设备的情况以及该如何与设备通信。随后主机通过发出 Set Address 请求为设备设置一个唯一的地址。以后主机就通过为设备设置好的地址与设备通信，而不再使用默认地址 0。

19. SPI 接口

(1) SPI 总线概念

SPI 总线是 Motorola 公司推出的一种同步串行传输规范，常作为微处理器外设芯片串行扩展接口。

该接口共使用 4 条信号线：

① 主机输出片选信号线 NSS。NSS 信号决定了唯一的与主设备通信的从设备，若没有 NSS 信号，则只能存在一个从设备，主设备通过产生移位时钟来发起通信。

② 主机输出时钟信号线 SCLK。由主设备产生，主设备通过对 SCLK 时钟线的控制可以完成对通信的控制。

③ 主机输出/从机输入数据线 MOSI。

④ 主机输入/从机输出数据线 MISO。

SPI 串行扩展接口是高速、全双工同步通信口。SPI 接口主要应用在 EEPROM、Flash、实时时钟、AD 转换器，还有数字信号处理器和数字信号解码器之间。

SPI 传输串行数据时首先传输最高位。

(2) SPI 的通信原理

它以主从方式工作，这种模式通常有一个主设备和一个或多个从设备。

NSS 控制芯片是否被选中，即只有片选信号为预先规定的使能信号时（高电位或低电位），对此芯片的操作才有效。这使在同一总线上连接多个 SPI 设备成为可能。

通信是通过数据交换完成的。SPI 是串行通信协议，即数据是一位一位传输的。SCLK 提供时钟脉冲，MOSI 和 MISO 则基于这个脉冲信号完成数据传输。数据输出通过 MOSI 线，数据在时钟上升沿或下降沿时改变，在紧接着的下降沿或上升沿被读取。完成一位数据传输，输入原理也是如此。这样，经过 8 次时钟信号的改变，就可以完成 9 位数据的传输了。其中，SCLK 信号线只由主设备控制，从设备不能控制信号线。

这种传输方式有一个优点，与普通的串行通信不同，普通的串行通信一次至少连续传送 8 位数据，而 SPI 允许数据一位一位地传送，甚至允许暂停，因为 SCLK 由主设备控制，当没有时钟跳变时，从设备不采集或传送数据，亦即主设备通过对 SCLK 的控制可以完成对通信的控制。

SPI 的另一个数据交换协议，是 SPI 数据输入和输出线独立，允许同时完成数据的输入和输出。不同的 SPI 设备实现方式不尽相同，主要是数据改变和采集的时间不同，在时钟信号上沿或下沿采集有不同定义，具体请参考相关器件的文档。在点对点的通信中，SPI 接口不需要进行寻址操作，且为全双工通信，简单高效。

SPI 的缺点：没有指定的流控制，没有应答机制确认是否接收到数据。

20. 以太网接口

(1) 以太网协议

以太网(Ethernet)指的是由 Xerox 公司创建，并由 Xerox、Intel 和 DEC 公司联合开发的基带局域网规范。以太网络使用 CSMA/CD(载波监听多路访问及冲突检测技术)技术，并以 10 Mb/s的速率运行在多种类型的电缆上。以太网与 IEEE 802.3 系列标准类似。

它不是一种具体的网络，而是一种技术规范。

以太网是当今现有局域网采用的最通用的通信协议标准。该标准定义了在局域网(LAN)中采用的电缆类型和信号处理方法。以太网在互联设备之间以 10～100 Mb/s 的速率传送信息包，双绞线电缆 10 Base T 以太网由于其低成本、高可靠性以及 10 Mb/s 的速率而成为应用最为广泛的以太网技术。直扩的无线以太网可达 11 Mb/s，许多制造供应商提供的产品都能采用通用的软件协议进行通信，开放性最好。

开始的以太网只有 10 Mb/s 的吞吐量，使用的是 CSMA/CD(带有碰撞检测的载波侦听多路访问)的访问控制方法，这种早期的 10 Mb/s 以太网称为标准以太网。以太网主要有两种传输介质，即双绞线和光纤。所有的以太网都遵循 IEEE 802.3 标准 。

(2) 以太网的连接

拓扑结构为两种类型：

1) 总线型

总线型拓扑结构所需的电缆较少，价格便宜，管理成本高，不易隔离故障点，采用共享的访问机制，易造成网络拥塞。早期以太网多使用这种拓扑结构，采用同轴电缆作为传输介质，连接简单，通常在小规模的网络中不需要专用的网络设备，但由于它的固有缺陷，已经逐渐被以集线器和交换机为核心的星形网络所代替。

2) 星　形

星形拓扑结构管理方便，容易扩展，需要专用的网络设备作为网络的核心节点，需要更多的网线，对核心设备的可靠性要求高。采用专用的网络设备(如集线器或交换机)作为核心节点，通过双绞线将局域网中的各台主机连接到核心节点上，就形成了星形结构。星形网络虽然需要的线缆比总线型多，但布线和连接器都比总线型的便宜。此外，星形拓扑可以通过级联的方式很方便地将网络扩展到很大的规模，因此得到了广泛应用，被绝大部分以太网所采用。

(3) 传输介质

以太网可以采用多种连接介质，包括同轴缆、双绞线和光纤等。其中，双绞线多用于从主机到集线器或交换机的连接，而光纤则主要用于交换机间的级联和交换机到路由器间的点到点链路上。同轴缆作为早期的主要连接介质已经逐渐趋于淘汰。双绞线中的直通线和交叉线两种连线方法应用如下：

① 应使用直通电缆连接　交换机到路由器以太网端口、计算机到交换机、计算机到集线器。

② 交叉电缆用于直接连接 LAN 中的设备　交换机到交换机、交换机到集线器、集线器到集线器、路由器到路由器的以太网端口、计算机到计算机，以及计算机到路由器的以太网端口。

(4) 接口的工作模式

以太网卡可以工作在两种模式下：半双工和全双工。

(5) 以太网数据传输特点

① 所有数据位的传输由低位开始，传输的位流使用曼彻斯特编码。

② 以太网是基于冲突检测的总线复用方法，由硬件自动执行。

③ 传输的数据长度为目的地址 DA＋源地址 SA＋类型字段 TYPE＋数据段 DATA＋填充位 PAD，最小为 60 B，最大为 1 514 B。

④ 通常以太网卡可以接收 3 种地址的数据：广播地址、多播地址和自己的地址。

⑤ 任何两个网卡的物理地址都不一样，是唯一的。网卡地址由专门机构分配。

(6) 嵌入式以太网接口实现

嵌入式以太网接口有两种实现方法：

- 嵌入式处理器＋网卡芯片（例如：RTL8019AS、CS8900 等）；
- 带有以太网接口的处理器。

(7) TCP/IP

TCP/IP 是一个分层协议，分为：物理层、数据链路层、网络层、传输层和应用层。每层实现一个明确的功能，对应一个或几个传输协议，每层相对于它的下层都作为一个独立的数据包来实现。每层上的协议如下：

① 应用层　BSD 套接字。

② 传输层　TCP、UDP。

③ 网络层　IP、ARP、ICMP、IGMP。

④ 数据链路层　IEEE 802.3 Ethernet MAC。

⑤ 物理层　二进制比特流。

(8) ARP(地址解析协议)

网络层用 32 位的地址来标识不同的主机（即 IP 地址），而链路层使用 48 位的物理地址（MAC）来标识不同的以太网或令牌网接口。

ARP 的功能是实现从 IP 地址到对应物理地址的转换。

(9) UDP(用户数据包协议)

UDP 协议是一种无连接不可靠的传输层协议，它不保证数据包能到达目的地，可靠性由应用层来提供。UDP 协议开销小，与 TCP 相比更适合应用于低端的嵌入式领域。

21. CAN 总线接口

(1) CAN 概念

控制器局域网 CAN(Control Area Network)总线是一种多主方式的串行通信总线，是国际上应用最广泛的现场总线之一，最初被用于汽车环境中的电子控制网络。一个 CAN 总线构成的单一网络中，理想情况下可以挂接任意多个节点，实际应用中节点数据受网络硬件的电气特性所限制。

(2) 总线信号使用的传送

总线信号使用差分电压传送。两条信号线被称为 CAN_H 和 CAN_L，静态是均为 2.5 V 左右，此时的状态表示逻辑 1，也可以叫做“隐性”。用 CAN_H 比 CAN_L 高表示逻辑 0，称为“显性”，此时，通常电压值为 CAN_H=3.5 V 和 CAN_L=1.5 V。

当“显性”和“隐性”位同时发送时，最后总线数值将为“显性”。这种特性为 CAN 总线的仲裁奠定了基础。

CAN 总线的一个位时间分成 4 部分：同步段、传播时间段、相位缓冲段 1 和相位缓冲段 2。

(3) CAN 总线的数据帧格式

CAN 总线的数据帧有两种格式：标准格式和扩展格式。它包括：帧起始、仲裁域、控制域、数据域、CRC 域、ACK 域和帧结束。

(4) CAN 总线硬件接口

CAN 总线硬件接口包括：CAN 总线控制器和 CAN 收发器。CAN 控制器主要完成时序逻辑转换等工作，例如 Philips 公司的 SJA1000。CAN 收发器是 CAN 总线的物理层芯片，实现 TTL 电平到 CAN 总线电平特性的转换。

22. GPRS

通用无线分组业务 GPRS(General Packet Radio Service)是一种基于 GSM 系统的无线分组交换技术，提供端到端的、广域的无线 IP 连接。通俗地说，GPRS 是一项高速数据处理技术，方法是以“分组”的形式传送资料到用户手上。虽然 GPRS 是现有 GSM 网络向第三代移动通信演变的过渡技术，但是它在许多方面都具有显著的优势。

由于使用了“分组”技术，用户上网可以免受断线的困扰。此外，使用 GPRS 上网的方法与 WAP 不同，用 WAP 上网就如在家中上网，先“拨号连接”，而上网后便不能同时使用该电话线，但 GPRS 就较为优越，下载资料和通话是可以同时进行的。从技术上来说，声音的传送(即通话)继续使用 GSM，而数据的传送便可使用 GPRS，这样就把移动电话的应用提升到一个更高的层次。而且发展 GPRS 技术也是十分“经济”的，因为只需沿用现有的 GSM 网络来发展即可。GPRS 的用途十分广泛，包括通过手机发送及接收电子邮件，在互联网上浏览等。

现在手机上网的口号就是 always online、IP in hand，使用 GPRS 后，数据实现分组发送和接收，这同时意味着用户总是在线且按流量计费，迅速降低了服务成本。

而 GPRS 的最大优势在于，它的数据传输速度不是 WAP 所能比拟的。目前的 GSM 移动通信网的传输速度为 9.6 KB/s，GPRS 手机现在可达到 115 kb/s（此速度是常用 56 kb/s modem 理想速率的 2 倍）。

23. ZigBee

(1) ZigBee 概念

ZigBee 是 IEEE 802.15.4 协议的代名词。根据这个协议规定的技术是一种短距离、低功耗的无线通信技术。这一名称来源于蜜蜂的八字舞，蜜蜂（bee）是靠飞翔和“嗡嗡”（zig）地抖动翅膀的“舞蹈”来与同伴传递花粉所在方位信息的。也就是说，蜜蜂依靠这样的方式构成了群体中的通信网络。其特点是近距离、低复杂度、自组织、低功耗、低数据速率和低成本。主要适用于自动控制和远程控制领域，可以嵌入各种设备。

简而言之，ZigBee 就是一种便宜的、低功耗的近距离无线组网通信技术。

(2) ZigBee 无线数据传输网络描述

简单地说，ZigBee 是一种高可靠的无线数传网络，类似于 CDMA 和 GSM 网络。ZigBee 数传模块类似于移动网络基站。通信距离从标准的 75 m 到几百米、几千米，并且支持无限扩展。

ZigBee 是一个由可多到 65 000 个无线数传模块组成的无线数传网络平台，在整个网络范围内，每一个 ZigBee 网络数传模块之间可以相互通信，每个网络节点间的距离可以从标准的 75 m 无限扩展。

与移动通信的 CDMA 网或 GSM 网不同的是，ZigBee 网络主要是为工业现场自动化控制数据传输而建立，因而它必须具有简单、使用方便、工作可靠、价格低的特点。每个 ZigBee 网络节点不仅本身可以作为监控对象，例如其所连接的传感器直接进行数据采集和监控，还可以自动中转别的网络节点传过来的数据资料。除此之外，每一个 ZigBee 网络节点（FFD）都可在自己信号覆盖的范围内，与多个不承担网络信息中转任务的孤立的子节点（RFD）无线连接。

(3) ZigBee 采用的自组织网通信方式

网状网通信实际上就是多通道通信。在实际工业现场，由于各种原因，往往并不能保证每一个无线通道都能够始终畅通，就像城市的街道一样，可能因为车祸、道路维修等，使得某条道路的交通出现暂时中断，此时由于有多个通道，车辆（相当于我们的控制数据）仍然可以通过其他道路到达目的地。而这一点对工业现场控制而言非常重要。

所谓动态路由是指网络中数据传输的路径并不是预先设定的，而是在传输数据前，通过对网络当时可利用的所有路径进行搜索，分析它们的位置关系以及远近，然后选择其中的一条路径进行数据传输。在网络管理软件中，路径的选择使用的是“梯度法”，即先选择路径最近的一条通道进行传输，如传不通，再使用另外一条稍远一点的通路进行传输，以此类推，直到数据送达目的地为止。在实际工业现场，预先确定的传输路径随时都可能发生变化，或者因各种原因路径被中断了，或者过于繁忙不能进行及时传送。动态路由结合网状拓扑结构，就可以很好地解决这个问题，从而保证数据的可靠传输。

24. GPS

(1) GPS 概念

全球定位系统 GPS(Global Positioning System)是一个由覆盖全球的 24 颗卫星组成的卫星系统。这个系统可以保证在任意时刻，地球上任意一点都可以同时观测到 4 颗卫星，以保证卫星可以采集到该观测点的经纬度和高度，以便实现导航、定位、授时等功能。这项技术可以用来引导飞机、船舶、车辆以及个人，安全、准确地沿着选定的路线，准时到达目的地。

(2) GPS 的组成

GPS 全球卫星定位系统由 3 部分组成：空间部分——GPS 星座；地面控制部分——地面监控系统；用户设备部分——GPS 信号接收机。

(3) GPS 的主要特点

① 全天候；

② 全球覆盖；

③ 三维定速定时高精度；

④ 快速省时高效率；

⑤ 应用广泛多功能。

(4) GPS 的主要用途

1）陆地应用

主要包括车辆导航、应急反应、大气物理观测、地球物理资源勘探、工程测量、变形监测、地壳运动监测和市政规划控制等。

2）海洋应用

包括远洋船最佳航程和航线测定、船只实时调度与导航、海洋救援、海洋探宝、水文地质测量以及海洋平台定位、海平面升降监测等。

3）航空航天应用

包括飞机导航、航空遥感姿态控制、低轨卫星定轨、导弹制导、航空救援和载人航天器防护探测等。

(5) GPS 分类

GPS 卫星接收机种类很多，根据型号分为测地型、全站型、定时型、手持型和集成型；根据用途分为车载式、船载式、机载式、星载式和弹载式。

经过 20 余年的实践证明，GPS 系统是一个高精度、全天候和全球性的无线电导航、定位和定时的多功能系统。GPS 技术已经发展成为多领域、多模式、多用途和多机型的国际性高新技术产业。

(6) GPS 原理

GPS 导航系统的基本原理是，测量出已知位置的卫星到用户接收机之间的距离，然后综合多颗卫星的数据就可知道接收机的具体位置。

要达到这一目的，卫星的位置可以根据星载时钟所记录的时间在卫星星历中查出。而用户到卫星的距离则通过记录卫星信号传播到用户所经历的时间，再将其乘以光速得到(由于大气层电离层的干扰，这一距离并不是用户与卫星之间的真实距离，而是伪距(PR))：当 GPS 卫星正常工作时，会不断地用 1 和 0 二进制码元组成的伪随机码(简称伪码)发射导航电文。

GPS 系统使用的伪码有两种，分别是民用的 C/A 码和军用的 P(Y)码。C/A 码频率为 1.023 MHz，重复周期为 1 ms，码间距为 1 μs，相当于 300 m；P 码频率为 10.23 MHz，重复周期为 266.4 天，码间距为 0.1 μs，相当于 30 m。而 Y 码是在 P 码的基础上形成的，保密性能更佳。导航电文包括卫星星历、工作状况、时钟改正、电离层时延修正和大气折射修正等信息。它是从卫星信号中解调出来，以 50 b/s 调制在载频上发射的。导航电文每个主帧中包含 5 个子帧，每帧长为 6 s。前三帧各 10 个字码；每 30 秒重复一次，每小时更新一次。后两帧共 15 000 b。导航电文中的内容主要有遥测码、转换码以及第 1、2、3 数据块，其中最重要的则为星历数据。当用户接收到导航电文时，提取出卫星时间并将其与自己的时钟做对比便可得知卫星与用户的距离，再利用导航电文中的卫星星历数据推算出卫星发射电文时所处的位置，用户在 WGS-84 大地坐标系中的位置速度等信息便可得知。

可见，GPS 导航系统卫星部分的作用就是不断地发射导航电文。然而，由于用户接收机使用的时钟与卫星星载时钟不可能总是同步，所以除了用户的三维坐标 x、y、z 外，还要引进一个 Δt 即卫星与接收机之间的时间差作为未知数，然后用 4 个方程将这 4 个未知数解出来。所以，如果想知道接收机所处的位置，至少要能接收到 4 个卫星的信号。

25. WLAN

(1) 概　念

无线局域网络 WLAN(Wireless Local Area Networks)是相当便利的数据传输系统，它利用射频 RF(Radio Frequency)技术，取代旧式的双绞铜线(Coaxial)所构成的局域网络，使得无线局域网络能利用简单的存取架构让用户透过它，达到“信息随身化，便利走天下”的理想境界。

作为局域网络管理主要工作的铺设电缆或检查电缆是否断线这种耗时的工作，很容易令人烦躁，而且也不容易在短时间内找出断线所在。再者，由于配合企业及应用环境的不断更新与发展，原有的企业网络必须配合重新布局，重新安装网络线路。虽然电缆本身并不贵，但是请技术人员来配线的成本很高，尤其是老旧的大楼，配线工程费用就更高了。因此，架设无线局域网络就成为最佳解决方案。

(2) 应　用

无线局域网络绝不是用来取代有线局域网络的，而是用来弥补有线局域网络之不足，以达到网络延伸之目的。下列情形可能需要无线局域网络：

- 无固定工作场所的使用者；
- 有线局域网络架设受环境限制；
- 作为有线局域网络的备用系统。

目前，厂商在设计无线局域网络产品时，有相当多种存取设计方式，大致可分为三大类：窄频微波（narrowband microwave）技术、展频（spread spectrum）技术及红外线（infrared）技术。每种技术皆有其优缺点和限制，以下是无线局网络存取技术方法的详细探讨。

(3) 技术要求

由于无线局域网需要支持高速、突发的数据业务，在室内使用时还需要解决多径衰减以及各子网间串扰等问题。具体来说，无线局域网必须实现以下技术要求：

① 可靠性　无线局域网的系统分组丢失率应该低于 10^{-5}，误码率应该低于 10^{-8}。

② 兼容性　对于室内使用的无线局域网，应尽可能使其与现有的有线局域网在网络操作系统和网络软件上相互兼容。

③ 数据速率　为了满足局域网业务量的需要，无线局域网的数据传输速率应该在1 Mb/s以上。

④ 通信保密　由于数据通过无线介质在空中传播，无线局域网必须在不同层次采取有效的措施以提高通信保密和数据安全性能。

⑤ 移动性　支持全移动网络或半移动网络。

⑥ 节能管理　当无数据收发时使站点机处于休眠状态，当有数据收发时再激活，从而达到节省电力消耗的目的。

⑦ 小型化、低价格　这是无线局域网得以普及的关键。

⑧ 电磁环境　无线局域网应考虑电磁对人体和周边环境的影响问题。

(4) 硬件设备

① 无线网卡。其作用和以太网中的网卡的作用基本相同，它作为无线局域网的接口，能够实现无线局域网各客户机间的连接与通信。

② 无线 AP。AP 是 Access Point 的简称，无线 AP 就是无线局域网的接入点、无线网关，其作用类似于有线网络中的集线器。

③ 无线天线。当无线网络中各网络设备相距较远时，随着信号的减弱，传输速率会明显下降以致无法实现无线网络的正常通信，此时就要借助于无线天线对所接收或发送的信号进行增强。

考核复习题

一、单项选择题（在备选答案中只有一个是正确的，将它选出填入括号中）

1. RS－232C 串行通信总线的电气特性要求总线信号采用(　　)。

A. 正逻辑　　B. 负逻辑

C. 高电平　　D. 低电平

2. IEEE 802.11b 标准定义了使用跳频、扩频技术的无线局域网标准，传输速率为 1 Mb/s，2 Mb/s，5.5 Mb/s 和(　　)。

A. 10 Mb/s　　B. 11 Mb/s

C. 20 Mb/s　　D. 54 Mb/s

3. 某总线有 104 根信号线，其中数据总线(DB)32 根，若总线工作频率为 33 MHz，则其理论最大传输率为(　　)。(注：本题答案中的 B 表示 Byte)

A. 33 MB/s　　B. 64 MB/s

C. 132 MB/s　　D. 164 MB/s

4. 处理机主要由处理器、存储器和总线组成，总线包括(　　)。

A. 数据总线、串行总线、逻辑总线、物理总线

B. 并行总线、地址总线、逻辑总线、物理总线

C. 并行总线、串行总线、全双工总线

D. 数据总线、地址总线、控制总线

5. 通常所说的 32 位微处理器是指(　　)。

A. 地址总线的宽度为 32 位　　B. 处理器数据长度只能为 32 位

C. CPU 字长为 32 位　　D. 通用寄存器数目为 32 个

6. “ADD R0，R1，R2”属于(　　)寻址方式。

A. 立即寻址　　B. 寄存器间接寻址

C. 寄存器寻址　　D. 相对寻址

7. AREA 伪指令的含义是(　　)。

A. 新的代码段的指示符　　B. 子程序的入口

C. 定义一个宏　　D. 数据区域的标号符

8. 寄存器 R15 用做(　　)。

A. 栈指针寄存器　　B. 程序计数器

C. 当前程序状态寄存器　　D. 基地址寄存器

9. IRQ 中断的优先级别是(　　)。

A. 1　　B. 2

C. 3　　D. 4

10. “LDR　R2，[R3，#128]”的寻址方式是(　　)。

A. 寄存器寻址　　B. 寄存器移位

C. 变址寻址　　D. 间接寻址

11. S3C2410 有(　　)个 USB 接口。

A. 1　　B. 2

C. 3　　D. 4

12. ARM 处理器的工作模式有(　　)种。

A. 5　　B. 6

C. 7　　D. 8

13. ARM9 处理器是(　　)位处理器。

A. 8 位　　B. 16 位

C. 32 位　　D. 64 位

14. RS－232 串行通信至少需要(　　)根线。

A. 1　　B. 2

C. 3　　D. 4

15. ARM 寄存器组有(　　)个通用寄存器。

A. 37　　B. 31

C. 6　　D. 35

16. 汇编源程序的默认扩展名是(　　)。

A. .h　　B. .c

C. .s　　D. .a

17. 存储一个 32 位数 0x2168465 到 2000H～2003H 四字节单元中，若以大端模式存储，则 2000H 存储单元的内容为(　　)。

A. 0x21　　B. 0x68

C. 0x65　　D. 0x02

18. RS232－C 串口通信中，表示逻辑 1 的电平是(　　)。

A. 0 V　　B. 3.3 V

C. ＋5～＋15 V　　D. －5～－15 V

19. 假设 R1＝0x31，R2＝0x2 则执行指令“ADD　R0，R1，R2 LSL ＃3”后，R0 的值是(　　)。

A. 0x33　　B. 0x34

C. 0x39　　D. 0x38

20. IRQ 中断的入口地址是(　　)。

A. 0x00000000　　B. 0x00000008

C. 0x00000018　　D. 0x00000014

21. S3C2410X I/O 口常用的控制器是(　　)。

A. 端口控制寄存器(GPACON-GPHCON)

B. 端口数据寄存器(GPADAT-GPHDAT)

C. 外部中断控制寄存器(EXTINTN)

D. 以上都是

22. “ADD R0,R1,#3”属于(　　)寻址方式。

A. 立即寻址　　B. 多寄存器寻址

C. 寄存器直接寻址　　D. 相对寻址

23. GET 伪指令的含义是(　　)。

A. 包含一个外部文件　　B. 定义程序的入口

C. 定义一个宏　　D. 声明一个变量

24. 存储一个 32 位数 0x876165 到 2000H～2003H 四字节单元中,若以小端模式存储,则 2000H 存储单元的内容为(　　)。

A. 0x00　　B. 0x87

C. 0x65　　D. 0x61

25. 若 R1＝2000H,(2000H)＝0x86,(2008H)＝0x39,则执行指令“LDR R0,[R1,#8]!”后 R0 的值为(　　)。

A. 0x2000　　B. 0x86

C. 0x2008　　D. 0x39

26. 寄存器 R13 除了可以做通用寄存器外,还可以做(　　)。

A. 程序计数器　　B. 链接寄存器

C. 栈指针寄存器　　D. 基址寄存器

27. FIQ 中断的入口地址是(　　)。

A. 0x0000001c　　B. 0x00000008

C. 0x00000018　　D. 0x00000014

28. ARM 指令集和 Thumb 指令集分别是(　　)位的。

A. 8 位,16 位　　B. 16 位,32 位

C. 16 位,16 位　　D. 32 位,16 位

29. ARM 寄存器组有(　　)个寄存器。

A. 7　　B. 32

C. 6　　D. 37

30. 寄存器 R15 除了可以做通用寄存器外,还可以做(　　)。

A. 程序计数器　　B. 链接寄存器

C. 堆栈指针寄存器　　D. 基址寄存器

31. 嵌入式系统有硬件和软件部分构成,以下(　　)不属于嵌入式系统软件。

A. 系统软件　　B. 驱动

C. FPGA 编程软件　　D. 嵌入式中间件

32. ARM 指令集是(　　)位的。

A. 16　　　B. 32

C. 8　　　D. 24

33. 下列关于存储管理单元(MMU)说法错误的是(　　)。

A. MMU 提供的一个关键服务是使各个任务作为各自独立的程序在其自己的私有存储空间中运行

B. 在带 MMU 的操作系统控制下,运行的任务必须知道其他与之无关的任务的存储需求情况,这就简化了各个任务的设计

C. MMU 提供了一些资源以允许使用虚拟存储器。D. MMU 作为转换器,将程序和数据的虚拟地址(编译时的连接地址)转换成实际的物理地址,即在物理主存中的地址

34. 下列 CPSR 寄存器标志位的作用说法错误的是(　　)。

A. N:负数　　　B. Z:零

C. C:进位　　　D. V:借位

35. S3C2410X 处理器为用户进行应用设计提供了支持多主总线的 I^2C 接口。处理器提供符合 I^2C 协议的设备连接的串行连接线为(　　)。

A. SCL 和 RTX　　　B. RTX 和 RCX

C. SCL 和 SDA　　　D. SDA 和 RCX

36. 栈和队列的共同特点是(　　)。

A. 都是先进先出　　　B. 都是先进后出

C. 只允许在端点处插入和删除元素　　　D. 没有共同点

37. Cache 用于存放主存数据的部分备份,主存单元地址与 Cache 单元地址之间的转换用(　　)完成。

A. 硬件　　　B. 软件

C. 用户　　　D. 程序员

二、多项选择题(每小题不选或选错得 0 分,漏选得 1 分,全部选对得 2 分)

1. S3C2410 最小系统由下列元件组成(　　)。

A. 处理器　　　B. Flash 存储器　　　C. SDRAM 存储器

D. CAN 总线接口　　　E. 下载调试接口

2. 对于“int　**pointer;”语句定义正确的解释是(　　)。

A. pointer 是指向整型数据的指针变量　　　B. pointer 是整型变量

C. pointer 是变量　　　D. pointer 是指针变量

E. pointer 是指向指针的指针变量

3. ARM9 的异常类型有（　　）。

A. 复位　　B. 外部中断请求　　C. 软件中断

D. 数据访问中止　　E. 指令预取中止

4. 嵌入式系统常用的显示器件有（　　）。

A. LED　　B. OLED　　C. LCD

D. CRT　　E. EL 显示器件

5. 常用做嵌入式系统存储器的有（　　）。

A. SD 卡　　B. 硬盘　　C. CD－ROM

D. Flash　　E. SDRAM

三、简答题

1. ARM 启动代码设计要完成的主要内容是什么?

2. 简述 IRQ 和 FIQ 之间的区别。

3. 简述 ARM 处理器对异常中断的响应过程。

4. 什么是 ATPCS?

5. ARM 程序和 Thumb 程序混合使用的场合是什么?

6. 简述 ARM 体系结构的存储器格式。

7. 使用外部中断要注意些什么?

8. 简述 UART0 的基本操作方法。

9. ARM 微处理器的编程模型是指 ARM 微处理器的基本工作原理和一些与程序设计相关的基本技术细节。ARM 编程模型主要有哪五个方面? 主要是指什么内容?

四、阅读程序题

汇编指令程序代码如下,将理解的内容填在程序后面的标号后。

1. MACRO

```
$HandlerLabel  HANDLER  $HandleLabel        1)
$HandlerLabel                                 HandleLabel 为宏指令的参数
sub        sp,sp,#4       ;  }
stmfd    sp!,{r0}       ;    }              2)
ldr        r0,=$HandleLabel;                  3)
ldr        r0,[r0] ;                          4)
str        r0,[sp,#4]     ;                   5)
ldmfd    sp!,{r0,pc} ;                        6)
MEND;                                         7)
```

2. AREA SCopy,CODE,READONLY

```
EXPORT  strcopy }
  strcopy       }                          8)
  LDRB  R2,[R1],#1;                        9)
  STRB  R2,[R0],#1                         10)
  CMP  R2,0;                               11)
  BNE  strcopy ;                           12)
  MOV  PC,LR;
  END
```

五、应用实践题

1. 阅读以下 S3C2410 关于存储器控制部分的用户手册。

BANK0 BUS WIDTH

The data bus of BANK0 (nGCS0) should be configured(配置)in width as one of 16-bit and 32-bit ones. Because the BANK0 works as the booting ROM bank (map to 0x0000_0000),the bus width of BANK0 should be determined(确定)before the first ROM access, which will depend on the logic level of OM[1:0] at Reset.

OM1 (Operating Mode 1)	OM0 (Operating Mode 0)	Booting ROM Data width
0	0	Nand Flash Mode
0	1	16-bit
1	0	32-bit
1	1	Test Mode

MEMORY (SROM/SDRAM) ADDRESS PIN CONNECTIONS

MEMORY ADDR. PIN	S3C2410X ADDR. @ 8-bit DATA BUS	S3C2410X ADDR. @ 16-bit DATA BUS	S3C2410X ADDR. @ 32-bit DATA BUS
A0	A0	A1	A2
A1	A1	A2	A3
…	…	…	…

(1) 图 6.1 是 S3C2410 的引脚 OM0～OM3 的接线图,根据图 6.1,判断 BANK0 数据宽度。

(2) 如果 S3C2410 外接一片 8 位 ROM 存储器,在图 6.2 中标出存储器的 A0～A15 与 S3C2410 的接法。

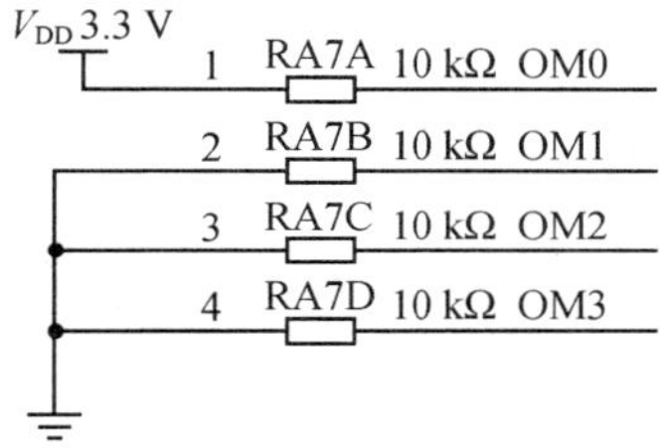

图 6.1 S3C2410 引脚 OM0～OM3 接线图

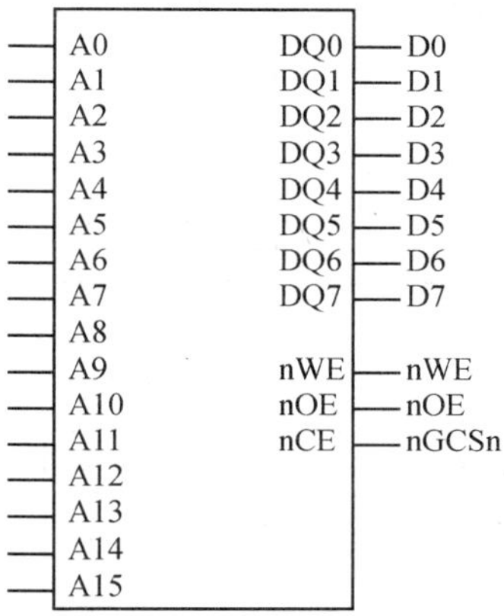

图 6.2 8 位 ROM 存储器

2. 阅读以下 S3C2410 部分用户手册，问：当 PCLK 或 UCLK 为 40 MHz 时，串口 0 的波特率为 2 400 b/s，串口 1 的波特率为 115 200 b/s 时，相应的控制寄存器如何设置。

UART BAUD RATE DIVISOR REGISTER

There are three UART baud rate divisor registers（寄存器）including UBRDIV0, UBRDIV1 and UBRDIV2 in the UART block(模块). The value stored in the baud rate divisor register (UBRDIVn), is used to determine the serial Tx/Rx clock rate(baud rate) as follows:

$$UBRDIVn=(int)(PCLK/(b/s\times 16))-1$$

or

$$UBRDIVn=(int)(UCLK/(b/s\times 16))-1$$

Where, the divisor should be from 1 to (216-1) and UCLK should be smaller than PCLK.

Register	Address	R/W	Description	Reset Value
UBRDIV0	0x50000028	R/W	Baud rate divisor register 0	—
UBRDIV1	0x50004028	R/W	rate divisor register 1	—
UBRDIV2	0x50008028	R/W	Baud rate divisor register 2	—

UBRDIVn	Bit	Description	Initial State
UBRDIV	[15: 0]	Baud rate division value UBRDIVn >0	—

3. 阅读表 6.9～6.12 中与看门狗有关的寄存器描述，解释每一行代码的功能。

表 6.9　看门狗定时器控制寄存器(WTCON)

寄存器	地　址	读/写	描　述	初始值
WTCON	0x53000000	读/写	看门狗定控制寄存器	0x8021

表 6.10　看门狗定时器数据寄存器(WTDAT)

寄存器	地　址	读/写	描　述	初始值
WTDAT	0x53000004	读/写	看门狗数据寄存器	0x8000

表 6.11　看门狗计数寄存器(WTCNT)

寄存器	地　址	读/写	描　述	初始值
WTCNT	0x53000008	读/写	看门狗计数器当前值	0x8000

表 6.12　WTCON 的标识位

WTCON	位	描　述	初始值
Prescaler Value	[15：8]	预装比例值，有效范围值为 0～255	0x80
Reserved	[7：6]	保留	00
Watchdog Timer	[5]	使能和禁止看门狗定时器： 0＝禁止看门狗定时器，1＝使能看门狗定时器	0
Clock Select	[4：3]	这两位决定时钟分频因素： 00＝1/16，01＝1/32， 10＝1/64，11＝1/128	00
Interrupt Generation	[2]	中断的禁止和使能： 0＝禁止中断产生，1＝使能中断产生	0
Reserved	[1]	保留	0
Reset Enable/Disable	[0]	禁止和使能看门狗复位信号的输出： 1＝看门狗复位信号使能，0＝看门狗复位信号禁止	1

```
#define rWTCON    (*(volatile unsigned *)0x53000000)          //第 1 行
#define rWTDAT    (*(volatile unsigned *)0x53000004)          //第 2 行
#define rWTCNT    (*(volatile unsigned *)0x53000008)          //第 3 行
void watchdog_test(void)
```

```
{
        rWTCON = ((PCLK/1000000-1) << 8)|(3 << 3)|(1 << 2);          //第 4 行
        rWTDAT = 7812;                                                 //第 5 行
        rWTCNT = 7812;                                                 //第 6 行
        rWTCON |= (1 << 5);                                            //第 7 行
}
```

4. 利用串口 1 实现两个开发平台间的双机通信。要求：

(1) 画出双机通信的串口连接图。

(2) 要实现开发平台 A 发送某个数，开发平台 B 接收到后加 1 再回送给开发平台 A。应如何设计程序，给出编程思路或画出程序流程图。

5. 编写程序，实现利用 ARM 芯片的 I/O 端口控制 LED 显示。

控制如图 6.3 所示的硬件原理图中的 4 个发光二极管 LED1、LED2、LED3、LED4，使它们有规律地点亮和熄灭，具体顺序如下：LED1 亮→LED2 亮→LED3 亮→LED4 亮→LED1 灭→LED2 灭→LED3 灭→LED4 灭→全亮→全灭，如此反复。

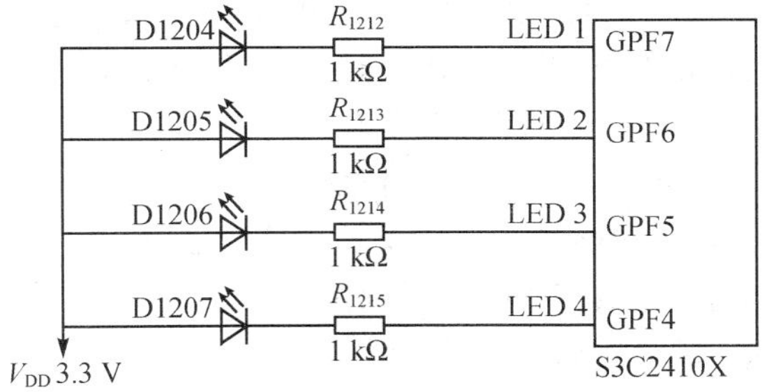

图 6.3　题五、5 图

6. 给出 S3C44B0 通过驱动器控制步进电机的硬件连接示意图。已知，步进电机正转时的控制顺序为 A→AB→B→BC→C→CD→D→DA，以列表的形式给出各 I/O 控制口的值。可以通过哪个宏来设置 I/O 控制口的值？

7. TCP/IP 协议可以分为哪几层？画出 S3C44B0 进行网络通信的硬件框图。要实现基于 UDP 的网络通信，应如何设计程序？给出编程思路或程序流程图。

8. 独立式键盘和矩阵式键盘各有什么优缺点？画出矩阵式键盘连接示意图。若采用矩阵式键盘，怎样编程来获得按下的键值，给出编程思路或流程图。

参考答案

一、单项选择题

1. B　2. B　3. C　4. D　5. C　6. C　7. A　8. B　9. D　10. C

11. B　12. C　13. C　14. C　15. B　16. C　17. D　18. D　19. C　20. C
21. D　22. A　23. A　24. C　25. D　26. C　27. A　28. D　29. D　30. A
31. C　32. B　33. B　34. D　35. C　36. C　37. A

二、多项选择题

1. ABCE　2. CDE　3. ABCDE　4. ABC　5. ADE

三、简答题

1. 答：ARM启动代码直接面对处理器内核和硬件控制器进行编程，一般使用汇编语言。启动代码一般包括：

① 中断向量表；

② 初始化存储器系统；

③ 初始化堆栈初始化有特殊要求的端口、设备；

④ 初始化用户程序执行环境；

⑤ 改变处理器模式；

⑥ 呼叫主应用程序。

2. 答：IRQ和FIQ是ARM处理器的两种编程模式。IRQ是指中断模式，FIQ是指快速中断模式。IRQ可以被FIQ所中断，但IRQ不能中断FIQ。为了使FIQ更快，所以这种模式有更多的影子寄存器。FIQ不能调用SWI(软件中断)。

3. 答：ARM处理器对异常中断的响应过程如下所述：

① 保存处理器当前状态、中断屏蔽位以及各条件标志位；

② 设置当前程序状态寄存器CPSR中的相应位；

③ 将寄存器lr_mode设置成返回地址；

④ 将程序计数器值PC，设置成该异常中断的中断向量地址，跳转到相应异常中断处执行。

4. 答：为了使单独编译的C语言程序和汇编程序之间能够相互调用，必须为子程序之间的调用规定一定的规则。ATPCS就是ARM程序和Thumb程序中子程序调用的基本规则。这些规则包括寄存器的使用规则、数据栈的使用规则和参数的传递规则等。

5. 答：通常，Thumb程序比ARM程序更加紧凑，而且对于内存为8位或16位的系统，使用Thumb程序效率更高。但是，在下面一些场合下，程序必须运行在ARM状态，这时就需要混合使用ARM和Thumb程序。

① 强调速度的场合，应该使用ARM程序，且有些功能只能由ARM程序完成。如：使用或者禁止异常中断。

② 当处理器进入异常中断处理程序时，程序状态切换到ARM状态，即在异常中断处理程序入口的一些指令是ARM指令，然后根据需要程序可以切换到Thumb状态，在异常中断程序返回前，程序再切换到ARM状态。

③ ARM 处理器总是从 ARM 状态开始执行。因而，如果要在调试器中运行 Thumb 程序，必须为该 Thumb 程序添加一个 ARM 程序头，然后再切换到 Thumb 状态，执行 Thumb 程序。

6. 答：ARM 体系结构的存储器格式有以下两种：

- 大端格式　字数据的高字节存储在低地址中，字数据的低字节存放在高地址中。
- 小端格式　与大端存储格式相反，高地址存放数据的高字节，低地址存放数据的低字节。

7. 答：使用外部中断应注意：

① 把某个引脚设置为外部中断功能后，该引脚为输入模式，由于没有内部上拉电阻，所以必须外接一个上拉电阻，确保引脚不被悬空。

② 除了引脚连接模块的设置，还需要设置 VIC 模块，才能产生外部中断，否则外部中断只能反映在 EXTINT 寄存器中。

③ 要使器件进入掉电模式并通过外部中断唤醒，软件应该正确设置引脚的外部中断功能，再进入掉电模式。

8. 答：UART0 的基本操作方法如下：

① 设置 I/O 连接到 UART0；

② 设置串口波特率(U0DLM、U0DLL)；

③ 设置串口工作模式(U0LCR、U0FCR)；

④ 发送或接收数据(U0THR、U0RBR)；

⑤ 检查串口状态字或等待串口中断(U0LSR)。

9. 答：ARM 编程模型的主要方面及其内容如下：

① ARM 微处理器的工作状态　ARM 状态、Thumb 状态。

② ARM 体系结构的存储器格式　大端格式、小端格式。

③ ARM 微处理器的工作模式　7 种运行模式。

④ ARM 体系结构的寄存器组织　37 个 32 位寄存器，其中 31 个为通用寄存器，6 个为状态寄存器，哪些寄存器是可编程访问的，取决微处理器的工作状态及具体的运行模式。

⑤ ARM 微处理器的异常状态　7 种异常。

四、阅读程序题

1. MACRO

```
$HandlerLabel  HANDLER   $HandleLabel     1) 宏定义，宏名为 HANDLER
$HandlerLabel                                HandleLabel 为宏指令的参数
  sub        sp,sp,#4       ; }
                              }  2) sp 先减，然后将 r0 压入 sp 指向的堆栈
  stmfd    sp!,{r0}      ;  }
  ldr        r0, = $HandleLabel;             3) 将 32 位立即数读取到 r0
```

```
ldr        r0,[r0] ;
str        r0,[sp,#4]     ;
ldmfd   sp!,{r0,pc} ;
MEND;
```

4) 将 r0 指向的地址存储器单元内容放入 r0
5) mem32[sp + 4]←r0
6) 数据出栈,放入 r0 和 pc
7) 宏定义结束

2. AREA　SCopy,CODE,READONLY

```
EXPORT   strcopy
  strcopy
  LDRB  R2,[R1],#1;
  STRB  R2,[R0],#1
  CMP  R2,0;
  BNE  strcopy ;
  MOV  PC,LR;
  END
```

8) 定义只读代码段,可以被其他文件引用,入口点为 strcopy
9) R2←mem8[R1];R1←R1 + 1
10) mem8[R0]←R2;R0←R0 + 1
11) 判断 R2 是否等于 0
12) R2 不为 0 则跳转到 strcopy

五、应用实践题

1. (1) BANK0 数据宽度为 16。

(2) 8 位 ROM 存储器与 S3C2410 的接法如图 6.4 所示。

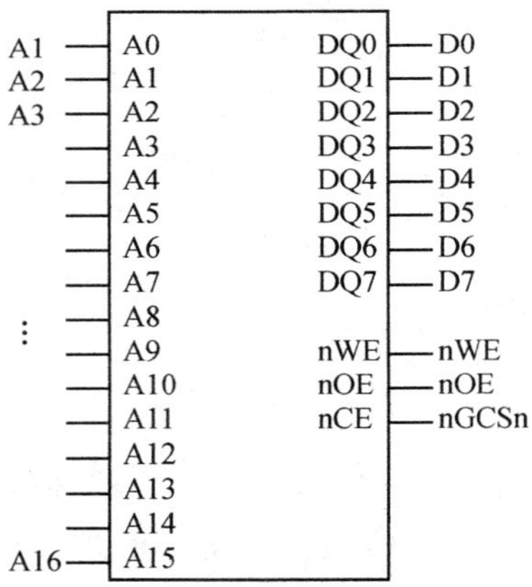

图 6.4　与 S3C2410 接法

2. 根据

UBRDIVn=(int)(PCLK/(b/s×16))-1

寄存器 UBRDIV0=(int)(40 000 000/2 400×16)-1=1040=10000010000B

寄存器 UBRDIV1=(int)(40 000 000/115 200×16)-1=20=10100B

3. 第 1~3 行:定义看门狗控制寄存器、数据寄存器和计数寄存器为 rWTCON、rWTDAT 和rWTCNT。

第 4 行:设置看门狗的预装比例值为 1 000 000,分频因素为 1/128,并使能中断。

第 5~6 行:对数据寄存器和计数寄存器赋值为 7812。

第 7 行:启动看门狗。

4. (1) 双机通信的串口连接图如图 6.5 所示。

(2) 编程思路:

开发平台 A 编程思路:① 初始化串口 1;② 给一个变量赋初值,并调发送函数通过串口 1 发送;③ 调接收函数,通过串口 1 接收。

开发平台B编程思路：① 调接收函数，通过串口1接收；② 接收到得数据后加1；③ 调发送函数，发送加1后的数据。

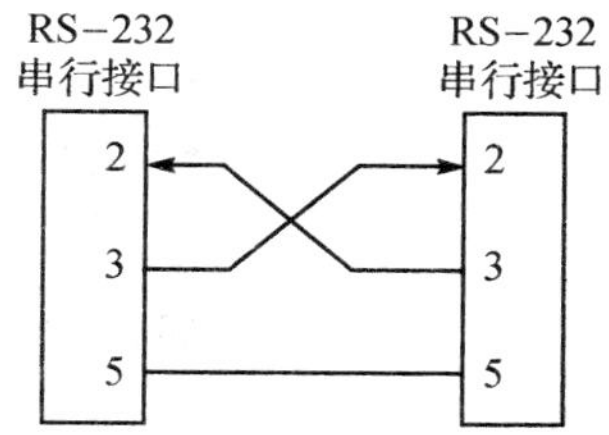

图 6.5 双机通信的串口连接

5. 程序如下：

```
#include "2410lib.h"
void led_on(void)
{
    int i,nOut;
    nOut = 0xF0;
    rGPFDAT = nOut & 0x70;
    for(i = 0;i < 100000;i ++ );
    rGPFDAT = nOut & 0x30;
    for(i = 0;i < 100000;i ++ );
    rGPFDAT = nOut & 0x10;
    for(i = 0;i < 100000;i ++ );
    rGPFDAT = nOut & 0x00;
    for(i = 0;i < 100000;i ++ );
}
void led_off(void)
{
    int i,nOut;
    nOut = 0;
    rGPFDAT = 0;
    for(i = 0;i < 100000;i ++ );
    rGPFDAT = nOut | 0x80;
    for(i = 0;i < 100000;i ++ );
    rGPFDAT |= nOut | 0x40;
    for(i = 0;i < 100000;i ++ );
    rGPFDAT |= nOut | 0x20;
    for(i = 0;i < 100000;i ++ );
    rGPFDAT |= nOut | 0x10;
    for(i = 0;i < 100000;i ++ );
}
void led_on_off(void)
{
    int i;
    rGPFDAT = 0;
```

```
    for(i = 0;i < 100000;i ++ );
    rGPFDAT = 0xF0;
    for(i = 0;i < 100000;i ++ );
}
```

6. ① S3C44B0 通过驱动器控制步进电机的硬件连接示意图如图 6.6 所示。

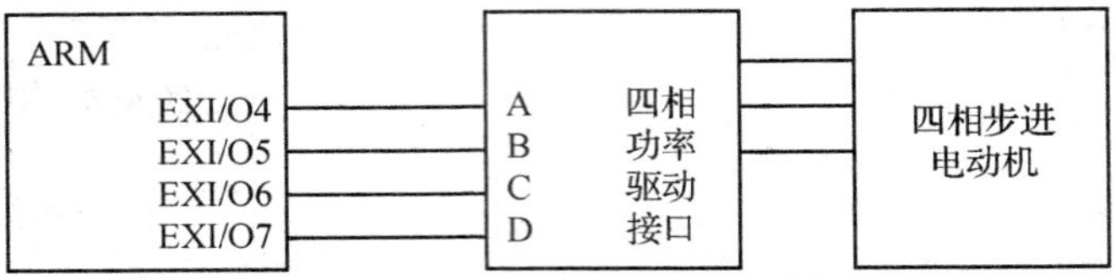

图 6.6 硬件连接示意图

② 高 4 位 I/O 控制口的值,如表 6.13 所列。

表 6.13 I/O 控制口的值

十六进制	二进制	通电状态
1H	0001	A
3H	0011	AB
2H	0010	B
6H	0110	BC
4H	0100	C
CH	1100	CD
8H	1000	D
9H	1001	DA

③ 可以通过宏 SETEXIOBITMASK(bit,mask)(EXIO.h)来设置扩展 I/O 口。

7. TCP/IP 分为:物理层;数据链路层(IEEE802.3 Ethernet MAC);网络层(IP、ARP、ICMP、IGMP);传输层 (TCP、UDP);应用层(BSD Sockets)。

S3C44B0 进行网络通信的硬件框图如图 6.7 所示。

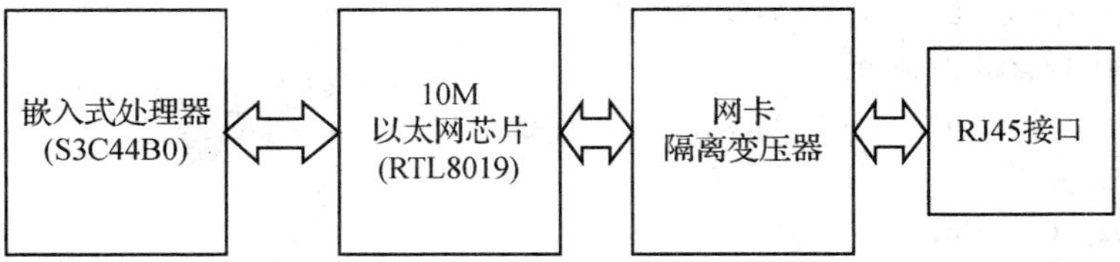

图 6.7 硬件框图

能正确描述实现网络初始化、创建、绑定、发送和接收 UPD 包的过程。

编程思路如下：

① 初始化以太网；

② 创建 socket 套接字；

③ 绑定 socket 套接字和本机 IP；

④ 通过 socket 发送数据；

⑤ 通过 socket 接收数据。

最后两步顺序可换。

8. ① 独立式键盘占有 I/O 口较多，但编程简单；矩阵式键盘占有 I/O 接口较少，编程相对复杂。

② 矩阵式键盘连接示意图如图 6.8 所示。

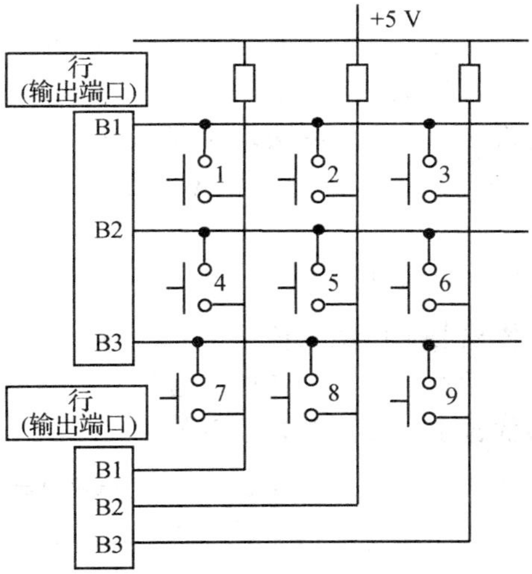

图 6.8　矩阵式键盘连接示意图

③ 识别矩阵键盘按键的方法分为两步：

第一步，识别键盘有无键被按下；

第二步，如果有键被按下，识别出具体的按键。

识别键盘有无键被按下的方法是：让所有行线均置为 0 电平，检查各列线电平是否有变化。如果有变化，则说明有键被按下；如果没有变化，则说明无键被按下。

识别具体按键的方法(亦称扫描法)是：逐行置零电平，其余各行置为高电平，检查各列线电平的变化，如果某列电平由高电平变为零电平，则可确定此行此列交叉点处的按键被按下。

第7章　常用驱动电路介绍

考核要点

熟悉嵌入式系统中常用驱动电路的作用，如：TTL 和 CMOS 驱动外部负载；LED 的驱动；光电耦合器与继电器的使用等。了解常用接口的电气特性参数、常用的电力电子控制电路、调试接口等。

考核知识

1. TTL、CMOS 电路

数字集成电路可以分为两大类：双极型集成电路（TTL）和金属氧化物半导体（MOS）。

CMOS 电路由于其静态功耗极低，工作速度较高，抗干扰能力较强，被广泛使用。

解决 TTL 与 CMOS 电路接口困难的办法是在 TTL 电路输出端与电源之间接一上拉电阻 R，上拉电阻 R 的取值由 TTL 的高电平输出漏电流 I_{OH} 来决定，不同系列的 TTL 应选用不同的 R 值。

(1) 不同类型数字芯片的逻辑电平对比

各种数字芯片的输入与输出要求的电平值是不一样的。熟悉这些参数对设计嵌入式系统以及调试嵌入式系统是非常有用的。TTL、CMOS 电路输入与输出接口的参数是逻辑电平。表 7.1 列出了几种不同类型的数字芯片的逻辑电平值。

表 7.1　不同类型数字芯片的逻辑电平对比表

V

逻辑电平	$V_{CC}=5$ V		
	74HC	74HCT	LSTTL
输入高电平	3.5	2	2
输入低电平	1	0.8	0.8
输出高电平	4.9	4.9	2.7～3.6
输出低电平	0.1	0.1	0.5

(2) 通用 COMS 与 TTL 电路性能参数对比

TTL 与 CMOS 电路输入与输出接口参数比较如表 7.2 所列。

表 7.2 TTL 与 CMOS 电路输入与输出接口参数对比表

参 数	CMOS	TTL
电源电压/V	3～18	5
平均延时	数百纳秒	几十到一百多纳秒
每门平均功耗/mW	0.01	15
最高计数频率/MHz	2	35
逻辑噪声容限	40%V_{CC}	0.4 V
扇出系数(静态)	<1 000	<10
高电平输入电流/μA	1	40
低电平输入电流/mA	10^{-3}	1.6
高电平输出电流/mA	1～2	5～10
低电平输出电流/mA	1～2	10～30
主要特点	微功耗、静态电流小	高速、极限容限高
多余门输入的处理	不可悬空	悬空为高电平

2. 接口电平转换

在嵌入式系统设计中，由于所用器件不同，它们的输入/输出的逻辑电平有时不一样，这时就需要进行转换。下面是一些常用的转换方法：

① 5 V 转换到 3.3 V　可以用三态门，三态门由 5 V 供电，输出引脚通过电阻上拉到3.3 V；

② 3.3 V 转换到 5 V　可以直接与单片机或者 TTL 器件相连，这时的 TTL 器件由 5 V 供电；

③ 5 V 转换到 12 V　可以使用 CMOS 的三态门转换；

④ 12 V 转换到 5 V　可以使用 TTL 三态门来实现；

⑤ 如果转换电平数目不多，也可以使用 NPN 三极管转换，但要注意转换后逻辑已被取反；

⑥ 如果转换速度很高，建议使用专用的电平转换芯片。

3. LED 显示器件的驱动

由于集成电路的高电平输出电流小，而低电平输出电流相对比较大，采用集成门电路直接驱动 LED 时，较多采用低电平驱动方式。液晶七段字符显示器 LCD 利用液晶有外加电场和无外加电场时不同的光学特性来显示字符。对于大电流高电压的器件，如发光二极管、七段数码管、液晶显示模块等进行驱动时，建议采取下面的方法设计接口电路：

① 对于发光二极管，建议不要直接使用 I/O 引脚驱动，需要串联限流电阻，一般使用低电

平驱动。

② 对于多个 LED 驱动,如数码管,一般使用专用驱动芯片(如 ULN2003),也可以使用普通 TTL 缓冲芯片(如 74XX244,74XX245 等)。

③ 可以使用每一个 LED 串联限流电阻,也可以使用公共阴极或者公共阳极串联整流二极管的方法作为限流限压,但是这种方法不适用于不同颜色的 LED 应用场合。

4. LCD 驱动模块

LCD 模块分为字符型和点阵型。S3C2410 LCD 控制器支持 STN - LCD 显示器、TFT - LCD 显示器,支持 1 位色、2 位色、4 位色和 8 位色的调色板 TFT - LCD 显示,支持 16 位色和 24 位色的非调色板真彩显示。在 24 位色模式下最大支持 16 MB 显存;支持多分辨率为 640×480、320×240、160×160 的实际显示器和最大 4 MB 虚拟显存;在 16 位色模式下最大支持2 048×1 024 等的虚拟显示器。

S3C2410 的 LCD 外部接口信号:

① VFRAME/VSNYC/VSTV　帧同步信号(STN)/虚拟同步信号(TFT)/SEC TFT 信号;

② VLINE/HSYNC/CPV　行同步脉冲信号(STN)/水平同步脉冲信号(TFT)/SEC TFT 信号;

③ VCLK/LCD_HCLK　像素时钟信号(STN/TFT)/SEC TFT 信号;

④ VD[23:0]　LCD 像素数据信号(STN/TFT/SEC TFT);

⑤ VM/VDEN/TP　LCD 驱动的交流偏置信号(STN)/数据使能信号(TFT)/SEC TFT 信号;

⑥ LEND/STH　行结束信号(TFT)/SEC TFT 信号;

⑦ LCD_PWREN　LCD 电源控制使能信号;

⑧ LCDVF0　SEC TFT 信号——OE;

⑨ LCDVF1　SEC TFT 信号——REV;

⑩ LCDVF2　SEC TFT 信号——REVB。

S3C2410 LCD 控制器逻辑框图如图 7.1 所示。

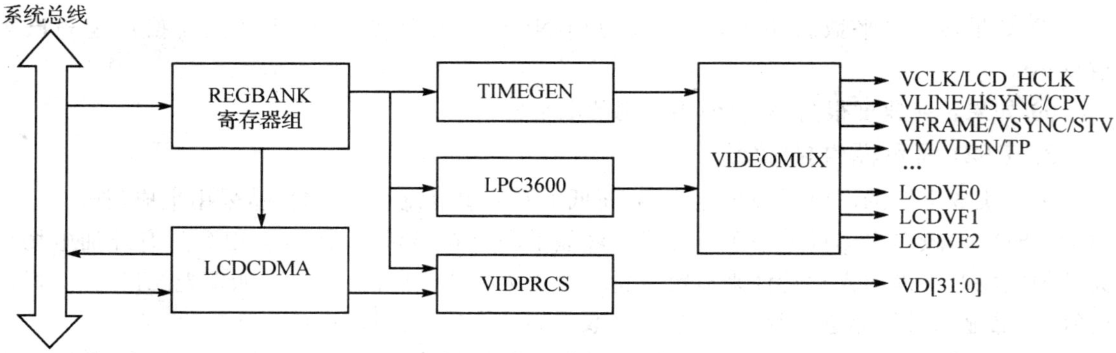

图 7.1　S3C2410 LCD 控制器逻辑框图

5. 强电控制电路

(1) 可控硅

可控硅也称为晶闸管,是由 PNPN 四层半导体构成的元件,有 3 个电极:阳极 A、阴极 K 和控制极 G。

可控硅在电路中能够实现交流电的无触点控制,以小电流控制大电流,并且不像继电器那样控制时有火花产生,而且动作快、寿命长、可靠性好。在调速、调光、调压、调温以及其他各种控制电路中都用到它。

可控硅分为单向的和双向的,符号也不同。单向可控硅有 3 个 PN 结,由最外层的 P 极和 N 极引出两个电极,分别称为阳极和阴极,由中间的 P 极引出一个控制极。

单向可控硅有其独特的性能:当阳极接反向电压,或者阳极接正向电压但控制极不加电压时,它都不导通;而阳极和控制极同时接正向电压时,它就会变成导通状态。一旦导通,控制电压便失去了对它的控制作用,不论有没有控制电压,也不论控制电压的极性如何,将一直处于导通状态。要想关断,只有把阳极电压降低到某一临界值或者反向。

双向可控硅的引脚多数是按 T1、T2、G 的顺序从左至右排列(电极引脚向下,面对有字符的一面时)。当加在控制极 G 上的触发脉冲的大小或时间改变时,就能改变其导通电流的大小。

与单向可控硅的区别是,当双向可控硅 G 极上触发脉冲的极性改变时,其导通方向就随着极性的变化而改变,从而能够控制交流电负载。而单向可控硅经触发后只能从阳极向阴极单方向导通,所以可控硅有单双向之分。

电子制作中常用可控硅,单向的有 MCR-100 等,双向的有 TLC336 等。

可控硅一般用于高压大电流控制、一定要使用光耦隔离,简单开关控制可以使用过零触发的光耦(如 MOC3041)。如果需要精确控制交流电的导通比例,则只能自己做过零检测来控制。

如果可控硅负载是感性负载,需要在 CTRL1 和 CTRL2 之间并联吸收反相电动势的阻容网络电路,如图 7.2 所示。

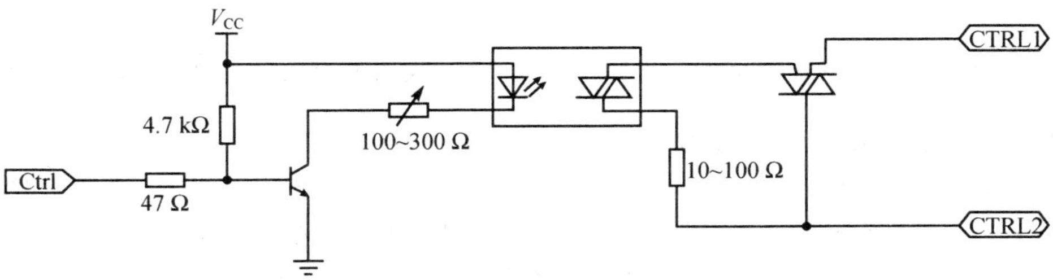

图 7.2　可控硅控制电路

(2) 继电器控制

继电器就是电子机械开关，是用漆包铜线在一个圆铁芯上绕几百圈至几千圈，当线圈中流过电流时，圆铁芯产生了磁场，把圆铁芯上边的带有接触片的铁板吸住，使之断开第一个触点而接通第二个开关触点。当线圈断电时，铁芯失去磁性，由于接触铜片的弹性作用，使铁板离开铁芯，恢复与第一个触点的接通。因此，可以用很小的电流去控制其他电路的开关。整个继电器由塑料或有机玻璃防尘罩保护着，有的还是全密封的，以防触电氧化。

1）继电器的定义

继电器是一种当输入量（电、磁、声、光、热）达到一定值时，输出量将发生跳跃式变化的自动控制器件。

2）继电器的继电特性

继电器的输入信号 x 从零连续增加达到衔铁开始吸合时的动作值 x_x，继电器的输出信号立刻从 $y=0$ 跳跃到 $y=y_m$，即常开触点从断到通。一旦触点闭合，输入量 x 继续增大，输出信号 y 将不再起变化。当输入量 x 从某一大于 x_x 值下降到 x_f 时，继电器开始释放，常开触点断开。把继电器的这种特性叫做继电特性，也叫继电器的输入/输出特性。

3）继电器的使用

① 继电器的使用一般考虑使用三极管驱动。

② 继电器线圈两端需要并联高速保护二极管，以免在继电器动作时烧毁三极管。

③ 可以直接使用单片机的 I/O 驱动三极管，如图 7.3 所示，也可以通过驱动逻辑门再驱动三极管，如图 7.4 所示。

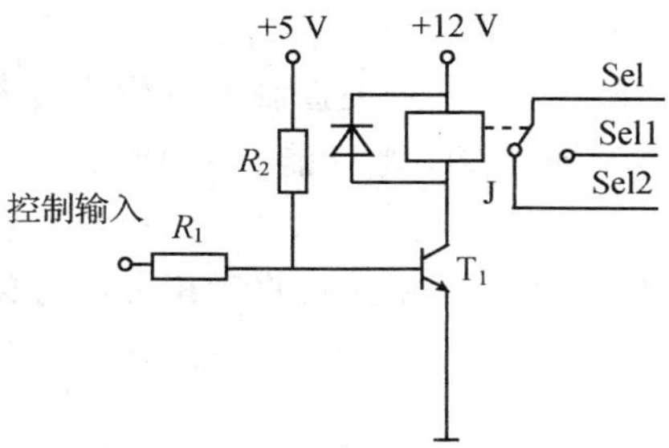

图 7.3　I/O 驱动三极管

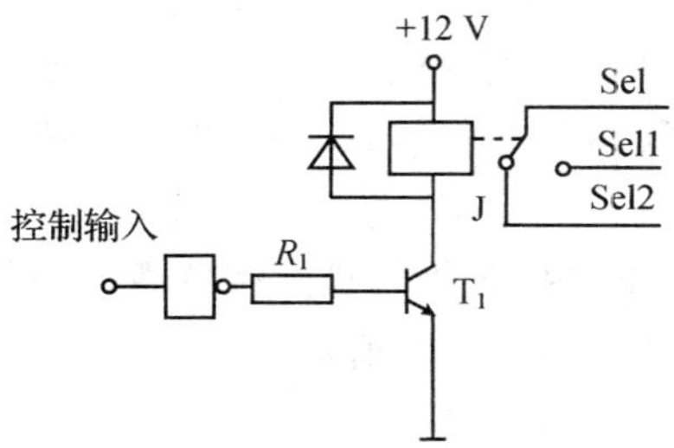

图 7.4　通过驱动逻辑门再驱动三极管

在机器人的设计中，底盘电机需要做正反转调速控制，可采用 P-MOSFET 搭成 H 形全桥式驱动电路，可以方便地控制电机在四个象限内工作，电路原理图如图 7.5 所示。图中，场效应管采用国际整流器公司（International Rectifier）生产的 N 沟道场效应管 IRF3205，其漏极和源极极限耐压 V_{DSS} 为 55 V、持续漏极电流 I_D 为 110 A、通态电阻 R_{DS}(on) 仅为 80 mΩ，漏极最大耗散功率 P_{DM} 为 200 W，是低压电机调速的理想选择。

D1～D4 为快恢复二极管 FR307，为电机电流提供泄放回路。四只场效应管的驱动信号

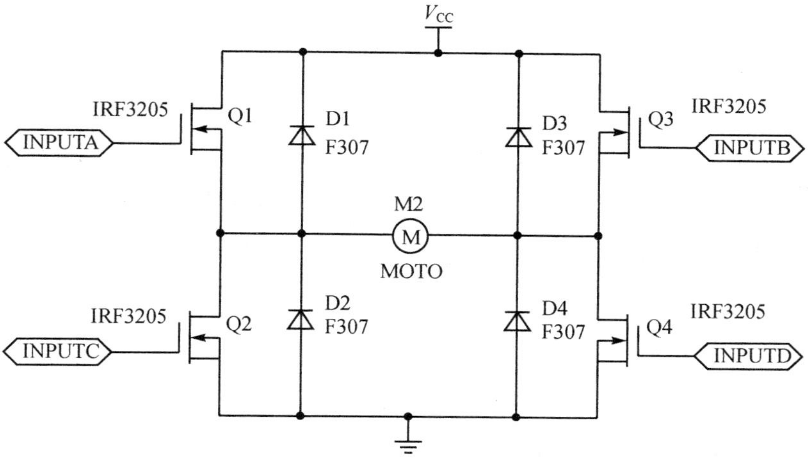

图 7.5　场效应管 H 形全桥式电机驱动电路

可以根据不同的控制方式来给定，但必须要保证同一侧桥臂的两路信号之间的死区时间大于 IRF3205 的恢复时间，否则会造成该侧桥臂两管同时导通，造成场效应管发热，甚至烧毁。控制死区时间常用的半桥驱动芯片有 IR2111 和 IR2110 等，这些芯片内部已经通过硬件电路做好了死区时间的控制，不再需要在软件上做处理。IR2110 内部还集成光电耦合隔离的功能，使用起来更加方便。可以得到很理想的控制效果。

考虑到采用继电器可以方便地实现电机的正反转控制，而场效应管可以实现优良的 PWM 调速，将继电器与场效应管结合起来使用，可实现底盘电机的正反转和连续的 PWM 调速。调速电路原理图如图 7.6 所示。

这种电路结构避免了场效应管死区影响，继电器的使用大大提高了驱动电路的可靠性。图中，通过 INPUT1 和 INPUT2 两端控制继电器将电机以不同的方式接到电源 V_{CC} 与场效应管的漏极之间，以实现电机方向的控制。通过调节 PWM IN 端控制信号的占空比来实现对电机的调速。

(3) 光耦控制电路

1) 概　述

随着光电耦合功率驱动器在自动化控制系统中的应用，简化了系统的复杂性，并提高了系统的可靠性。克服了许多中间环节和继电器等机械动作的疲劳磨损，延长了它们的固有寿命，不但提高了系统的安全可靠性，还延长了系统无故障时间，降低了维护成本。因此，在国际上许多先进的自动化设备和可靠性要求非常高的设备中，已经广泛采用了光电耦合功率驱动器模块，取代了以往常见的中间继电器。

光隔离驱动模块不但具有继电器线包与触点之间同样的隔离性能及安全性，而且克服了

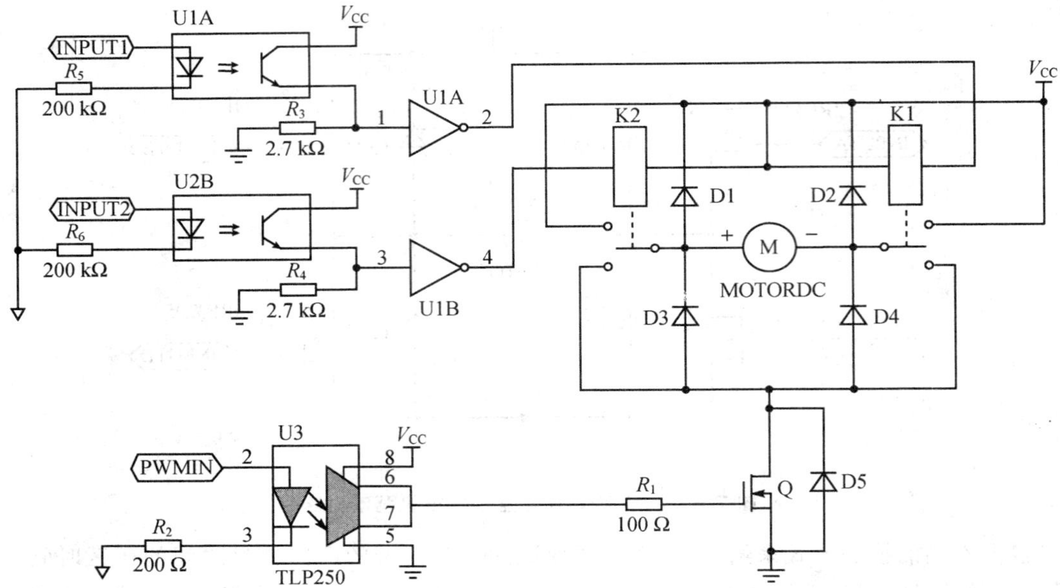

图 7.6 双向可调速电机驱动电路

继电器动作时固有的机械噪声和触点磨损、频繁吸合和断开时引起的拉电弧及产生的火花。

新型光电耦合功率驱动器工作不需要附加辅助电源(节省了继电器线包工作电源),只要PLC开关量输出点、TTL、DCS、DSP及过程控制器的输出就可驱动光电耦合功率驱动器。只要5～7 mA的输出电流能力(TTL约35 mW、PLC约160 mW),就可以控制它驱动3～20 A的大电流。而一般中间继电器线包驱动功率要1 W。可见,光电耦合功率驱动器自身功耗之低是继电器、接触器所不能及的,它引入了节能环保新概念。不仅如此,光电耦合功率驱动器的响应速度也是继电器不可比拟的,可以响应频率为1 kHz方波开关速度。所以在许多精确定位系统、LED矩阵扫描等响应速度有高要求的场合已广泛使用。另外,中间继电器的导通电阻的初始值为50～100 mΩ,而且随着使用频次该初始值也会上升,然而功率驱动模块的导通电阻只有8～20 mΩ,而且一直保持不变。

2) MHM-02C双光电耦合功率驱动器

MHM-02C型光电耦合功率驱动器,可替代进口功率PhotoMOS继电器模块。MHM-02C型光电耦合功率驱动器(国外称为Power PhotoMOS Relays Type)具有强劲的功率驱动能力,可以应用于微处理器、TTL、PLC、DCS、DSP、过程控制和电子接口等系统的输出端口,直接去驱动执行器,如电磁阀、电磁开关、直流电机和接触器等。同继电器相比,以其不会磨损的长寿命特性,成为开关频繁、潮湿,含有害气体、氧化物和硫化物,以及受振动或冲击等环境下的首选产品。既可以避免频繁而又耗资金的更换维修工作,又确保安全。高速响应速度、无机械振动、超长寿命(是半永久性)、高效节能静音和无可控硅自身触发电气干扰,是 Power PhotoMOS 模块的最大亮点。

MHM－02C 型光电隔离模块输入与输出端之间安全隔离,可以双向悬空浮动,有效保护较为敏感的电路,有效地提高了系统与系统之间的抗干扰性能,为工业自动化控制系统中的强弱电系统之间提供了一个完全隔离的安全浮动接口。

其在结构上采用了片状模块卡口式结构,可直接卡入标准导轨安装,便于安装、拆卸及维护。产品采用组合接线端子式的接口,可以多片紧凑叠合安装在标准 DIN 导轨上,可节省或替代控制柜输入与输出的接线端子排。

(4) 功率驱动模块

功率集成电路驱动模块是微电子技术和电力电子技术相结合的产物,其基本功能是使动力和信息合一,成为机和电的关键接口。快速电力电子器件 MOSFET 的出现,为斩波频率的提高创造了条件。提高斩波频率可以减少低频谐波分量,降低对滤波元器件的要求,减小了体积和质量。采用自关断器件,省去了换流回路,又可提高斩波器的频率。

直流电动机的励磁回路和电枢回路电流的自动调节常采用功率 MOSFET。功率 MOSFET 是一种多子导电的单极型电压控制器件,具有开关速度快、高频特性好、热稳定性优良、驱动电路简单、驱动功率小、安全工作区宽及无二次击穿问题等显著优点。目前,功率 MOSFET 的指标达到耐压 600 V、电流 70 A、工作频率 100 kHz 的水平,在开关电源、办公设备、中小功率电机调速中得到了广泛应用,使功率变换装置实现了高效率和小型化。

因为主电路电压均为高电压、大电流情况,而控制单元为弱电电路,所以它们之间必须采取光电隔离措施,以提高系统抗干扰能力。在实际应用中,可采用带光电隔离的 MOSFET 驱动芯片 TLP250 来组成隔离电路。光耦 TLP250 是一种可直接驱动小功率 MOSFET 和IGBT 的功率型光耦,由日本东芝公司生产,其最大驱动能力达 1.5 A。选用 TLP250 光耦,既保证了功率驱动电路与 PWM 脉宽调制电路的可靠隔离,又具备了直接驱动 MOSFET 的能力,使驱动电路特别简单。

由于 MCU 和 DSC 的成本大幅下降,目前多数电动机控制设计中都使用 MCU 和数字信号控制器(DSC)来执行电动机控制算法。

在进行 MCU 或 DSC 的逻辑层输入/输出口(I/O)与功率电子驱动电路的接口设计时,除了性能和价格需要权衡考虑外,还有许多方面要折衷处理。可根据以下问题来选择接口元件:

① 本电路需要驱动何种电动机?

② 该电动机采用何种算法进行控制?

③ 控制器外设可简化哪些接口要求?

④ 电气安全要求是什么?

⑤ 此设计是否可用于产品开发?

半桥输出电路结构可用于控制多种电动机,包括有刷直流电动机、无刷直流电动机、交流感应式电动机及永磁交流电动机。电源级电路需要一个栅极驱动接口电路。该电路至少应具备以下功能：

① 将 MCU 的逻辑输出电平进行转换，在晶体管的栅极和源极间提供一个 10～15 V 的电平。

② 在晶体管的开通和关断时提供足够大的驱动电流，以克服米勒电容的影响。

高端输出器件一直是栅极驱动接口电路的一个问题。在电源输出级电路中，无论是高端或低端输出都应该采用 N 沟道器件。在裸片尺寸和击穿电压固定的情况下，P 沟道器件的导通电阻往往比 N 沟道器件高。使用 P 沟道器件可简化栅极驱动电路，但会增加设计成本。裸片尺寸越大成本越高，而且 P 沟道器件往往比同类的 N 沟道器件成本高。

由于低端器件的电位是相对于电路的接地点的，因此在电源级电路中产生一个用于低端器件的栅极电源电压十分容易。栅极控制电压必须以源极电压为参考，在高端晶体管中它是满幅电压。因此，电源级电路中的高端器件需要一个栅极电源。该电源基于源极电压上下浮动。

6. I/O 端口扩展

I/O 端口扩展的方法有以下两种：

(1) 使用通用 I/O 接口芯片

使用 8255、8155 等可以实现并行端口的输入/输出，在需要多个复杂的 I/O 输入/输出接口情况下使用通用接口芯片比较方便，但这种芯片控制相对复杂，而且连接不是很方便，连线越多，系统出硬件故障的可能性就越大 。

(2) 简单的并行 I/O 扩展

输出可以通过外扩锁存器(8D 触发器)来实现，输入可以用缓存器(三态输出类型)。锁存器建议使用 74HC574，而不用 74HC374；同理，缓冲区建议大家使用 74HC245 作单向传输，而不用 74HC244。这些都是为了布线方便，如果希望扩展 I/O 比较多，且外部电路不希望太复杂的话，可以考虑使用 CPLD 来实现。

在希望节省 I/O 引脚而 I/O 操作速度不高的情况下，可以使用串转并、并转串的移位寄存器来实现使用 74HC164 扩展输出，74HC165 扩展输入；74HC164 只需要两根同步串行端口，而 74HC165 多需要一根置数引脚。

短距离，如 1 m 以内进行数据传输时，可以直接交叉相连，最好在各自的 RXD 端上拉 1 kΩ 电阻。

长距离，如 1 m 以上进行数据传输时，需要使用电平转换芯片(如 MAX232)进行电平转换。

考核复习题

简答题

1. 简述接口电平转换的方法。

2. 利用继电器设计一个 I/O 端口控制继电器的接口电路,并分析工作原理。

3. 简述 LED 显示器件的驱动设计方法。

4. 在进行 MCU 或 DSC 的逻辑层输入/输出口与功率电子驱动电路的接口设计时,除了性能和价格需要权衡考虑外,还有许多方面要折衷处理。试问一般根据什么问题来选择接口元件?

5. 简述 I/O 端口扩展的方法。

参考答案

简答题

1. 答:

① 5 V 转换到 3.3 V　可以用三态门,三态门由 5 V 供电,输出引脚通过电阻上拉到3.3 V。

② 3.3 V 转换到 5 V　可以直接与单片机或者 TTL 器件相连,这时的 TTL 器件由 5 V 供电。

③ 5 V 转换到 12 V　可以使用 CMOS 的三态门来转换。

④ 12 V 转换到 5 V　可以使用 TTL 三态门来实现。

⑤ 如果转换电平数目不多,也可以使用 NPN 三极管转换,但要注意转换后逻辑已被取反。

⑥ 如果转换速度很高,建议使用专用的电平转换芯片。

2. 答:

① 接口电路如图 7.3 所示。

② 工作原理:当 I/O 端口的控制输入为低电平时,T1 截止,继电器 J 的线圈无电流,继电器 J 的常闭开关闭合,即 sel 与 sel2 连通。当 I/O 端口的控制输入为高电平时,T1 饱和导通,继电器 J 的线圈有电流,继电器 J 的常开开关闭合,即 sel 与 sel1 连通。

3. 答:由于集成电路的高电平输出电流小,而低电平输出电流相对比较大,所以,采用集成门电路直接驱动 LED 时,较多采用低电平驱动方式。

对大电流高电压的器件,如发光二极管、七段数码管、液晶显示模块等进行驱动时,建议采取下面的方法设计接口电路。

① 对于发光二极管,建议不要直接使用 I/O 引脚驱动,需要串联限流电阻,一般使用低电平驱动。

② 对于多个 LED 驱动,如数码管,一般使用专用驱动芯片(如 ULN2003),也可以使用普通 TTL 缓冲芯片(如 74XX244,74XX245 等)。

③ 可以使用每一个 LED 串联限流电阻,也可以使用公共阴极或者公共阳极串联整流二极管的方法作为限流限压,但是这种方法不适用于不同颜色的 LED 应用场合。

4. 答：可根据以下问题来选择接口元件：

① 本电路需要驱动何种电动机？

② 该电动机采用何种算法进行控制？

③ 控制器外设可简化哪些接口要求？

④ 电气安全要求是什么？

⑤ 此设计是否用于产品开发？

5. 答：

① 使用通用 I/O 接口芯片　使用 8255,8155 等可以实现并行端口的输入/输出，在需要多个复杂的 I/O 输入/输出接口情况下使用通用接口芯片比较方便，但这种芯片控制相对复杂，而且连接不是很方便，连线越多，系统出硬件故障的可能性就越大。

② 简单的并行 I/O 扩展　输出可以通过外扩锁存器(8D 触发器)来实现，输入可以用缓存器(三态输出类型)。锁存器建议使用 74HC574，而不用 74HC374；同理，缓冲区建议大家使用 74HC245 作单向传输，而不用 74HC244。这些都是为了布线方便，如果希望扩展 I/O 比较多，且外部电路不希望太复杂的话，可以考虑使用 CPLD 来实现。

在希望节省 I/O 引脚而 I/O 操作速度不高的情况下，可以使用串转并、并转串的移位寄存器来实现使用 74HC164 扩展输出，74HC165 扩展输入；74HC164 只需要两根同步串行端口，而 74HC165 需要多一根置数引脚。

第8章 电路板设计基础

考核要点

掌握简单电路板的设计方法，如：开发工具的选用、原理图绘制方法、基本布线方法、PCB设计方法和电磁兼容概念等。

考核知识

1. 印刷电路板概述

印刷电路板是电子制作中的一个重要环节。印刷电路板简称印制板，工厂制作与业余制作有很大的不同。工厂一般根据客户提供的电路原理图用计算机设计出印刷板图，然后经过照相制版等技术做出印制板，然后上阻焊、印字等形成成品，需要一系列设备。

传统的业余制作中只能采用敷铜板加腐蚀液的土方法制作印制板。近年来推出了万用试验板、感光电路板等新型技术，加上 PC 的普及，用 CAD 软件设计电路、自动生成 PCB（印刷电路板）已经比较容易了。甚至可以将设计好的 PCB 图直接打印在胶片上，然后再配合感光电路板制作印刷板。

PCB 一般分为：单面板、双面板和多层板。

(1) 单面板

零件集中在 PCB 的一面，导线则集中在另一面上。因为导线只出现在其中一面，所以称这种 PCB 为单面板（Single-sided）。因为单面板在设计线路上有许多严格的限制（因为只有一面，布线间不能交叉而必须绕独自的路径），所以只有早期的电路才使用这类板子。

(2) 双面板

这种电路板的两面都有布线。不过要用上两面的导线，必须要在两面间有适当的电路连接。这种电路间的“桥梁”叫做导孔（via）。导孔是在 PCB 上充满或涂上金属的小洞，它可以与两面的导线相连接。因为双面板的面积比单面板大了一倍，而且因为布线可以互相交错（可以绕到另一面），它适合用于比单面板更复杂的电路。

(3) 多层板

为了增加可以布线的面积，多层板用上了更多单或双面的布线板。多层板使用数片双面板，并在每层板间放进一层绝缘层后粘牢（压合）。

板子的层数就代表了有几层独立的布线层，通常层数都是偶数，并且包含最外侧的两层。大部分的主机板都是 4～8 层的结构，不过技术上可以做到近 100 层的 PCB。

2. 电路设计工具

(1) Altium Designer

Altium Designer 最新版本发布，着眼于电子产品开发设计流程的统一，尤其是，Altium 正将应对电子设计与机械设计和产品制造结合起来的挑战。

技术进步正推动着硬件、软件和可编程硬件的融合，设计系统必须在各个层面上统一才能支持融合，在可限定的时间内把电子产品推向市场，不仅需要电子设计师之间有效的合作，也需要电子设计和该流程其他参与者之间的合作。这点对于机械设计和制造尤其重要，好的数据交换可节省大量时间。Altium Designer 的最新更新加速了这一流程，并在各个层面上统一了电子产品的开发。

Altium Designer 6.6 扩展了最近引入的 STEP 支持(产品模型数据交换的 ISO 10303 标准)，可直接导入 3D 组件数据，帮助设计师访问和共享精密的机械数据，在整个广泛开发生命期内改进信息流程。Altium Designer 的客户现在可以把 3D STEP 模型导入 PCB 库文件，并将其与组件相关联。这样可以准确地创建 PCB 板卡显示，并方便地转换为 MCAD 应用。

Altium Designer 6.6 现在通过从库更新来修改参数值，也可以用新选项处理原理图和 PCB 变量打印以及 BOM 生成。6.6 还有的新功能就是可以克隆变量，可更加快速、便捷地创建和管理变量。这些新功能可节省时间，消除了生产阶段创建不同板卡变量时潜在的重复工作，有效地把设计和生产过程更紧密地结合在一起。

Altium Designer 6.6 新的 IPC 封装向导可直接在应用中创建更广泛的 IPC 组件封装。IPC 封装向导并不着眼于封装尺寸，而是根据 IPC 发布的标准使用组件自身的尺寸信息。这样，工程师可以很容易地直接从器件制造商数据库里创建出符合标准的封装，并确保设计的可制造性。

(2) PCB 设计工具

电子创新设计需要利用新的电子技术工具，创建更加智能的产品并更快地将它们推向市场。

在一般高速 PCB 设计中，还可以利用一款中档的 PCB 设计与仿真工具。该工具包括原理图设计 OrCAD10.5(Capture CIS)，PCB 库元器件编辑、PCB 设计布局、PCB 设计布线工具(Mentor Pads 2005.2)，高速电路仿真工具(Hyperlynx 7.5)，以及报表生成工具(CAM350 Version9.01)。

原理图设计 OrCAD10.5(Capture CIS)：具有丰富的库元器件、方便快捷的原理图输入工具与原理图元器件符号编辑工具，与 PCB 设计工具接口友好，能兼容其他 PCB 工具设计的原理图资料，也能导出多种其他 PCB 工具格式文件。原理图仿真(Pspice A/D)具有种类齐全、数量丰富的库元器件模型，以及强大的分析功能。

PCB 库元器件编辑：具有简洁、直观、快速、准确地编辑各种标准与非标准封装库元器件的功能。

PCB设计布局、PCB设计布线工具：手工布线与自动布线。它们具有推齐布线，支线、总线布线，差分对、等长、均匀间隔布线等功能。自动布线具有很高的布线速度、布通率和布线质量，可以保证信号完整性和电磁兼容性。

高速电路仿真工具(Hyperlynx 7.5)功能：具有准确的信号完整性、电磁兼容性分析。由于印制电路板中元器件的工作速度越来越高，密度越来越大，对PCB的设计不仅要绘出印制电路板，还要保证设计电路的信号完整性和电磁兼容性，满足高速电路的设计要求。

报表生成工具(CAM350 Version9.01)：可以生成完善齐全的报表，输出加工PCB所需的文档。

3. 电路板设计流程

电路板设计主要分为3个步骤：① 设计电路原理图；② 生成网络表；③ 设计印制电路板。

网络表是电路原理设计和印制电路板设计中的一个桥梁，是设计工具软件自动布线的灵魂。网络表的格式包括两部分：元器件声明和网络定义。两者缺少任一部分都有可能在布线时出错。

4. 电路原理图设计

电路原理图设计不仅是整个电路设计的第一步，也是电路设计的基础。它包括以下一些具体步骤：

① 建立元器件库中没有的库元件；

② 设置图纸属性；

③ 放置元件；

④ 原理图布线；

⑤ 检查与校对；

⑥ 电路分析与仿真；

⑦ 生成网络表；

⑧ 保存与输出。

5. PCB电路设计

PCB电路设计是电子产品物理结构设计的一部分，其主要任务是根据电路的原理和所需元件的封装形式进行物理结构的布局和布线。

PCB设计包括下面一些具体步骤：

① 建立封装库中没有的封装；

② 规划电路板；

③ 载入网络表和元件封装。

④ 布置元件封装；

⑤ 布线；

⑥ 设计规则检查；

⑦ PCB 仿真分析；

⑧ 存档输出。

6. 多层 PCB 设计的注意事项

① 高频信号线一定要短，不可以有尖角(90°角)，两根线之间的距离不宜平行、过近，否则可能会产生寄生电容。

② 如果是双面板，一面的线布成横线，另一面的线布成竖线，尽量不要布成斜线。

③ 一般来说，线宽一般为 0.3 mm，间隔也为 0.3 mm。但是，对于电源线或者大电流线应该有足够宽度，一般需要 1.524～2 mm，焊盘一般为 1.625 mm。

④ 单面板的生产工艺都很差，因此，单面板的焊盘要尽量做得大一些，线要尽量粗一些。

⑤ 铜膜线的地线应该在电路板的周边，同时将电路上可以利用的空间全部使用铜箔做地线，增强屏蔽能力，并且防止寄生电容。

⑥ 电路图上的地线表示电路中的零电位，并用做电路中其他各点的公共参考点，在实际电路中由于地线阻抗的存在，必然会带来共阻干扰，因此在布线时，不能将具有地线符号的点随便连接在一起，否则可能引起有害的耦合而影响电路的正常工作。

7. PCB 设计中的可靠性知识

(1) 地线设计

在电子设备中，接地是控制干扰的重要方法。

① 正确选择单点接地与多点接地。在低频电路中(工作频率低于 1 MHz)，采用一点接地。在高频电路中(工作频率高于 10 MHz)，采用就近多点接地。

② 将数字电路与模拟电路分开，两者地线不要相混，分别与电源端的地线相连。

③ 尽量加粗地线。若地线很细，则接地电位随电流的变化而变化，如有可能，接地线的宽度应大于 3 mm。

④ 将接地线构成环路，可以明显提高抗噪声能力。

(2) 电磁兼容性设计

① 选择合理的导线宽度：瞬变电流在印制线条上所产生的冲击干扰主要是由印制导线的电感成分造成的。时钟引线、行驱动器和总线驱动器的信号线常常载有大的瞬变电流，导线要尽可能短。

- 对于分立元件，导线宽度为 1.5 mm 左右可满足要求。
- 对于集成电路，导线宽度可在 0.2～1 mm 之间选择。

② 采用正确的布线策略：最好采用井字形网状布线结构。

- PCB 的一面横向布线，另一面纵向布线，然后在交叉孔处用金属化孔相连。

• 尽量减少导线的不连续性，例如导线不要突变，拐角应大于 90°。
• 尽量避免长距离的平行走线，尽可能拉开线与线之间的距离。
• 信号线与地线及电源线尽可能不交叉。
• 在一些对干扰十分敏感的信号线之间设置一根地线，可以有效抑制串扰。

③ 抑制反射干扰。

(3) 去耦电容配置

配置去耦电容可以抑制因负载变化而产生的噪声，是印制电路板可靠性设计的一种常规做法。配置原则如下：

① 电源输入端跨接一个 10～100 μF 的电解电容。

② 为每个集成电路芯片配置一个 0.01 μF 的陶瓷电容。

③ 对于噪声能力弱、关断时电流变化大的器件和 ROM、RAM 等存储型器件，应在芯片的电源线与地线之间直接接入去耦电容。

④ 去耦电容的引线不能过长，特别是高频旁路电容不能带引线。

(4) PCB 的尺寸与器件的布置

① 相互有关的元件尽量放得靠近一些。

② 时钟发生器、晶振和 CPU 的时钟输入端易产生干扰，要相互靠近一些。

③ 易产生噪声的元件、小电流电路、大电流电路等应尽量远离逻辑电路。

(5) 散热设计

要考虑大型发热芯片的散热问题以及散热片的尺寸和安装问题。

8. 硬件抗干扰测试

(1) 形成干扰的 3 个基本要素

形成干扰的 3 个基本要素是：干扰源、传播路径和敏感器件。

(2) 干扰的耦合方式

干扰源产生的干扰信号要通过一定的耦合通道才对系统产生作用。干扰的耦合方式如下：

① 直接耦合最有效的方式是加入去耦电容。

② 公共阻抗耦合。

③ 电容耦合。

④ 电磁感应耦合(磁场耦合)。

⑤ 漏电耦合。

(3) 抑制干扰源的技术

尽可能减小干扰源的 du/dt 和 di/dt，这是抗干扰设计中最优先考虑和最重要的原则：

① 主要通过在干扰源两端并联电容来实现减小干扰源的 du/dt。

② 主要通过在干扰源回路串联电感或电阻及增加续流二极管来实现 di/dt。

(4) 切断干扰传播路径的技术

① 充分考虑电源对嵌入式系统的影响。例如给电源加滤波电路或稳压器。

② 若微处理器的I/O口接控制电机等噪声器件,应在I/O和噪声源之间加隔离。

③ 晶振与微处理器的引脚尽量靠近,用地线把时钟区隔离起来,晶振外壳接地并固定。

④ 电路板合理分区,如强、弱信号,数字、模拟信号。

⑤ 尽可能将干扰源远离敏感元件。

⑥ 用地线把数字区与模拟区隔离。

⑦ 数字地与模拟地要分离,最后在一点接于电源地。

⑧ 微处理器和大功率器件的地线要单独接地,以减小互相干扰。

⑨ 大功率器件尽可能放在电路板边缘。

(5) 提高敏感元件的抗干扰性能

① 布线时尽量减小回路环的面积,以降低感应噪声。

② 电源线和地线要尽量粗,除减小压降外,更重要的是降低耦合噪声。

③ 微处理器闲置的I/O口不要悬空,要接地或接电源。

④ 其他IC的闲置端在不改变系统逻辑的情况下接地或电源。

⑤ 使用电源监控及看门狗电路,可大幅度提高整个电路的抗干扰性能。

⑥ 在满足要求的前提下,尽量降低微处理器的晶振和选用低速数字电路。

9. 电磁兼容性(EMI)设计

数字电路(或集成电路)的电磁兼容性(EMI)设计在进行器件选型时,通常遵循以下原则:

① 在满足技术指标前提下,尽量选用低速时钟的IC;

② 所选IC的电源及地的引脚较近;

③ 所选IC有多个电源及地线引脚;

④ 所选IC的输出电压波动性小,输出级能力不超过实际应用要求;

⑤ 所选IC的电源瞬态电流(穿透电流)低;

⑥ 所选IC的输入电容尽量小;

⑦ 所选IC具有可控开关速率;

⑧ 所选IC地线反射较低;

⑨ 建议在PCB上焊接表贴芯片。

在EMC电路技术方面,通常遵循以下原则:

① 对输入和按键采用电平检测(而非边沿检测);

② 降低负载电容,以使靠近输出端的集电极开路驱动器便于上拉,电阻值尽量大;

③ 使用前沿速率尽可能慢且平滑的数字信号(不超过失真极限);

④ 在 PCB 样板上,允许对信号边沿速度或带宽进行控制;

⑤ 微处理器散热片与芯片之间通过导热材料隔离,并在周围多点射频接地;

⑥ 不能在看门狗或电源监视电路上使用可编程器件;

⑦ 电路中尽量配置一只高质量的看门狗;

⑧ 电源的监视电路要对电源中断、跌落、浪涌和瞬态干扰有抵抗能力。

考核复习题

一、单项选择题(在备选答案中只有一个是正确的,将它选出填入括号中)

1. 电路板的设计主要分为 3 个步骤,不包括(　　)这一个步骤。

A. 生成网络表　　B. 设计印制电路版

C. 设计电路原理图　　D. 自动布线

2. 现代电子设计方法包含了可测试设计,其中(　　)接口是 IC 芯片测试的标准接口。

A. BIST　　B. JATG

C. UART　　D. USB

3. 多层印制电路板(4 层或者 4 层以上)比双面板更适合于高速 PCB 布线,最主要的原因是(　　)。

A. 通过电源平面供电,电压更稳定

B. 可以大大减小电路中信号回路的面积

C. 多层印制电路板工艺简单

D. 自动布线更容易

二、简答题

1. 简述电路板设计的主要步骤。

2. 为什么说在 PCB 设计中,网络表是软件自动布线的灵魂?网络表的格式包含哪几部分?

3. 简述去耦电容配置原则。

4. 形成干扰的 3 个基本要素是什么?

5. 干扰的耦合方式有哪几种?

6. 在 EMC 电路技术方面,通常遵循哪些原则?

7. 地线设计应注意的基本原则是什么?

参考答案

一、单项选择题

1. D 2. B C. B

二、简答题

1. 答：电路板设计主要分为 3 个步骤：

① 设计电路原理图；

② 生成网络表；

③ 设计印制电路板。

2. 答：网络表是电路原理设计和印制电路板设计中的一个桥梁，它是设计工具软件自动布线的灵魂。

网络表的格式包括两部分：元器件声明和网络定义，缺少任一部分都有可能在布线的时候出错。

3. 答：配置去耦电容可以抑制因负载变化而产生的噪声，是印制电路板可靠性设计的一种常规做法。配置原则如下：

① 电源输入端跨接一个 10～100 μF 的电解电容；

② 为每个集成电路芯片配置一个 0.01 μF 的陶瓷电容；

③ 对于噪声能力弱、关断时电流变化大的器件和 ROM、RAM 等存储型器件，应在芯片的电源线和地线之间直接接入去耦电容；

④ 去耦电容的引线不能过长，特别是高频旁路电容不能带引线。

4. 答：形成干扰的 3 个基本要素是：干扰源、传播路径和敏感器件。

5. 答：干扰源产生的干扰信号要通过一定的耦合通道才能对系统产生作用。干扰的耦合方式有如下几种：

① 直接耦合最有效的方式是加入去耦电容。

② 公共阻抗耦合。

③ 电容耦合。

④ 电磁感应耦合(磁场耦合)。

⑤ 漏电耦合。

6. 答：遵循的原则如下：

① 对输入和按键采用电平检测(而非边沿检测)。

② 降低负载电容，以使靠近输出端的集电极开路驱动器便于上拉，电阻值尽量大。

③ 使用前沿速率尽可能慢且平滑的数字信号(不超过失真极限)。

④ 在 PCB 样板上，允许对信号边沿速度或带宽进行控制。

⑤ 微处理器散热片与芯片之间通过导热材料隔离，并在周围多点射频接地。

⑥ 不能在看门狗或电源监视电路上使用可编程器件。

⑦ 电路中尽量配置一只高质量的看门狗。

⑧ 电源的监视电路要对电源中断、跌落、浪涌和瞬态干扰有抵抗能力。

7. 答：在电子设备中，接地是控制干扰的重要方法。

① 正确选择单点接地与多点接地。

- 在低频电路中(工作频率低于 1 MHz)，采用一点接地。
- 在高频电路中(工作频率高于 10 MHz)，采用就近多点接地。

② 将数字电路与模拟电路分开，两者地线不要相混，分别与电源端的地线相连。

③ 尽量加粗地线。若地线很细，接地电位则随电流的变化而变化，如有可能，接地线的宽度应大于 3 mm。

④ 将接地线构成环路，可以明显提高抗噪声能力。

第9章　嵌入式操作系统基础

考核要点

了解嵌入式操作系统概念、分类、任务管理、存储管理、I/O设备管理和文件系统等基本概念。了解μC/OS－II操作系统原理和移植方法(如：μC/OS－II中任务的状态、μC/OS－II内核调度原理、μC/OS－II任务创建方法、任务间的通信、系统的消息循环和μC/OS－II移植方法等)。

考核知识

1. μC/OS－II概述

μC/OS－II是一个简单、高效的嵌入式实时操作系统内核，应用于各种嵌入式系统中。目前，它支持X86、ARM、PowerPC、MIPS等众多体系结构，并有上百个商业应用实例，其稳定性和可用性是经过实践验证的。同时，它的源代码公开，可以从 www. ucos-ii. com 网站上获得全部源码及其在各种体系结构平台上的移植范例。

最新的μC/OS－II 2.0版以上的内核都具有可抢占的实时多任务调度功能。另外，它还提供了许多系统服务，例如信号量、消息队列、邮箱、内存管理和时间函数等，这些功能可以根据不同的需求进行裁减。可以说，μC/OS－II是一个具备现代操作系统特点的RTOS。同时，它结构清晰、注解详尽，具有良好的可扩展性和可移植性，广泛应用于各种架构的微处理器上。

2. 任　务

一个任务通常是一个无限的循环。一个任务看起来像其他C的函数一样，有函数返回类型，有形式参数变量，但是任务是绝不会返回的。

不同的是，当任务完成以后，任务可以自我删除。注意，任务代码并非真的删除了，μC/OS－II只是简单地不再理会这个任务了，这个任务的代码也不会再运行，如果任务调用了OSTaskDel()，则这个任务绝不会返回什么。

μC/OS－II可以管理多达64个任务，并从中保留了4个最高优先级和4个最低优先级的任务供自己使用，所以用户可以使用的只有56个任务。任务的优先级越高，优先级号则越低。必须给每个任务赋予不同的优先级，优先级可以从0到OS_LOWEST_PR10-2。μC/OS－II总是运行进入就绪态的优先级最高的任务。目前版本的μC/OS－II中，任务的优先级号就是任务编号(ID)。优先级号(或任务的ID号)被一些内核服务函数调用，如改变优先级函数OSTaskChangePrio()，以及任务删除函数OSTaskDel()。

为了使μC/OS－II能管理用户任务，用户必须在建立一个任务的时候，将任务的起始地址与其他参数一起传给下面两个函数中的一个：OSTastCreate 或 OSTaskCreateExt()。

OSTaskCreateExt()是 OSTaskCreate()的扩展,扩展了一些附加的功能。

3. 任务状态

图 9.1 所示为 μC/OS-II 控制下的任务状态转换图。在任一给定的时刻,任务的状态一定是在这 5 种状态之一。

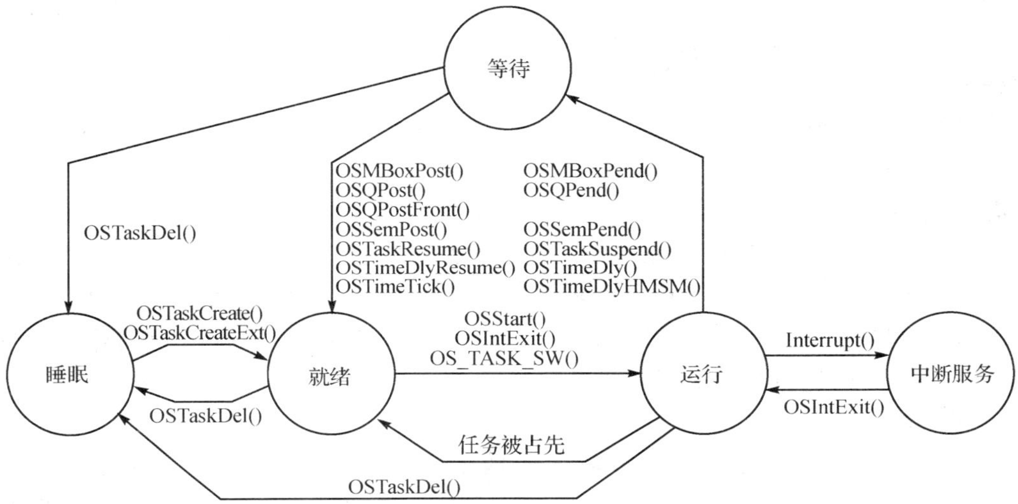

图 9.1 任务状态图

睡眠态(DORMANT)指任务驻留在程序空间中,还没有交给 μC/OS-II 管理。把任务交给 μC/OS-II 是通过调用下述两个函数之一:OSTaskCreate()或 OSTaskCreateExt()。任务一旦建立,这个任务就进入就绪态准备运行。一个任务可以通过调用 OSTaskDel()返回到睡眠态,或通过调用该函数让另一个任务进入睡眠态。

调用 OSStart()可以启动多任务。OSStart()函数运行进入就绪态的优先级最高的任务。就绪态的任务只有当所有优先级高于这个任务的任务转为等待状态,或者是被删除了,才能进入运行态。正在运行的任务可以通过调用两个函数之一将自身延迟一段时间,这两个函数是 OSTimeDly()或 OSTimeDlyHMSM()。这个任务于是进入等待状态,等待这段时间过去,下一个优先级最高的、并进入了就绪态的任务立刻被赋予了 CPU 的控制权。等待的时间过去以后,系统服务函数 OSTimeTick()使延迟了的任务进入就绪态。

正在运行的任务期待某一事件的发生时也要等待,手段是调用以下 3 个函数之一:OSSemPend(),OSMBoxPend()或 OSQPend()。调用后任务进入了等待状态(WAITING)。当任务因等待事件被挂起(Pend),下一个优先级最高的任务立即得到了 CPU 的控制权。当事件发生了,被挂起的任务进入就绪态。事件发生的报告可能来自另一个任务,也可能来自中断服务子程序。

正在运行的任务是可以被中断的，除非该任务将中断关闭，或者 μC/OS－II 将中断关闭。被中断了的任务就进入了中断服务态(ISR)。响应中断时，正在执行的任务被挂起，中断服务子程序控制了 CPU 的使用权。中断服务子程序可能会报告一个或多个事件的发生，而使一个或多个任务进入就绪态。在这种情况下，从中断服务子程序返回之前，μC/OS－II 要判定，被中断的任务是否还是就绪态任务中优先级最高的。如果中断服务子程序使一个优先级更高的任务进入了就绪态，则新进入就绪态的这个优先级更高的任务将得以运行，否则原来被中断了的任务才能继续运行。

当所有的任务都在等待事件发生或等待延迟时间结束，μC/OS－II 执行空闲任务(idle task)，执行 OSTaskIdle()函数。

4. 任务控制块

任务一旦建立，任务控制块 OS_TCBs 将被赋值。任务控制块是一个数据结构，当任务的 CPU 使用权被剥夺时，μC/OS－II 用它来保存该任务的状态。当任务重新得到 CPU 使用权时，任务控制块能确保任务从当时被中断的那一点丝毫不差地继续执行。OS_TCBs 全部驻留在 RAM 中。任务建立时，OS_TCBs 就被初始化了。

5. 就绪表

每个任务被赋予不同的优先级等级，从 0 级到最低优先级 OS_LOWEST_PR1O，包括 0 和 OS_LOWEST_PR1O 在内(见文件 OS_CFG. H)。当 μC/OS－II 初始化时，最低优先级 OS_LOWEST_PR1O 总是被赋给空闲任务。

任务的就绪态标志都放入就绪表中。就绪表中有两个变量 OSRedyGrp 和 OSRdyTbl[]。在 OSRdyGrp 中，任务按优先级分组，8 个任务为一组。OSRdyGrp 中的每一位表示 8 组任务中每一组中是否有进入就绪态的任务。任务进入就绪态时，就绪表 OSRdyTbl[]中的相应元素的相应位也置位。就绪表 OSRdyTbl[]数组的大小取决于 OS_LOWEST_PR1O(见文件 OS_CFG. H)。当用户的应用程序中任务数目比较少时，减小 OS_LOWEST_PR1O 的值可以降低 μC/OS－II 对 RAM(数据空间)的需求量。

为确定下次该运行哪个优先级的任务，内核调度器总是将 OS_LOWEST_PR1O 在就绪表中相应字节的相应位置 1。

6. 任务调度

μC/OS－II 总是运行进入就绪态任务中优先级最高的任务。确定哪个任务优先级最高，下面该运行哪个任务的工作是由调度器(scheduler)完成的。任务级的调度是由函数 OSSched()完成的。中断级的调度是由另一个函数 OSIntExt()完成的。

7. 空闲任务

μC/OS－II 总是建立一个空闲任务(Idle Task)，这个任务在没有其他任务进入就绪态时投入运行。这个空闲任务 OSTaskIdle()永远设为最低优先级，即 OS_LOWEST_PR1O。空闲任务 OSTaskIdle()什么也不做，只是在不停地给一个 32 位的名叫 OSIdleCtr 的计数器加 1，统计任务使用这个计数器以确定现行应用软件实际消耗的 CPU 时间。空闲任务不可能被应用软件删除。

8. 任务管理

(1) 建立任务

要让 μC/OS－II 管理用户的任务，用户必须要先建立任务。用户可以通过传递任务地址和其他参数到以下两个函数之一来建立任务：OSTaskCreate() 或 OSTaskCreateExt()。用两个函数中的任何一个都可以建立任务。任务可以在多任务调度开始前建立，也可以在其他任务的执行过程中被建立。在开始多任务调度（即调用 OSStart()）前，用户必须建立至少一个任务。任务不能由中断服务程序（ISR）来建立。

OSTaskCreate()需要 4 个参数：task 是任务代码的指针，pdata 是当任务开始执行时传递给任务的参数的指针，ptos 是分配给任务的堆栈的栈顶指针，prio 是分配给任务的优先级。

用 OSTaskCreateExt()函数来建立任务会更加灵活，但会增加一些额外的开销。

(2) 任务堆栈

每个任务都有自己的堆栈空间。堆栈必须声明为 OS_STK 类型，并且由连续的内存空间组成。用户可以静态分配堆栈空间（在编译的时候分配），也可以动态地分配堆栈空间（在运行的时候分配）。

静态堆栈声明如下面两例所示，这两种声明应放置在函数的外面。

例：静态堆栈

```
static OS_STK  MyTaskStack[stack_size];
```

例：静态堆栈

```
OS_STK  MyTaskStack[stack_size];
```

用户可以用 C 编译器提供的 malloc()函数来动态地分配堆栈空间。在动态分配中，用户要时刻注意内存碎片问题。特别是当用户反复地建立和删除任务时，内存堆中可能会出现大量的内存碎片，导致没有足够大的一块连续内存区域可用做任务堆栈，这时 malloc()便无法成功地为任务分配堆栈空间。

(3) 堆栈检验

有时候决定任务实际所需的堆栈空间的大小是很有必要的。因为这样用户就可以避免为任务分配过多的堆栈空间，从而减少自己的应用程序代码所需的 RAM（内存）数量。

为了使用 μC/OS－II 的堆栈检验功能，用户必须要做以下几件事情：

① 在 OS_CFG. H 文件中设 OS_TASK_CREATE_EXT 为 1。

② 用 OSTaskCreateExt()建立任务，并给予任务比实际需要更多的内存空间。

③ 在 OSTaskCreateExt()中，将参数 opt 设置为 OS_TASK_OPT_STK_CHK＋OS_

TASK_ OPT_STK_CLR。注意，如果用户的程序启动代码清除了所有的 RAM，并且从未删除过已建立的任务，那么用户就不必设置选项 OS_TASK_OPT_STK_CLR。这样就会缩短 OSTaskCreateExt()的执行时间。

④ 将用户想检验的任务的优先级作为 OSTaskStkChk()的参数并调用之。

(4) 删除任务 OSTaskDel()

删除任务，是说任务将返回并处于休眠状态，并不是说任务的代码被删除了，只是任务的代码不再被 μC/OS-II 调用。通过调用 OSTaskDel()就可以完成删除任务的功能。

OSTaskDel()一开始应确保用户所要删除的任务并非是空闲任务，因为删除空闲任务是不允许的。不过，用户可以删除 statistic 任务。接着，OSTaskDel()还应确保用户不是在 ISR 例程中去试图删除一个任务，因为这也是不允许的。调用此函数的任务可以通过指定 OS_PRIO_SELF 参数来删除自己。接下来 OSTaskDel()会保证被删除的任务是确实存在的。

(5) 改变任务的优先级

在用户建立任务的时候会分配给任务一个优先级。在程序运行期间，用户可以通过调用 OSTaskChangePrio()来改变任务的优先级。μC/OS-II 允许用户动态地改变任务的优先级。

用户不能改变空闲任务的优先级，但可以改变调用本函数的任务或其他任务的优先级。

(6) 挂起任务

挂起任务可通过调用 OSTaskSuspend()函数来完成。

被挂起的任务只能通过调用 OSTaskResume()函数来恢复。任务挂起是一个附加功能。如果任务在被挂起的同时也在等待延时的期满，那么，挂起操作需要被取消，而任务继续等待延时期满，并转入就绪状态。任务可以挂起自己或者其他任务。

(7) 恢复任务

被挂起的任务只有通过调用 OSTaskResume()才能恢复。

要恢复的任务必须是存在的，因为用户需要操作它的任务控制块 OS_TCB，并且该任务必须是被挂起的。OSTaskResume()是通过清除 OSTCBStat 域中的 OS_STAT_SUSPEND 位来取消挂起的。要使任务处于就绪状态，OS_TCBDly 域必须为 0，这是因为在 OSTCBStat 中没有任何标志表明任务正在等待延时的期满。只有当以上两个条件都满足时，任务才处于就绪状态。最后，任务调度程序会检查被恢复的任务拥有的优先级是否比调用本函数任务的优先级高。

9. 任务之间的通信

在 μC/OS-II 中，有多种方法可以保护任务之间的共享数据和提供任务之间的通信，它们是：

① 利用宏 OS_ENTER_CRITICAL()和 OS_EXIT_CRITICAL()来关闭中断和打开中断。

② 利用函数 OSSchedLock()和 OSSchekUnlock()对 μC/OS-II 中的任务调度函数上锁

和开锁。

③ 利用信号量、邮箱和消息队列。

(1) 事件控制块 ECB

一个任务或者中断服务子程序可以通过事件控制块 ECB(Event Control Blocks)来向另外的任务发信号。这里,所有的信号都看成是事件(event)。

多个任务可以同时等待同一个事件的发生。在这种情况下,当该事件发生后,所有等待该事件的任务中,优先级最高的任务得到了该事件并进入就绪状态,准备执行。事件可以是信号量、邮箱或者消息队列等。当事件控制块是一个信号量时,任务可以等待它,也可以给它发送消息。

(2) 信号量

μC/OS-II 中的信号量由两部分组成:一个是信号量的计数值,它是一个 16 位的无符号整数(0 ~65 535);另一个是由等待该信号量的任务组成的等待任务表。用户要在 OS_CFG.H 中将 OS_SEM_EN 开关量常数置成 1,这样 μC/OS-II 才能支持信号量。

在使用一个信号量之前,首先要建立该信号量,即调用 OSSemCreate()函数,对信号量的初始计数值赋值。该初始值为 0~65 535 之间的一个数。如果信号量是用来表示一个或者多个事件的发生,那么该信号量的初始值应设为 0。如果信号量是用于对共享资源的访问,那么该信号量的初始值应设为 1(例如,把它当做二值信号量使用)。最后,如果该信号量是用来表示允许任务访问 n 个相同的资源,那么该初始值显然应该是 n,并把该信号量作为一个可计数的信号量使用。

1) 建立一个信号量

建立一个信号量的函数是 OSSemCreate()。

首先,它从空闲任务控制块链表中得到一个事件控制块,并对空闲事件控制链表的指针进行适当的调整,使它指向下一个空闲的事件控制块。如果这时有任务控制块可用,就将该任务控制块的事件类型设置成信号量 OS_EVENT_TYPE_SEM。其他的信号量操作函数 OSSem()通过检查该域来保证所操作的任务控制块类型的正确。

接着,用信号量的初始值对任务控制块进行初始化,并调用 OSEventWaitListInit()函数对事件控制任务控制块的等待任务列表进行初始化,初始化一个任务控制块[OSEventWaitListInit()]。

最后,OSSemCreate()返回给调用函数一个指向任务控制块的指针。以后对信号量的所有操作,如 OSSemPend(),OSSemPost(),OSSemAccept()和 OSSemQuery()都是通过该指针完成的。因此,这个指针实际上就是该信号量的句柄。如果系统中没有可用的任务控制块,OSSemCreate()将返回一个 NULL 指针。

2) 等待一个信号量

等待一个信号量的函数是 OSSemPend()。

它首先检查指针 pevent 所指的任务控制块是否是由 OSSemCreate()建立的。如果信号量当前是可用的(信号量的计数值大于 0),将信号量的计数值减 1,然后函数将“无错”错误代码返回给它的调用函数。显然,如果正在等待信号量,这时的输出正是所希望的,也是运行 OSSemPend()函数最快的路径。

如果此时信号量无效(计数器的值是 0),OSSemPend()函数要进一步检查它的调用函数是不是中断服务子程序。在正常情况下,中断服务子程序是不会调用 OSSemPend()函数的。

如果信号量的计数值为 0,而 OSSemPend()函数又不是由中断服务子程序调用的,则调用 OSSemPend()函数的任务要进入睡眠状态,等待另一个任务(或者中断服务子程序)发出该信号量。OSSemPend()允许用户定义一个最长等待时间作为它的参数,这样可以避免该任务无休止地等待下去。如果该参数值是一个大于 0 的值,那么该任务将一直等到信号有效或者等待超时。如果该参数值为 0,则该任务将一直等待下去。OSSemPend()函数通过将任务控制块中的状态标志 OSTCBStat 置 1,把任务置于睡眠状态,等待时间也同时置入任务控制块中,该值在 OSTimeTick()函数中被逐次递减。

3) 发送一个信号量

发送一个信号量的函数是 OSSemPost()。

它首先检查参数指针 pevent 指向的任务控制块是否是 OSSemCreate()函数建立的,接着检查是否有任务在等待该信号量。如果该任务控制块中的.OSEventGrp 域不是 0,说明有任务正在等待该信号量。这时,就要调用函数 OSEventTaskRdy(),把其中的最高优先级任务从等待任务列表中删除并使它进入就绪状态。然后,调用 OSSched()任务调度函数检查该任务是否是系统中的最高优先级的就绪任务。如果是,这时就要进行任务切换,准备执行该就绪任务。如果不是,OSSched()直接返回,调用 OSSemPost()的任务得以继续执行。如果这时没有任务在等待该信号量,则该信号量的计数值就简单地加 1。

上面是由任务调用 OSSemPost()时的情况。当中断服务子程序调用该函数时,不会发生上面的任务切换。

4) 无等待地请求一个信号量

当一个任务请求一个信号量时,如果该信号量暂时无效,也可以让该任务简单地返回,而不是进入睡眠等待状态。这种情况下的操作是由 OSSemAccept()函数完成的。该函数首先也是检查参数指针 pevent 指向的事件控制块是否是由 OSSemCreate()函数建立的,接着从该信号量的事件控制块中取出当前计数值,并检查该信号量是否有效(计数值是否为非 0 值)。如果有效,则将信号量的计数值减 1,然后将信号量的原有计数值返回给调用函数。调用函数需要对该返回值进行检查。如果该值是 0,说明该信号量无效。如果该值大于 0,说明该信号量有效,同时该值也暗示着该信号量当前可用的资源数。应该注意的是,这些可用资源中,已经被该调用函数自身占用了一个(该计数值已经减 1)。中断服务子程序要请求信号量时,只能用 OSSemAccept()而不能用 OSSemPend(),因为中断服务子程序是不允许等待的。

5）查询一个信号量的当前状态

在应用程序中，用户随时可以调用函数 OSSemQuery()来查询一个信号量的当前状态。该函数有两个参数：一个是指向信号量对应事件控制块的指针 pevent。该指针是在产生信号量时，由 OSSemCreate()函数返回的。另一个是指向用于记录信号量信息的数据结构 OS_SEM_DATA 的指针 pdata。因此，调用该函数前，用户必须先定义该结构变量，用于存储信号量的有关信息。

与其他与信号量有关的函数一样，OSSemQuery()也是先检查 pevent 指向的事件控制块是否是 OSSemCreate()产生的，然后将等待任务列表和计数值从 OS_EVENT 结构复制到 OS_SEM_DATA 结构变量中去。

(3) 邮　箱

邮箱是 μC/OS－II 中另一种通信机制。它可以使一个任务或者中断服务子程序向另一个任务发送一个指针型的变量。该指针指向一个包含了特定“消息”的数据结构。

为了在 μC/OS－II 中使用邮箱，必须将 OS_CFG. H 中的 OS_MBOX_EN 常数置为 1。

使用邮箱之前，必须先建立该邮箱。该操作可以通过调用 OSMBoxCreate()函数来完成，并且要指定指针的初始值。一般情况下，这个初始值是 NULL，但也可以初始化一个邮箱，使其在最开始就包含一条消息。如果使用邮箱的目的是通知一个事件的发生(发送一条消息)，那么就要初始化该邮箱为 NULL，因为在开始时，事件还没有发生。如果用户用邮箱来共享某些资源，那么就要初始化该邮箱为一个非 NULL 的指针。在这种情况下，邮箱被当成一个二值信号量使用。

μC/OS－II 提供了 5 种对邮箱的操作：OSMBoxCreate()，OSMBoxPend()，OSMBoxPost()，OSMBoxAccept()和 OSMBoxQuery()函数。

1）建立一个邮箱

建立一个邮箱的函数是 OSMBoxCreate()，基本上与函数 OSSemCreate()相似。不同之处在于事件控制块的类型被设置成 OS_EVENT_TYPE_MBOX，以及使用. OSEventPtr 域来容纳消息指针，而不是使用. OSEventCnt 域。

OSMBoxCreate()函数的返回值是一个指向事件控制块的指针。这个指针在调用函数 OSMBoxPend()，OSMBoxPost()，OSMBoxAccept()和 OSMBoxQuery()时使用。因此，该指针可以看做是对应邮箱的句柄。值得注意的是，如果系统中已经没有事件控制块可用，函数 OSMBoxCreate()将返回一个 NULL 指针。

邮箱一旦建立，是不能被删除的。比如，如果有任务正在等待一个邮箱的信息，这时删除该邮箱，将有可能产生灾难性的后果。

2）等待一个邮箱中的消息

等待一个邮箱中的消息的函数是 OSMBoxPend()。同样，它与 OSSemPend()也很相似，因此，在这里只讲述其中的不同之处。OSMBoxPend()首先检查该事件控制块是由 OSMBox-

Create()函数建立的。当.OSEventPtr 域是一个非 NULL 的指针时，说明该邮箱中有可用的消息。这种情况下，OSMBoxPend()函数将该域的值复制到局部变量 msg 中，然后将.OSEventPtr 置为 NULL。

如果此时邮箱中没有消息是可用的(.OSEventPtr 域是 NULL 指针)，则 OSMBoxPend()函数检查它的调用者是否是中断服务子程序。不能在中断服务子程序中调用 OSMBoxPend()，因为中断服务子程序是不能等待的。

如果邮箱中没有可用的消息，OSMBoxPend()的调用任务就被挂起，直到邮箱中有了消息或者等待超时。当有其他任务向该邮箱发送消息时(或者等待时间超时)，该任务再一次成为最高优先级任务，OSSched()返回。这时，OSMBoxPend()函数要检查是否有消息被放到该任务的任务控制块中。如果有，那么该次函数调用成功，对应的消息被返回到调用函数。

发送一个消息到邮箱中，OSMBoxPost()函数在检查了事件控制块是否是一个邮箱后，还要检查是否有任务在等待该邮箱中的消息。如果事件控制块中的.OSEventGrp 域包含非零值，则暗示着有任务在等待该消息。这时，调用 OSEventTaskRdy()将其中的最高优先级任务从等待列表中删除，使一个任务进入就绪状态，并把该任务加入系统的就绪任务列表中，准备运行。然后，调用 OSSched()函数，检查该任务是否是系统中最高优先级的就绪任务。如果是，则执行任务切换，仅当 OSMBoxPost()函数是由任务调用时，该任务得以执行。如果该任务不是最高优先级的任务，则 OSSched()返回，OSMBoxPost()函数的调用继续执行。如果没有任何任务等待该消息，指向消息的指针就被保存到邮箱中，假设此时邮箱中的指针不是非 NULL 的。这样，下一个调用 OSMBoxPend()函数的任务就可以立刻得到该消息了。

注　意　如果 OSMBoxPost()函数是从中断服务子程序中调用的，那么，这时并不发生上下文的切换。如果需要，中断服务子程序引起的上下文切换只发生在中断嵌套的最外层中断服务子程序对 OSIntExit()函数的调用时。

10. μC/OS-II 在 S3C2410 上的移植分析

整个移植工作可以分为两个部分：一部分与 ARM 相关，另一部分与移植原理相关。在开始实际的移植工作前，需要对这两部分有一定的背景知识，尤其侧重于与移植工作相关的概念和原理。下面分别做一些介绍。

(1) ARM 体系结构

ARM(Advanced RISC Machines)是目前在嵌入式领域里应用最广泛的 RISC 微处理器结构，以其低成本、低功耗、高性能的特点占据了嵌入式系统应用领域的领先地位。ARM 系列的处理器当前有 ARM7、ARM9、ARM9E、ARM10 等多个产品。此外，ARM 公司的合作伙伴，例如 Intel 公司也提供了基于 XScale 微体系结构的相关处理器产品。所有的 ARM 处理器都共享 ARM 通用的基础体系结构，所以开发者在不同的 ARM 处理器上做操作系统移植时，将减少相当多的工作量，这无疑将大大降低软件开发成本。

ARM 的处理器可以工作在 7 种模式，这里除 usr 模式以外的其他模式都叫做特权模式，除 usr 和 sys 外的其他 5 种模式叫做异常模式。在 usr 模式下对系统资源的访问是受限制的,也无法主动地改变处理器模式。异常模式通常都是与硬件相关的,例如中断或者试图执行未定义指令等。这里需要强调的是与移植相关的两种处理器模式:svc 态和 irq 态,分别指操作系统的保护模式和通用中断处理模式。这两种模式之间的转换可以通过硬件的方式,也可以通过软件的方式。μC/OS-II 内核在执行过程中,大部分时间都是工作在 svc 态,当有硬件中断,例如时钟中断到来时,CPU 硬件上会自动完成从 svc 态进入 irq 态,在中断处理程序的结束处,则需要通过编程的方法使得 CPU 从 irq 态恢复到 svc 态,这个在移植代码中可以找到。

在任何一种处理器模式中,都使用同一个寄存器来标识当前处理器的工作模式:这个寄存器叫做 CPSR (Current Program Status Register),它的[0～4]位用来表示 CPU mode。

每一种处理器异常模式,都有一个对应的 SPSR (Saved Program Status Register)寄存器,用来保存进入异常模式前的 CPSR。SPSR 的作用就是当从异常模式退出时,可以通过一条简单的汇编指令就能够恢复进入异常模式前的 CPSR,而这个值都是保存在当前异常模式的 SPSR 中的。

例如:当从 usr 态进入中断 irq 态时,原先的 CPSR_all 将保存在当前的 SPSR_irq 中,类似的异常模式下的 SPSR 还有 SPSR_fiq,SPSR_svc,SPSR_abt,SPSR_und。非异常模式的 usr 和 sys 模式下没有 SPSR,只有 CPSR。不能显式的指定把 CPSR 保存到某个异常模式下的 SPSR,比如 SPSR_irq,而必须是变更到 irq 态之后 CPU 自动完成的,不能在其他状态下硬性赋值,因为 SPSR_irq 是其他状态下不可见的。

(2) μC/OS-II 移植工作介绍

μC/OS-II 实际上可以简单地看做一个多任务的调度器,在这个任务调度器之上完善并添加了与多任务操作系统相关的一些系统服务,如信号量、邮箱等。它的 90%的代码都是用 C 语言编写的,因此只要有相应的 C 语言编译器,基本上就可以直接移植到特定处理器上,这也是 μC/OS-II 具有良好的可移植性的原因。移植工作的绝大部分都集中在多任务切换的实现上,因为这部分代码主要是用来保存和恢复处理器现场(即相关寄存器),因此不能用 C 语言,只能使用特定的处理器汇编语言完成。

μC/OS-II 的全部源代码量是 6 000～7 000 行,一共有 15 个文件。将 μC/OS-II 移植到 ARM 处理器上,需要完成的工作也比较简单,只需要修改 3 个和 ARM 体系结构相关的文件,代码量大约是 500 行。下面分别介绍这 3 个文件的移植工作。

1) OS_CPU. H 文件

数据类型定义,这部分的修改是与所用的编译器相关的,不同的编译器会使用不同的字节长度来表示同一数据类型,比如 int,同样在 X86 平台上,如果用 GNU 的 gcc 编译器,则编译为 4 Bytes,而使用 MS VC++则编译为 2 Bytes。这里使用的是 GNU 的 arm-elf-gcc,这是一个免费且开放源码的编译器。相关的数据类型的定义如下:

```
/*
************************************************************
*                        DATA TYPES
*                    (Compiler Specific)
************************************************************
*/
typedef unsigned char BOOLEAN;
typedef unsigned char INT8U;           /*8位无符号数*/
typedef signed char INT8S;             /*8位有符号数*/
typedef unsigned short INT16U;         /*16位无符号数*/
typedef ssigned short INT16S;          /*16位有符号数*/
typedef unsigned logn INT32U;          /*32位无符号数*/
typedef signed long INT32S;            /*32位有符号数*/
typedef float FP32;                    /*单精度浮点数*/
typedef double FP64;                   /*双精度浮点数*/
```

因为处理器现场的寄存器在任务切换时都将会保存在当前运行任务的堆栈中，所以 OS_STK 数据类型应该是和处理器的寄存器长度一致的。

```
typedef unsigned int OS STK;           /*每个栈的入口是32位宽度*/
```

堆栈由高地址向低地址增长，这个也是和编译器有关的，当进行函数调用时，入口参数和返回地址一般都会保存在当前任务的堆栈中，编译器的编译选项和由此生成的堆栈指令就会决定堆栈的增长方向。

```
#define OS_STK_GROWTH   1
```

宏定义包括开关中断的宏定义，以及进行任务切换的宏定义。

```
#define OS_ENTER_CRITICAL()        ARMDisableInt()
#define OS_EXIT_CRITICAL()         ARMEnableInt()
#define OS_TASK_SW()               OSCtxSw()
```

2）OS_CPU_C.C 文件

任务堆栈初始化，这里涉及任务初始化时的一个堆栈设计，也就是在堆栈增长方向上如何定义每个需要保存的寄存器位置，在 ARM 体系结构下，任务堆栈空间由高至低依次将保存着 pc，lr，r12，r11，r10，… r1，r0，CPSR，SPSR，如图 9.2 所示。

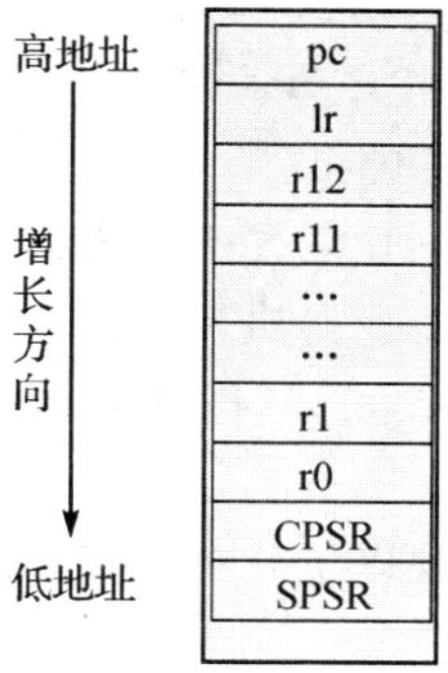

图 9.2　任务堆栈空间

```
void *OSTaskStkInit (void *task) (void *pd), void *pdata, void *ptos, INT16U opt)
{
    Unsigned int *stk;
    opt  = opt;                                 /*'opt'没有用预防警告*/
    stk  = (unsigned int *)ptos;                /*装入堆指针*/
    /*为新任务建立一个上下文*/
    * -- stk = (unsigned int) task;             /*pc*/
    * -- stk = (unsigned int) task;             /*lr*/
    * -- stk = 0;                               /*r12*/
    * -- stk = 0;                               /*r11*/
    * -- stk = 0;                               /*r10*/
    * -- stk = 0;                               /*r9*/
    * -- stk = 0;                               /*r8*/
    * -- stk = 0;                               /*r7*/
    * -- stk = 0;                               /*r6*/
    * -- stk = 0;                               /*r5*/
    * -- stk = 0;                               /*r4*/
    * -- stk = 0;                               /*r3*/
    * -- stk = 0;                               /*r2*/
    * -- stk = 0;                               /*r1*/
    * -- stk = (unsigned int) pdata;            /*r0*/
    * -- stk = (SVC32MODE|0x0);                 /*cpsr IRQ,禁止 FIQ*/
    * -- stk = (SVC32MODE|0x0);                 /*spsr IRQ,禁止 FIQ*/
    return((void *)stk);
}
```

这里需要说明两点：一是当前任务堆栈初始化完成后，OSTaskStkInit 返回新的堆栈指针 stk，在 OSTaskCreate()执行时将会调用 OSTaskStkInit 的初始化过程，然后通过OSTCBInit()函数调用将返回的 sp 指针保存到该任务的 TCB 块中。二是初始状态的堆栈其实是模拟了一次中断发生后的堆栈结构，因为任务被创建后并不是直接就获得执行的，而是通过 OSSched()函数进行调度分配，满足执行条件后才能获得执行的。为了使这个调度简单一致，就预先将该任务的 pc 指针和返回地址 lr 都指向函数入口，以便被调度时从堆栈中恢复刚开始运行时的处理器现场。

此外，在这个文件里面还需要实现以下几个操作系统规定的 hook 函数：

OSSTaskCreateHook()

OSTaskDelHook()

OSTaskSwHook()

OSTaskStatHook()

OSTimeTickHook()

如果没有特殊需求，则只要简单地将它们都实现为空函数即可。

3) OS_CPU_A. S 文件

OSStartHighRdy()函数是在 OSStart()多任务启动后，负责从最高优先级任务的 TCB 控制块中获得该任务的堆栈指针 sp，通过 sp 依次将 CPU 现场恢复，这时系统就将控制权交给用户创建的该任务进程，直到该任务被阻塞或者被其他更高优先级的任务抢占 CPU。该函数仅仅在多任务启动时被执行一次，用来启动第一个，也就是最高优先级的任务执行，之后多任务的调度和切换就是由下面的函数来实现。

OSCtxSw()函数是任务级的上下文切换函数，它是当任务因为被阻塞而主动请求 CPU 调度时被执行，由于此时的任务切换都是在非异常模式下进行的，因此区别于中断级别的任务切换。它的工作是先将当前任务的 CPU 现场保存到该任务堆栈中，然后获得最高优先级任务的堆栈指针，从该堆栈中恢复此任务的 CPU 现场，使之继续执行。这样就完成了一次任务切换。

OSIntCtxSw()函数是中断级的任务切换函数，它是在时钟中断 ISR(中断服务例程)中发现有高优先级任务等待的时钟信号到来，则需要在中断退出后并不返回被中断任务，而是直接调度就绪的高优先级任务执行。这样做的目的主要是能够尽快地让高优先级的任务得到响应，保证系统的实时性能。它的原理基本上与任务级的切换相同，但是由于进入中断时已经保存过了被中断任务的 CPU 现场，因此这里就不用再进行类似的操作，只需要对堆栈指针做相应的调整，原因是函数的嵌套。

OSTickISR()函数是时钟中断处理函数，它的主要任务是负责处理时钟中断，调用系统实现的 OSTimeTick 函数。如果有等待时钟信号的高优先级任务，则需要在中断级别上调度其执行。其他相关的两个函数是 OSIntEnter()和 OSIntExit()，都需要在 ISR 中执行。

ARMEnableInt()& ARMDisableInt()分别是退出临界区和进入临界区的宏指令实现。主要用于在进入临界区之前关闭中断,在退出临界区的时候恢复原来的中断状态。它的实现比较简单,可以采用直接开关中断来实现,也可以采用通过保存关闭/恢复中断屏蔽位来实现。

移植 μC/OS-II 的绝大部分工作都集中在 os_cpu_a.S 文件的移植,这个文件的实现集中体现了所要移植到处理器的体系结构和 μC/OS-II 的移植原理;在这个文件里,最困难的工作又集中体现在 OSIntCtxSw 和 OSTickISR 这两个函数的实现上。这是因为这两个函数的实现是与移植者的移植思路以及相关硬件定时器、中断寄存器的设置有关。在实际的移植工作中,这两个地方也是比较容易出错的地方。

OSIntCtxSw 最重要的作用就是它完成了在中断 ISR 中直接进行任务切换,从而提高了实时响应的速度。它发生的时机是在 ISR 执行到 OSIntExit 时,如果发现有高优先级的任务因为等待的 time tick 到来而获得了执行的条件,这样就可以马上被调度执行,而不用返回被中断的那个任务之后再进行任务切换,因为那样就不够实时了。

实现 OSIntCtxSw() 的方法大致也有两种情况:一是通过调整 SP 堆栈指针的方法,根据所用的编译器对于函数嵌套的处理,通过精确计算出所需要调整的 SP 位置来使进入中断时所做的保护现场的工作可以重用。这种方法的好处是直接在函数嵌套内部发生任务切换,使高优先级的任务能够最快地被调度执行。但是,这种方法与具体的编译器及编译参数的设置相关,需要较多技巧。二是设置切换标志位的方法,在 OSIntCtxSw() 里面不发生切换,而是设置一个需要切换的标志,等函数嵌套从 OSIntExit()→OS ENTER CRITI2CAL()→OSIntCtxSw()→OS EXIT CRITICAL()→OSIntExit () 退出后,再根据标志位来判断是否需要进行中断级的任务切换。

在中断态下进行任务切换,需要特别说明的一个问题是如何获得被中断任务的 lr_svc。因为进入中断态后,lr 变成了 lr_irq,原来任务的 lr_svc 无法在中断态下获得,这样要得到 lr_svc,就必须在中断 ISR 里面进行一次 CPU mode 强制转换,即对 CPSR 赋值为 0x000000d3,只有返回到 svc 态之后才能得到原来任务的 lr,这个对于任务切换很重要。还有一个需要注意的问题是,在强制 CPSR 变成 svc 态后,SPSR 也会相应地变成 SPSR_irq ,这样就需要在强制转变之前保存 SPSR ,也就是被中断任务中断前的 CPSR 。

考核复习题

一、单项选择题(在备选答案中只有一个是正确的,将它选出填入括号中)

1. μC/OS-II 内核提供的函数 OS_ENTER_CRITICAL()和 OS_EXIT_CRITICAL()的作用(　　)。

A. 进入和退出内核　　B. 进入和退出中断服务

C. 进入和退出任务调度　　D. 进入和退出代码的临界段

2. 在 μC/OS－II 中，为使关键代码段在执行过程中不被中断干扰，通常采用关中断的方式，以下 X86 汇编代码正确而且不会改变关中断之前的中断开关状态的是(　　)。

A. 先 CLI、执行关键代码、再 STI

B. 先 STI、执行关键代码、再 CLI

C. 先 POPF、CLI、执行关键代码、再 PUSHF

D. 先 PUSHF、CLI、执行关键代码、再 POPF

3. 实时操作系统中，两个任务并发执行，一个任务要等待其合作伙伴发来信息，或建立某个条件后再向前执行，这种制约性合作关系被称为(　　)。

A. 同步　　B. 互斥

C. 调度　　D. 执行

4. 与 PC 系统机相比，嵌入式系统不具备的特点是(　　)。

A. 系统内核小　　B. 专用性强

C. 可执行多任务　　D. 系统精简

5. μC/OS－II 操作系统不属于(　　)。

A. RTOS　　B. 占先式实时操作系统

C. 非占先式实时操作系统　　D. 嵌入式实时操作系统

6. μC/OS－II 操作系统属于(　　)。

A. 顺序执行系统　　B. 占先式实时操作系统

C. 非占先式实时操作系统　　D. 分时操作系统

7. 在 μC/OS－II 系统中，OSTimeTick()函数只被(　　)函数或过程所调用。

A. OSTickISR　　B. OSShed

C. OSCtxSw　　D. OSIntCtxSw

8. 每种嵌入式操作系统都有自身的特点以吸引相关用户，下列说法错误的是(　　)。

A. 嵌入式 Linux 提供了完善的网络技术支持

B. μCLinux 是专门为没有 MMU 的 ARM 芯片开发的

C. μC/OS－II 操作系统是一种实时操作系统(RTOS)

D. WinCE 提供完全开放的源代码

二、多项选择题(不选或选错得 0 分，漏选得 1 分，全部选对得 2 分)

μC/OS－II 实时内核提供(　　)等功能。

A. 任务调度　　B. 网络　　C. 文件管理

D. 内存管理　　E. 任务间通信和同步

三、填空题

1. 填写 μC/OS－II 中任务创建函数 OSTaskCreate()的四个参数的含义：

```
OSTaskCreate(
```

```
    MyTask,                          //__________
    (void *)s,                       //__________
    &TaskStartStk[TASK_STK_SIZE-1],  //__________
    0                                //__________
);
```

2. TCP/IP 在多个层引入了安全机制,其中 TLS 协议位于__________层。

3. OSTaskSuspend (self)可把正在运行的__________,参数 self 指__________。用此函数挂起的任务可通过__________函数唤醒。

4. 事件控制块 ECB 中 OSEventType 表示__________,OSEventCnt 表示__________。

5. 串行通信方式有 3 种,即__________通信、__________通信和__________通信。

6. OSTaskSuspend (self)可把正在运行的任务__________,参数 self 指__________。用此函数挂起的任务可通过__________函数唤醒。

7. 如果信号量是用于表示打印机不忙,那么该信号量的初始值应设为__________。

8. 若一个优先级为 48 的任务就绪,则在就绪表中,OSRdyTbl[]的__________置位,变量 OSRdyGrp 的__________置位。

9. Socket 接口是 TCP/IP 网络的__________,定义了许多函数或例程。常用的 Socket 类型有两种为__________ Socket 和__________ Socket。其中,__________ Socket 是面向连接的,__________ Socket 是面向无连接的。

10. 调试程序时,调入的文件最好为__________版本下编译生成的.axf 文件,该版本的文件包含部分调试用到的信息。

四、简答题

1. (1) 试写出 μC/OS-II 多任务程序框架结构 C 程序示意代码,要求至少包含两个任务,并为每个任务设计和分配堆栈,同时要求每个任务都有机会获得处理器运行。

(2) μC/OS-II 中每个任务都是死循环,如果最高优先级任务的这个死循环中出现了这样一句代码:“ for(;;);”,试问会出现什么现象?为什么?如何防止?

2. 画图说明 μC/OS-II 操作系统各状态之间是如何切换的,并举出至少一个相应的切换条件或函数。

3. 什么是 μC/OS-II 操作系统的时钟节拍?

4. 什么是操作系统?操作系统在“硬件、操作系统、应用程序、硬件驱动”四者中,处于哪两层之间?

5. 什么是嵌入式系统?分别从狭义和广义两方面说明。

6. 简述任务切换的过程。

7. S3C44B0 的存储系统中,0xc000000 和 0xc080000 的含义是什么?它们之间的 512 KB 空间有什么用途?

8. 在画线处添加代码，完成下面的程序，实现在 task1 中计算 1～10 的平均值，完成后向 task2 发送信号量。task2 无限期等待信号量，等到后在 LCD 上显示收到平均值。

```
____________________;
Void Task1()
{    int i ,average = 0,sum = 0;
     ____________________;
     for(i = 1;i <= 10;i ++ )
     {
          sum = sum + i;
     }
     average = sum/10;
     ____________________;
     for(;;)
     { OSTimeDly(100);}
}
void task2()
{    ____________________;
     for(;;)
     { ____________________;
          LCD_printf("we get the average!\n");
          ____________________;
     }
}
```

9. 在画横线处添加代码，完成下面创建一个任务的过程，要求优先级为 36，任务栈大小为 256。

```
OS_STK ____________________ [256] = {0,};
void task1 (void *Id);
#define ____________________    ________
____________;//操作系统初始化
____________ (task1,(void *)0,(OS_STK *)&task1_Stack[256-1],task1_Prio);
____________;//操作系统任务调度开始
```

10. 下面程序是多任务中信号量的典型应用，阅读程序，分别画出各个任务的程序流程图，并说明程序要实现的功能。

```
OS_EVENT *math_Sem;
int  source,dest;
```

```
math_Sem = OSSemCreate(0);
void task1()
{
        for(;;){
            source = 8;
            OSSemPost(math_Sem);
        }
}
void task2()
{    U8 err;
    for(;;){
        OSSemPend(math_Sem,0,&err);
        dest = source;
        source = 0;
    }
}
```

参考答案

一、单项选择题

1. D　2. D　3. A　4. C　5. C　6. B　7. A　8. D

二、多项选择题

ADE

三、填空题

1.

```
OSTaskCreate(
    MyTask,                              //  任务的函数指针
    (void *)s,                           //  传给任务函数的参数
    &TaskStartStk[TASK_STK_SIZE-1],      //  任务的堆栈指针
    0                                    //  任务的优先级号
);
```

2. TCP/IP 在多个层引入了安全机制，其中 TLS 协议位于＿传输＿层。

3. OSTaskSuspend (self)可把正在运行的＿任务挂起(或等待)＿，参数 self 指＿任务自身的优先级＿。用此函数挂起的任务可通过＿OSTaskResume(self)＿函数唤醒。

4. 事件控制块 ECB 中 OSEventType 表示＿事件类型＿，OSEventCnt 表示＿信号量计数器(和信号量的值)＿。

5. 串行通信方式有 3 种，即__单工__通信、__双工__通信和__半双工__通信。

6. OSTaskSuspend (self)可把正在运行的任务__挂起(或等待)__，参数 self 指__任务自身的优先级__。用此函数挂起的任务可通过__OSTaskResume(self)__函数唤醒。

7. 如果信号量是用于表示打印机不忙，那么该信号量的初始值应设为__1__。

8. 若一个优先级为 48 的任务就绪，则在就绪表中，OSRdyTbl[]的__OSRdyTbl[6]的 D0__置位，变量 OSRdyGrp 的__D6__置位。

9. Socket 接口是 TCP/IP 网络的__API__，定义了许多函数或例程。常用的 Socket 类型有两种为__流式(stream)__Socket 和__数据报式(datagram)__Socket。其中，__流式(stream)__Socket 是面向连接的，__数据报式(datagram)__Socket 是面向无连接的。

10. 调试程序时调入的文件最好为__Debug__版本下编译生成的.axf 文件，该版本的文件包含部分调试用到的信息。

四、简答题

1. 答：

(1) 代码框架

```
int   Stack1[1024];                              //定义将用于任务堆栈的数组
int   Stack2[1024];                              //定义将用于任务堆栈的数组
void  Task1 (void *pdata)
{
    for (;;)
    {     ……
        OSTimeDlyHMSM(0, 0, 4, 0);               //等待
    }
}
void  Task2 (void *pdata)
{
    for (;;)
    {       ……
        OSTimeDlyHMSM(0, 0, 4, 0);               //等待
    }
}
void  main (void)
{
    char * s1 = "Q";                             //定义要显示的字符
    char * s2 = "A";                             //定义要显示的字符
    OSInit();                                    //初始化μC/OS-II
```

```
    OSTaskCreate(Task1,                       //创建任务 MyTask
        s1,                                   //给任务传递参数
        &Stack1[TASK_STK_SIZE - 1],           //设置任务堆栈栈顶指针
        0);                                   //使任务 MyTask 的优先级别为 0
    OSTaskCreate(Task2,                       //创建任务 MyTask
        s2,                                   //给任务传递参数
        &Stack2[TASK_STK_SIZE - 1],           //设置任务堆栈栈顶指针
        1);                                   //使任务 MyTask 的优先级别为 1
    OSStart();                                //启动 μC/OS-II 的多任务管理
}
```

(2) 最高优先级任务中出现了“for (;;);”,将出现死机,因为其他任务都无法剥夺该任务的 CPU,而该任务陷入不会主动放弃 CPU 的死循环,解决办法就是规定除了空闲任务,每个任务在进入下一轮循环之前,必须主动调用延时函数或多或少地放弃 CPU 一定时间。

2. 答:μC/O-II 操作系统各状态之间的切换示意图如图 9.1 所示。

3. 答:时钟节拍是特定的周期性中断。这个中断可以看做系统心脏的脉动。中断间的时间间隔取决于不同的应用,一般为 10~200 ms。时钟的节拍式中断使得内核可以将任务延时若干个整数时钟节拍,以及当任务等待事件发生时,提供等待超时的依据。时钟节拍率越快,系统的额外开销就越大。

4. 答:操作系统是计算机中最基本的程序。操作系统负责计算机系统中全部软硬件资源的分配与回收、控制与协调等并发的活动;提供用户接口,使用户获得良好的工作环境;为用户扩展新的系统提供软件平台。操作系统处于应用程序和硬件驱动之间。

5. 答:从广义上说,凡是与产品结合在一起具有嵌入式特点的控制系统都可以称为嵌入式系统,如电子表、超声波测距仪等职能仪表,常见 CPU 为 MCS51 系列芯片。

从狭义上说,嵌入式系统一般指在开发时移植了操作系统,功能较复杂的便携式电子设备,如手机、掌上电脑、MP4 等,常见 CPU 为 ARM、DSP、SOC 等。

6. 答:当多任务内核决定运行另外的任务时,它保存正在运行任务的当前状态,即 CPU 寄存器中的全部内容。这些内容保存在任务的当前状态保存区,也就是任务自己的堆栈中。入栈工作完成以后,就把下一个将要运行的任务的当前状态从任务的堆栈中重新装入 CPU 的寄存器,并开始下一个任务的运行。这个过程称为任务切换。做任务切换所需要的时间取决于 CPU 有多少寄存器要入栈。

7. 答:0xC000000 是 SDRAM 的起始地址,系统的程序存储空间从 0xC080000 开始的 512 KB 的空间划分出来,作为系统的 LCD 显示缓冲区使用(更新其中的数据,就可以更新 LCD 的显示)。

8. 答：完成的程序

```
OS_EVENT *math_Sem;
    Void Task1()
    {   int i ,average = 0,sum = 0;
        math_Sem = OSSemCreate(0);
        for(i = 1;i <= 10;i ++ )
        {
            sum = sum + i;
        }
        average = sum/10;
        OSSemPost(math_Sem);
        for(;;)
        { OSTimeDly(100);}
    }
    void task2()
    {    U8 err;
        for(;;)
        {   OSSemPend(math_Sem,0,&err);
            LCD_printf("we get the average!\n");
                OSTimeDly(100);
        }
    }
```

9. 答：完成的程序

```
OS_STK task1_Stack [256] = {0,};
void task1 (void *Id);
#define task1_Prio   36
OSInit() ;                    //操作系统初始化
OSTaskCreate (task1,(void *)0,(OS_STK *)&task1_Stack[256-1],task1_Prio);
OSStart();                    //操作系统任务调度开始
```

10. 答：功能为编写两个任务 task1 和 task2 实现要求的功能。设 task2 为较高的优先级，task1 中给一个全局变量 source 赋值；task2 中读取这个变量的值到另一个全局变量 dest 中，然后清零 source 变量。要求先赋值后读取。

流程图如图 9.3 所示。

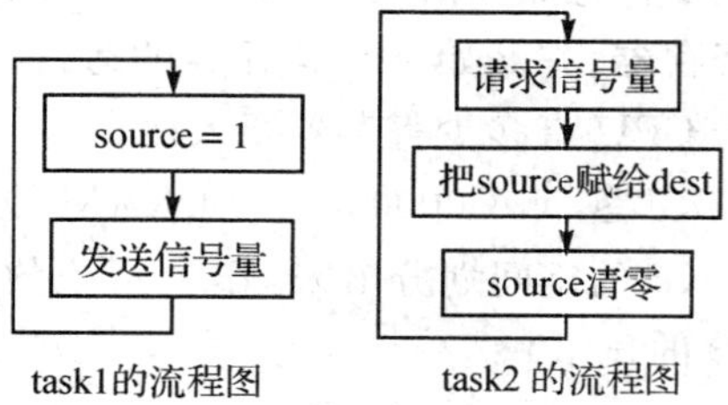

图 9.3 流程图

第10章 嵌入式系统多任务软件设计

考核要点

了解嵌入式系统多任务软件设计方法,如:信号量的使用、按键发送新消息、消息循环和信号量的使用、文件的使用、列表框的应用、文本框的应用、图形用户接口及综合应用设计等。

考核知识

1. 多任务程序的基本结构

用户应用程序是建立在系统的主任务(Main_Task)基础之上的。它主要通过调用系统的API函数对系统进行操作,完成用户的要求。在用户的应用程序中也可以创建用户自己的任务。任务之间的协调主要依赖于系统的消息队列。基于μC/OS-II的应用程序启动和运行过程如图10.1所示。

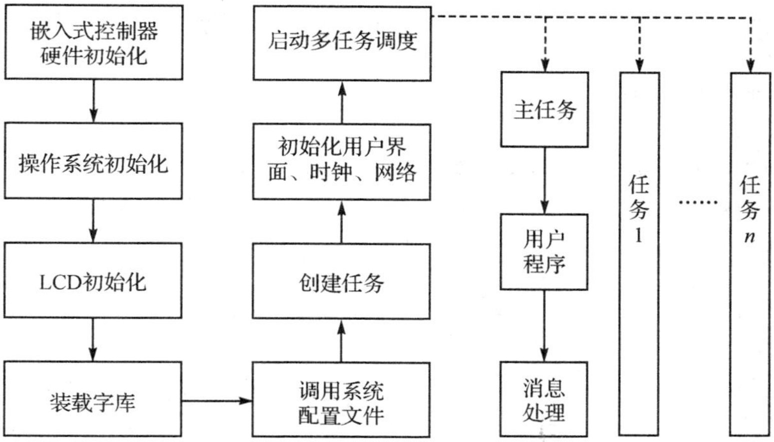

图 10.1 多任务程序基本流程

以上应用程序的典型代码如下:

```
/******************* 任务定义 *****************/
OS_STK Main_Stack[STACKSIZE] = {0,};              /* 定义 Main_Test_Task 堆栈 */
void Main_Task(void *Id);                         /* 定义 Main_Test_Task */
#define Main_Task_Prio 12                         /* 定义 Main_Task 任务优先级 */
OS_STK test_Stack[STACKSIZE] = {0,};              /* test_Test_Task 堆栈 */
void test_Task(void *Id);                         /* test_Test_Task */
```

```
#define test_Task_Prio 15
…                                              /* 任务 1…n 的定义 */
/**************已经定义的 OS 任务*************/
#define SYS_Task_Prio 1                        /* 系统任务 */
#define Touch_Screen_Task_Prio 9               /* 触摸屏任务 */
#define Main_Task_Prio 12
#define Key_Scan_Task_Prio 58                  /* 键盘扫描任务 */
#define Lcd_Fresh_prio 59                      /* 液晶屏刷新任务 */
#define Led_Flash_Prio 60
*****************************************************/
/****************事件定义****************/
int main(void)
{
    ARMTargetInit();                           /* 开发板初始化 */
    OSInit();                                  /* μC/OS-II 初始化 */
    OSInitUart();                              /* 串口初始化 */
    initOSFile();                              /* 文件初始化 */
    …
    loadsystemParam();
    …
    OSTaskCreate(Main_Task,(void *)0,(OS_STK *)&Main_Stack[STACKSIZE-1],
    Main_Task_Prio);                           /* 创建 Main_Task */
    //创建任务 1
    …
    //创建任务 n
    OSStart();                                 /* 启动多任务调度 */
    return 0;                                  /* 程序不会执行到这里 */
}
```

2. 信号量的使用

在多任务系统中，使用信号量是协调多任务最简单的有效方法。例如，定义一个系统的信号量代码如下：

```
OS_EVENT *Rtc_Updata_Sem;  //时钟更新控制权
```

使用 OSSemCreate 函数创建一个系统的信号量。参数 1 表示此信号量有效。例如：

```
Rtc_Updata_Sem = OSSemCreate(1);
```

在系统的任务中，使用 OSSemPend 函数等待一个信号量有效，通过 OSSemPost 函数来释放一个信号量。例如：

```
Void Rtc_Disp_Task(void *Id)              //时钟显示更新任务
 {
  U16 strtime[10];
  INT8U err;
  For(;;){
    If(Rtc_IsTimeChange(RTC_SECOND_CHANGE)){
      OSSemPend(Rtc_Updata_Sem,0,&err);
      Rtc_Format("%H:%I:%S",strtime);
      SetTextCtrlText(pTextCtrl,strtime,TRUE);
      OSSemPost(Rtc_Updata_Sem);
    }
    OSTimeDly(250);
  }
}
```

上述代码中，Rtc_Disp_Task 任务用来更新系统的时钟显示。更新系统时钟之前，要等待 Rtc_Updata_Sem 信号量有效并获得更新的控制权。更新完毕后，要及时有效地释放信号量，以便其他任务使用这个资源。

3. 消息循环

通常在多任务操作系统中，任务之间的通信是通过发送消息来实现的。消息队列是 μC/OS-II操作系统的一种通信机制，它可以使一个任务或者中断服务程序向另一个任务发送以指针方式定义的变量。μC/OS-II 操作系统提供了若干对消息队列进行操作的函数，例如 OSQCreate()，OSQPend()，OSQPost()等，都定义在 OS_Q.C 中。但是，在将 μC/OS-II 移植到本 ARM 嵌入式开发平台时，对消息队列相关函数又作了提高，使得程序中对消息队列的使用变得更加简单易行。程序中可以用 OSCreateMessage()函数为某个控件创建消息，用 SendMessage()函数将该消息发送到消息队列中，用 WaitMessage()函数等待消息，用 DeleteMessage()函数删除消息。

消息的数据结构定义如下：

```
typedef struct {
POS_Ctrl pOSCtrl;          //消息所发到的窗口(控件)，为 NULL 时指桌面
U32 Message;               //消息类型
U32 WParam;                //消息参数
U32 LParam;                //消息参数
}OSMSG, *POSMSG;
```

下面是平台的基本消息类型定义：

```
#define OSM_KEY 1                              //键盘消息
#define OSM_TOUCH_SCREEN 2                     //触摸屏消息
#define OSM_SERIAL 100                         //串口收到数据的消息
#define OSM_LISTCTRL_SELCHANGE 1001            //列表框的选择被改变的消息
#define OSM_LISTCTRL_SELDBCLICK 1002           //列表框的选择双击消息
#define OSM_BUTTON_CLICK 1003                  //单击按钮消息
```

各基本消息类型的参数说明如表 10.1 所列。

表 10.1 各基本消息类型的参数说明

Message	WParam	LParam
OSM_KEY	键盘扫描码	
OSM_TOUCH_SCREEN	低 16 位=触摸点 x 坐标值 高 16 位=触摸点 y 坐标值	触摸动作
OSM_LISTCTRL_SELCHANGE	CtrlID	CurrentSel
OSM_LISTCTRL_SELDBCLICK	CtrlID	CurrentSel
OSM_BUTTON_CLICK	CtrlID	

在多任务系统中，使用消息循环程序的基本结构如下：

```
Void Main_Task(void *id)
{
POSMSG pMsg = 0;
...
for(;;)                                  //消息循环
  {
    pMsg = WaitMessage(0);               //等待消息
    switch(pMsg->Message){
        case OSM_KEY:
            onkey(pMsg->wparam,pMsg->LParam);
            break;
    }
     DeleteMessage(pMsg);                //删除消息，释放资源
  }
}
```

4. 按键发送新消息

对于键盘消息来说，其类型 pMsg→Message＝OSM_KEY，参数 pMsg→WParam 则是按键的键码(pMsg 是指向该消息结构体的指针)。键盘消息是由键盘扫描任务(void Key_Scan_Task(void *Id)) 创建并发送到系统的消息队列。键盘扫描任务用函数 KeyBoard_Read()从 I^2C 的数据收发移位寄存器中获得键盘扫描码。这个扫描码是当有键盘按下时由ATMEGA8 发送到 I^2C 的数据收发移位寄存器的。主任务由消息队列中得到消息。

```
static void Key_Scan_Task(void *Id)
{
    U32 key;
    INT8U err;
    POSMSG pmsg;
    printk("begin key task \n");
    for (;;){
    OS_FLAGS flag;
    flag = OSFlagPend(Input_Flag,UCOS2_KBINPUT,OS_FLAG_WAIT_SET_ANY,0,&err);
    OSFlagPost(Input_Flag,flag,OS_FLAG_CLR,&err);
    key = KeyBoard_Read(0,FALSE);
    if(key == -1)
    continue;
    pmsg = OSCreateMessage(NULL,OSM_KEY,key,0);
    if(pmsg)
    SendMessage(pmsg);
    }
}
```

应用程序在 Main_Task 任务中等待消息，并对该消息进行判断和处理。如果是键盘消息，则提取出键码，变换为对应字符，然后将其显示到液晶屏上。在图形模式下，液晶屏的文字，输出函数是 TextOut()，实际是通过在图形方式下绘图完成文字显示的。此函数输出的字符数组必须是基于双字节 Unicode 编码的。在程序中，可以使用 Int2Unicode ( ) 和 strChar2Unicode() 两个函数分别将整形数或 ASCII 字符转换为 Unicode 字符串。

5. 文件系统

文件系统是操作系统中组织、存储和命名文件系统的结构。为了与 PC 文件系统兼容，在嵌入式系统设计中一般使用标准的 FAT12/16/32 文件系统。μC/OS-II 本身不提供文件系统，不支持文件相关的管理功能，在将 μC/OS-II 操作系统移植到 ARM 嵌入式开发平台时，参考 YAFFS(Yet Another Flash File System)文件系统，为该系统扩展了一个简单的文件系统来满足嵌入式产品开发的需要。

在系统中要想使用文件系统，首先必须通过 initOSFile 函数来初始化操作系统的文件系统，为操作系统的文件缓冲区分配存储空间。函数 initOSFile 代码如下：

```
void initOSFile()
{
  INI8U err;
  pFileMem = OSMemCreate(FileMemPart,10,sizeof(File),&err);
  if(pFileMem == NULL){
    Uart_printf("Failed to create File");
    LCD_printf("Failed to create File");
  }
}
```

代码中 OSMemCreate 函数为操作系统分配了 10 个文件缓冲区，其中 FILE 是一个文件的相关结构体。它的定义如下：

```
typedef struct{
     U8 Buffer[BLOCK_SIZE];           //文件缓冲区
     U32 fileblock;                   //文件当前的簇的位置
     U32 filemode;                    //打开文件的模式
     U32 filebufnum;                  //文件缓冲区中已经读取/写入的字节数
     U32 filecurpos;                  //读/写的当前位置
     U32 filesize;                    //文件的大小
}FILE;
```

在 Flash 存储器中，数据是按照块(block)存储的。所以，在开辟文件缓冲区时以一个块的大小为单位比较便于管理。其他与文件系统相关的 API 函数包括：

- OpenOSFile　以读取或写入的模式打开指定的文件，并创建 FILE 结构，为文件读取分配缓冲区，返回当前指向文件结构(FILE)的指针。
- ReadOSFile　读取已经打开的文件到指定的缓冲区，如果成功则返回读取的字节数。
- WriteOSFile　把缓冲区写入指定的文件，如果成功则返回 TRUE；否则返回 FALSE。
- LineReadOSFile　读取指定文件的一行，返回读取文件的字节数。
- CloseOSFile　关闭打开的文件，释放文件缓冲区。
- GetNextFileName　得到文件目录分配表中指定位置的文件名，文件位置自动下移。如果文件有效则返回 TRUE；否则返回 FALSE。
- ListNextFileName　列出当前位置开始第一个指定扩展名的文件，如果没有则返回 FALSE。

6. 列表框控件

控件是可视化编程的基础，每个控件是一个相对独立的组件，有其自有的显示方式，动态内存管理模式以及与系统通信的方法。对于应用程序开发人员来说，并不需要掌握控件内部到底是怎么工作的，只需要使用控件提供的 API 函数，设置控件的属性，即可改变控件的显示结果。开发平台的 μC/OS－II 操作系统提供了列表框、文本框、图片框、按钮和窗口等几种简单的控件及其 API 函数。

在使用系统控件之前需要通过 initOSCtrl()函数初始化系统的控件，为动态创建控件分配空间。与系统控件有关的 API 函数有：

- SetWndCtrlFocus()函数　设置窗口中指定 ID 的控件为焦点控件，返回原来焦点控件的 ID。
- GetWndCtrlFocus()函数　获取当前焦点控件的 ID。
- ReDrawOSCtrl()函数　重画所有的系统可见控件，当由于某原因清屏后必须重画控件。
- GetCtrlfromID()函数　从指定 ID 的控件获取该控件的指针。
- SetCtrlMessageCallBk()函数　设置指定控件的消息回调函数，程序中收到发给该控件的消息后可以调用其消息回调函数。
- OSOnSysMessage()函数　是系统的消息处理函数，程序中收到消息后可以用该函数将其传送给控件。

下面是列表框控件的结构定义：

```
typedef struct{
U32 CtrlType;                       //控件的类型
U32 CtrlID;                         //列表框控件的 ID
structRECT ListCtrlRect;            //列表框的位置和大小
structRECT ClientRect;              //列表框列表区域
U32 FontSize;                       //列表框字体大小
U32 style;                          //列表框的风格
U8 bVisible;                        //是否可见
PWnd parentWnd;                     //控件的父窗口指针
U8 ( *CtrlMsgCallBk)(void *);       //列表框控件的消息回调函数
U16  **pListText;                   //列表框所容纳的文本指针
int ListMaxNum;                     //列表框所容纳的最大文本的行数
int ListNum;                        //列表框所容纳的文本的行数
int ListShowNum;                    //列表框所能显示的文本行数
int CurrentHead;                    //列表的表头号
int CurrentSel;                     //当前选中的列表项号
```

```
structRECT ListCtrlRollRect;          //列表框滚动条方框
structRECT RollBlockRect;             //列表框滚动条滑块方框
}ListCtrl, *PListCtrl
```

在程序中，可以使用 CreateListCtrl()函数来创建列表框控件。该函数返回指向列表框的指针，并用 SetWndCtrlFocus()函数将焦点转移到该控件上。注意：在系统中每个控件具有唯一的 ID，用它来标识控件；然后即可使用 AddStringListCtrl()函数向该列表框中添加表项了。

7. 文本框控件

文本框控件也是系统的一个基本控件，其结构定义如下：

```
typedef struct{
U32 CtrlType;                         //控件的类型
U32 CtrlID;                           //控件的 ID
structRECT TextCtrlRect;              //文本框的位置和大小
structRECT ClientRect;                //客户区域
U32 FontSize;                         //文本框的字符大小
U32 style;                            //文本框的风格
U8 bVisible;                          //是否可见
PWnd parentWnd;                       //控件的父窗口指针
U8 ( *CtrlMsgCallBk)(void *);         //文本框控件的消息回调函数
U8 bIsEdit;                           //文本框是否处于编辑状态
char *KeyTable;                       //文本框的字符映射表
U16 text[40];                         //文本框中的字符块
}TextCtrl, *PTextCtrl
```

对文本框控件的使用与列表框相似，这里可以使用 CreateTextCtrl()函数来创建文本框控件，同样必须指定文本框的唯一 ID。用 SetTextCtrlText()函数即可将 Unicode 文本添加到文本框中，而 GetTextCtrlText()函数用来获取文本框中字符串的指针。用 AppendChar2TextCtrl()函数和 TextCtrlDeleteChar()函数分别在文本框中追加一个字符或删除最后一个字符。也可以用 SetTextCtrlEdit()函数设置文本框为编辑状态，使文本框可以响应键盘消息，通过键盘输入文字。

8. 图形用户接口

(1) 基本绘图函数

绘图是操作系统图形界面的基础。在 μC/OS－II 系统环境下，绘图必须通过使用绘图设备上下文(DC)来实现。绘图设备上下文(DC)中包括了与绘图相关的信息，比如：画笔的宽度、绘图的原点等。这样，在多任务系统中，不同的任务通过不同的绘图设备上下文(DC)绘图才不会互相影响。绘图设备上下文(DC)的结构定义如下：

```
typedef struct{
int DrawPointx;
int DrawPointy;                  //绘图所使用的坐标点
int PenWidth;                    //画笔宽度
U32 PenMode;                     //画笔模式
COLORREF PenColor;               //画笔的颜色
int DrawOrgx;                    //绘图的坐标原点位置
int DrawOrgy;
int WndOrgx;                     //绘图的窗口坐标位置
int WndOrgy;
int DrawRangex;                  //绘图的区域范围
int DrawRangey;
structRECT DrawRect;             //绘图的有效范围
U8 bUpdataBuffer;                //是否更新后台缓冲区及显示
U32 Fontcolor;                   //字符颜色
}DC, *PDC
```

与绘图设备上下文(DC)有关的函数有：

- initOSDC()用来初始化系统的 DC,为 DC 动态内存开辟空间；
- CreateDC()和 DestoryDC(PDC pdc)分别用来创建和删除 DC,前者返回所创建的 DC 指针,后者则释放 DC 的内存空间。

与绘图有关的函数有 TextOut(),LineTo(),FillRect(),Circle(),ShowBmp()等常见的图形函数。

(2) 基于 Unicode 的汉字字库

基于 32 位嵌入式处理器的硬件平台,有着较高的运算速度和大容量的内存,为人机交互建立 GUI 是首选的方式。针对常用的图形用户界面建立相应的 API 函数,主要包括基于 Unicode 的汉字字库,典型的控件和基本绘图函数。

Unicode 与传统字符编码集相比具有明显的优势：首先,使用 Unicode 避免了乱码的产生,使得国际间文本数据交换成为可能;其次,解决了多语言文本同平面共存的问题;最后,实现了软件的全球化。

在图形操作系统中,字符通常有两种存储方式：一种方式是存储字符的图形点阵,另一种方式是存储汉字的矢量图形。在嵌入式处理中,因为处理器的性能和嵌入式系统资源不如 PC,而且一般只针对专用系统设计,基本使用的是图形点阵字库。

用于 Unicode 字库显示的相关 API 函数主要有：

1）Int2Unicode

定义：void Int2Unicode(int number,U16 str[]);

功能：从 int 型变量到 Unicode 字符串的转换。

参数说明：number　被转换的整型数字；

　　　　　str　转换成的 Unicode 字符串。

2）Unicode2Int

定义：int Unicode2Int(U16 str[])

功能：Unicode 字符串到 int 型的转换，遇到字符串结束符或者非数字字符时返回，返回值是转换的结果-int 型数据。

参数说明：str　被转换的 Unicode 字符串。

3）strChar2Unicode

定义：void strChar2Unicode(U16 ch2[],const char ch1[]);

功能：char 类型到 Unicode 的编码转换。

参数说明：ch1　转换成的 Unicode 字符串；

　　　　　ch2　被转换的 Char 字符串。

4）UstrCpy

定义：void UstrCpy(U16 ch1[],U16 ch2[]);

功能：字符串复制。

参数说明：ch1　目标字符串；

　　　　　ch2　源字符串。

9. 综合应用举例

采用多任务编程方法，每个任务监视一路 A/D 转换，每一路 A/D 转换的结果在液晶屏上用一个条形图的长短来表示，直观地显示每路模拟输入电压的大小。可以通过文本框给每路 A/D 设置警戒值，某路输入超出警戒线之后条形图中超出的部分会以闪动的方式显示。

设计主要思路如下：

① 打开 main.c 文件，编辑 Main_Task 任务中的代码。用 init_ADdevice()函数初始化处理器的 AD 转换硬件，启动消息循环。

② 编写 OnKey()函数，响应键盘消息。流程图如图 10.2 所示。

图 10.2 中：

a. 这里设置了两个文本框，用来输入通道编号和该通道的警戒值，在键盘消息响应函数里针对两个文本框分别作出处理，只处理回车键和取消键，其他键由控件本身处理。程序里用变量 EditNumber 指示当前要编辑的文本框控件；用变量 input 指示该文本框控件是否处于输入编辑状态。以此决定回车键应该执行的功能。

b. 当文本框控件不是编辑状态时，按回车键将使其进入编辑状态，在程序里用

SetWndCtrlFocus()函数将焦点转移到该控件,并用 SetTextCtrlEdit()函数设置为编辑状态;当文本框正处于编辑状态时,按回车键将使其退出编辑状态,并将要编辑的文本框切换到另一个文本框控件,取消键的处理与这种情况类似。

c. 如果当前要编辑的文本框是警戒值输入框,在编辑状态中按回车键确定后,所输入的通道编号以及警戒值就会保存在数组 WarnningData 中,代码如下:

```
WarnningData[ Unicode2Int(pChannelTextCtrl -> text)] = Unicode2Int(pValueTextCtrl -> text);
```

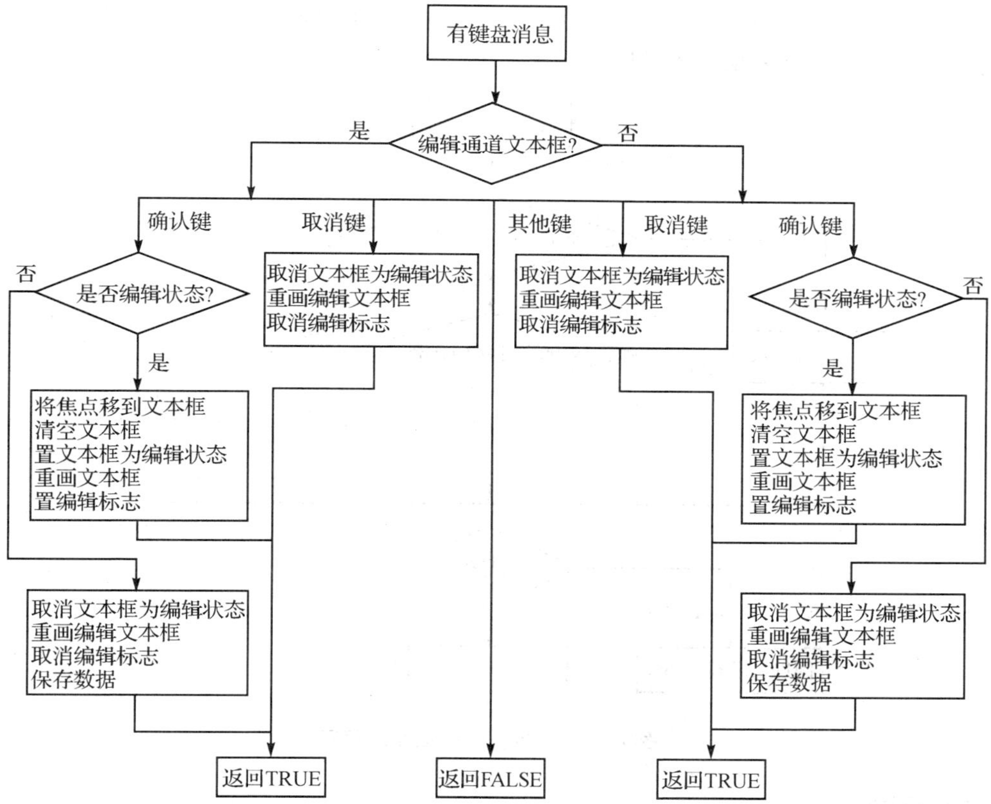

图 10.2　流程图

③ 编写绘图显示任务 Display_Task,绘制文本框和条形图等,并实现文本框编辑过程中和超过警戒值后的动画显示。流程图如图 10.3 所示。

图 10.3 中:

a. 程序中,用 TextOut()函数显示文本框的提示信息,用数组 edit 记录两个文本框是否处于编辑状态,用变量 IsEdit 指示提示信息是否显示。实际上,IsEdit 变量在显示任务循环一次就改变一次状态，当 IsEdit==1 时将提示信息擦掉，否则保持显示不变。这就是闪烁显示的原理。表示 A/D 转换结果的条形图超出警戒值的部分的闪烁也是这样实现的，随着任务的循环隔次改变状态。

b. 与变量 IsEdit 的作用类似，warnning[x]是条形图闪烁的指示变量。当某路 A/D 转换的结果 result_ADx 大于对应通道的警戒值 WarnningData[x]时，根据 warnning[x]的值决定条形图的长度是与 result_ADx 对应还是与 WarnningData[x]对应，这样看起来，条形图的长度是变化的，效果就是超过警戒线的那部分在闪烁。

c. 这里条形图实际上是一个实心矩形，用 FillRect()函数填充。

④ 编写 4 路 A/D 采集任务 ADx_Task。

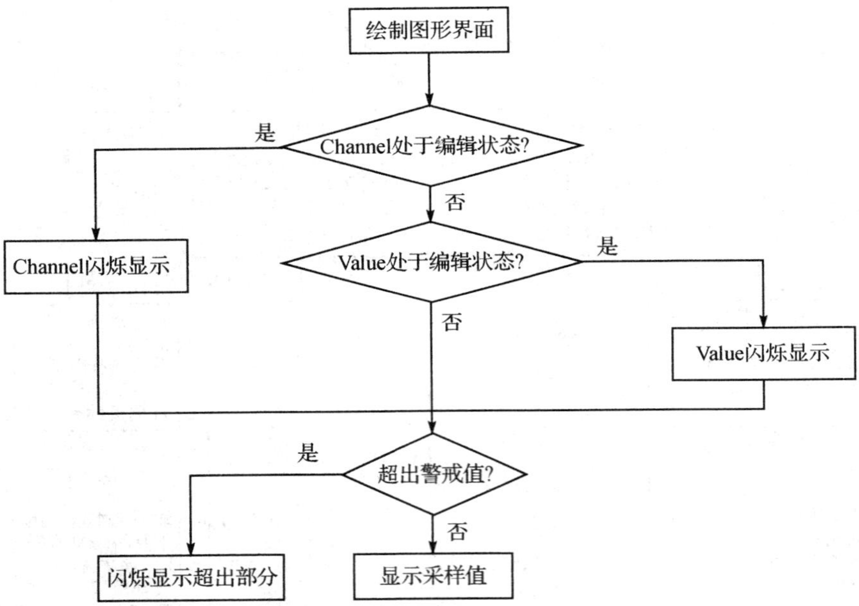

图 10.3 文本框编辑显示流程图

考核复习题

简答题

1. 下面的程序描述了键盘消息的创建和使用过程，认真阅读并在画横线的地方添加适当的注释。

```
void Key_Scan_Task(void *Id)//按键扫描任务
{   U32 key;
    INT8U err;
```

```
    POSMSG pmsg;
    for (;;){
        OSMboxPend(Key_MailBox,0,&err);           //__________
        key = Zlg7289_ReadKey();
        pmsg = OSCreateMessage(NULL,OSM_KEY,KeyBoard_Map[key],0);
                                                  ;//__________

        if(pmsg)
            SendMessage(pmsg);                    //__________

    }
}
void Main_Task(void *Id)                          //接收键盘消息的任务
{POSMSG pMsg = 0;                                 //创建消息结构
    for(;;)
    {                                             //死循环
            pMsg = WaitMessage(0);                //__________
            switch(pMsg->Message){                //__________
        case OSM_KEY:                             //键盘消息
            LCD_printf("To have key on !\n");     //向液晶屏输出
        break;
        }
            DeleteMessage(pMsg) ;                 //__________
    }
}
```

2. 三个任务代码如下，其中 task1、task2、task3 的优先级分别为：29、36，48。分析 LCD 上的显示结果。

```
Void task1()
{   ClearScreen();
    LCD_Printf("task1 is running!\n");
    OSTimeDly(500);
}
Void task2()
{   ClearScreen();
    LCD_Printf("this is task2!\n");
    OSTimeDly(350);
```

```
}
Void task3()
{    ClearScreen();
     LCD_Printf("running  task3!\n");
     OSTimeDly(200);
}
```

参考答案

简答题

1. 答：

```
void Key_Scan_Task(void *Id)                    //按键扫描任务
{    U32 key;
     INT8U err;
     POSMSG pmsg;
     for (;;){
          OSmboxPend(Key_MailBox,0,&err);       //__请求键盘邮箱__
          key = Zlg7289_ReadKey();
          pmsg = OSCreateMessage(NULL,OSM_KEY,KeyBoard_Map[key],0);
                                                //__请求到表示有键按下的邮箱__

          if(pmsg)
               SendMessage(pmsg);               //__创建消息__

     }
}
void Main_Task(void *Id)                        //接收键盘消息的任务
{POSMSG pMsg = 0;                               //创建消息结构
     for(;;)
     {                                          //死循环
               pMsg = WaitMessage(0);           //__发送消息__
               switch(pMsg -> Message){         //__判断消息的类型__
          case OSM_KEY:                         //键盘消息
               LCD_printf("To have key on !\n"); //向液晶屏输出
          break;
          }
               DeleteMessage(pMsg) ;            //__删除消息__
```

```
    }
}
```

2. 答：在 LCD 上的显示结果为

第一次：<u>task1 is running!</u>

第二次：<u>this is task2!</u>

第三次：<u>running task3!</u>

第四次：<u>running task3!</u>

第五次：<u>this is task2!</u>

第六次：<u>task1 is running!</u>

第11章　技术报告的写作方法

考核要点

熟悉技术报告的写作方法、嵌入式系统中软件设计文档的写作要领，能读懂嵌入式英文文档。

考核知识

1. 设计技术报告的内容与要求

一份完整的设计说明书应包括如下内容及要求：

(1) 设计技术报告封面

封面上应写明设计题目、学生姓名、专业、年级、指导教师姓名、完成日期。设计题目应该明确、简短，能反映设计的实质性内容。设计题目字数不宜超过 20 个字。

(2) 摘要及关键词

应扼要叙述本设计的主要内容、特点，文字要精练。中文摘要 300 字左右。关键词应反映该设计的主要研究方向和内容，关键词不多于 5 个。外文摘要与中文摘要在内容上保持一致，以 250 个实词左右为宜。外文摘要应包括设计题目、作者、单位和通信地址。

(3) 目　录

目录一般不超过 3 级，章节应编写所在页码。

(4) 正　文

正文应全面、准确地反映设计指导思想、设计进行的主要工作和所取得的结论和成果。正文一般包含以下内容：

1) 前　言

应说明本设计的目的、意义、市场需求；简述本设计的国内(外)发展概况及存在的问题；阐述本设计要解决的技术难点以及解决技术难点的指导思想和要预期达到的技术效果。

2) 设计方案论证

应说明设计原理并进行方案选择，说明为什么要选择该设计方案(包括各种方案的分析、比较)，还应阐述所采用方案的特点和设计的技术路线(如采用了何种新技术、新措施，以及提高了什么性能等)。

3) 计算部分

这部分在设计说明书中应占有相当的比例。在说明书中要列出各零部件的工作条件、给定的参数、计算公式以及各主要参数计算的详细步骤和计算结果，并说明根据此计算应选用什么元器件或零部件。对需要使用计算机的设计还应包括各种软件设计。

4）结构设计部分

这也是设计说明书中的重要组成部分，应包括机械结构设计、各种电气控制线路设计及功能电路设计、计算机控制的部件装置设计等，以及以上各种设计所绘制的图纸。

5）结　论

概括说明本设计的情况和价值，分析其优点、特色、有何创新、性能达到何水平，并应指出其中存在的问题和今后改进的方向，特别是对设计中遇到的重要问题要重点指出并加以研究。

6）致　谢

简述自己完成本设计的体会，并应对指导教师和协助完成设计的有关人员表示谢意。

7）参考文献

参考文献反映设计的取材来源、资料的广博程度及材料的可靠程度。参考文献的详细格式参见学术期刊论文写作规范。

8）附　录

将各种篇幅较大的图纸、数据表格、计算机源程序等材料附于技术报告之后。

2. 设计技术报告的撰写要领

为了全面、恰当地反映所做设计工作的主要内容，除了在形式上按照前一节提出的格式进行有关内容的组织外，在设计技术报告的撰写过程中，还应掌握一定的方法，使所写的设计技术报告符合科技论文的撰写约定，使读者能顺利地阅读并领会其设计。此外，通过说明书的撰写，可以培养撰写科技论文的基本技能，为今后的工作奠定良好的文字基础。

设计说明书的写作步骤大体上分为拟写提纲、写成初稿、修改定稿和誊写等步骤。

(1) 拟写提纲

撰写设计说明书时可以考虑先拟一个提纲。一般可以考虑以章节顺序为骨架拟定提纲，初步构成文章的轮廓。拟定提纲要项目齐全，要从全局着眼，权衡好各个部分；提纲要征求指导教师的意见，并注意多加修改，边写边积极思索，不断开拓自己的思路，才会取得满意的结果。

(2) 写成初稿

在提纲的基础上撰写初稿。撰写初稿时应注意以下几点：

① 尽可能把自己事先所想到的内容写进去。初稿的内容尽量充分丰富，以方便修改定稿。当然，也要防止一味地堆砌，写成材料仓库。

② 要合乎文体要求。文句力求精练简明、深入浅出、通顺易读，避免采用不合语法的口头语言，也要避免采用科技新闻报道式文体。

③ 字体要清晰，语句要通顺。用钢笔写作时，要写得干净、清楚，稿纸应留有足够的修改空间，便于进行增、删、改；用计算机写作时，应先设置正文格式、各级标题、多级编号和页码格式等，在此框架下进行的文字处理可以方便地实现段落的调配、升级或降级、自动排序等，可节

约大量的写作时间，并得出规范、标准的文档。

(3) 修改定稿

所有好的科技文章和学术著作都是经作者反复修改才公布于众。撰写设计技术报告的大学生，更应注意对文章的精心修改。修改时可考虑从内容和形式两方面着手：内容方面的修改着重于思路和材料的修改；形式上的修改包括修改结构、修改语言等。

1）修改思路

一是思路的订正，看全文的基本设计思路以及说明它的若干从属论点是否偏颇、片面或表述得不准确；二是思路的深化，看自己的思路是否与别人雷同，有无新意。

2）修改材料

通过材料的增、删、改、换，使支持和说明文章观点的材料充分、精炼、准确。

3）修改结构

多数是对文章内容的组织安排作部分的调整，小修小改。一般地如果出现下面几种情况，都应动手修改：

- 中心论点或分论点有较大的变化；
- 层次不够清楚，前后内容重复或内容未表达完整；
- 分段落不够规范，划分得过于零碎或过于粗糙，不能显示层次；
- 结构环节不齐全，内容组织得松散。

4）修改语言

包括用词、组句、语法和逻辑等。作为学术性的文章，语言应具有准确性、学术性和可读性。根据这一基本要求，语言的修改可从以下几方面着手：

- 把不准确的改为准确的；
- 把啰唆和重复的改为精练和简洁的；
- 把生涩的改为通俗的；
- 把平庸的改为生动的；
- 把粗俗俚语改为学术用语。

3. 设计技术报告撰写中应注意的问题

① 设计技术报告需用规定的稿纸并用钢笔横写或计算机打印，正文中的任何部分不得写到稿纸边框线以外，稿纸不准左右加贴补写正文和图表的纸条，也不准随意接长或裁短。用计算机文字处理软件进行写作时，应按照科技文章惯用的格式进行编排。正文、各级标题、多级编号、图表等的格式应前后一致，最好先设置规定的样式后再进行写作和编排，这样可以节约大量时间，也有利于修改。

② 字迹要清楚、端正，切勿潦草。简体字必须采用国家正式公布使用的，勿自造或误用非正式的简体字。

③ 外文字母一律仿印刷体书写。有些外文字母形状相似，书写时注意分清字形。英文的

C、K、O、P、W、X、Y、Z 等字母，其本身的大写和小写相似，书写时在形状大小上要注意有所区别。用做符号的字母的大小写要特别注意分清。

④ 符号的上下角标号及数码要格外注意写清楚，要求大小分清，位置高低明显。

⑤ 标点符号的使用应符合国家标准 GB/T15834—1995《标点符号用法》的规定。

⑥ 在文中不要用物理量符号、计量单位符号和数学符号代替相应的名称，例如："钢轨每米质量"不要写成"钢轨每 m 质量"；"绕组电阻小于 1 Ω"不要写成"绕组电阻＜1 Ω"；"铁的百分含量"不要写成"铁的％含量"；"正负相消"不要写成"＋－相消"；"随着压力 F 的下降而减少"不要写成"随着 F 的∃而减小"。在表示一个物理量的量值时，应在阿拉伯数字之后加上计量单位符号，例如："试样高度 h 为 25 毫米"应写成"试样高度 h 为 25 mm"。

⑦ 说明书的全部标题层次应有条不紊、整齐清晰，相同的层次应采用统一的表示体例。正文中各级标题下的内容应同各自的标题对应，不应有同标题无关的内容。

⑧ 公式应另起一行写在该行的中央。一行写不完的长公式，最好在等号处或数学符号（如"＋"、"－"、"×"等）处转行，而在下一行开头不应重复这一记号。

⑨ 公式的编号用圆括号括起放在公式右边行末，在公式和编号之间不加虚线。公式可按全文统编序号。

⑩ 文中引用某一公式时，应写成"由式(6.20)可见"，而不应写成"6.20 可见"，或"由第 6.20可见"等。

⑪ 将分数的分子和分母平列在一行而用斜线分开时，注意避免含义不清，例如：$a/b \cdot \cos x$ 既可能被认为是 $a/(b\cos x)$，也可能被认为是 $(a/b)\cos x$。

⑫ 公式中分数的横分数线要写清楚，特别是连分数（即分子、分母也出现分数时）更要注意分数线的长短，并把主要分数线和等号对齐。

⑬ 插图应在描图纸或洁白图纸上用墨线绘成，墨色要浓，线条要光滑。一般不要用方格坐标纸或有色纸画图。机械图、电气图和土建图均应符合相应的国家标准。

考核复习题

简答题

1. 简要说明一份设计技术报告所要求的主要内容。
2. 简述设计技术报告正文的写作要求。
3. 简述设计技术报告的撰写要领。
4. 简述设计技术报告撰写中应注意的问题。

参考答案

简答题

1. 答：一份设计技术报告所要求的主要内容如下：

① 设计技术报告封面，封面上应写明设计题目、姓名、单位、完成日期等。

② 摘要及关键词，应扼要叙述本设计的主要内容、特点，文字要精练。

③ 目录，一般不超过3级，章节应编写所在页码。

④ 正文，主要包括前言、设计方案论证、计算部分、结构设计部分、结论、致谢、参考文献及附录。

2. 答：正文应全面、准确地反映设计指导思想、设计进行的主要工作和所取得的结论和成果。正文一般包含以下内容：

① 前言，应说明本设计的目的、意义、市场需求；简述本设计的国内(外)发展概况及存在的问题；阐述本设计要解决的技术难点以及解决技术难点的指导思想和要预期达到的技术效果。

② 设计方案论证，应说明设计原理并进行方案选择，说明为什么要选择该设计方案(包括各种方案的分析、比较)，还应阐述所采用方案的特点和设计的技术路线(如采用了何种新技术、新措施、提高了什么性能等)。

③ 计算部分，在说明书中要列出各零部件的工作条件、给定的参数、计算公式以及各主要参数计算的详细步骤和计算结果，并说明根据此计算应选用什么元器件或零部件。对需要使用计算机的设计还应包括各种软件设计。

④ 结构设计部分，这也是设计说明书中的重要组成部分，应包括机械结构设计、各种电气控制线路设计及功能电路设计、计算机控制的部件装置设计等，以及以上各种设计所绘制的图纸。

⑤ 结论，概括说明本设计的情况和价值，分析其优点、特色、有何创新、性能达到何水平，并应指出其中存在的问题和今后改进的方向，特别是对设计中遇到的重要问题要重点指出并加以研究。

⑥ 致谢，简述自己完成本设计的体会，并应对指导教师和协助完成设计的有关人员表示谢意。

⑦ 参考文献，反映设计的取材来源、资料的广博程度及材料的可靠程度。

⑧ 附录，将各种篇幅较大的图纸、数据表格和计算机源程序等材料附于技术报告之后。

3. 答：设计技术报告的写作步骤大体上分为拟写提纲、写成初稿、修改定稿和誊写等步骤。

① 拟写提纲，撰写设计说明书时可以考虑先拟一个提纲。一般可以章节顺序为骨架拟定提纲，初步构成文章的轮廓。

② 写成初稿，在提纲的基础上撰写初稿。撰写初稿时应注意以下几点：

- 尽可能把自己事先所想到的内容写进去。
- 要合乎文体要求，文句力求精练简明、深入浅出、通顺易读。避免采用不合语法的口头语言，也要避免采用科技新闻报道式文体。

• 字体要清晰,语句要通顺。

③ 修改定稿,注意对文章的精心修改。修改时可考虑从内容和形式两方面着手:内容方面的修改着重于思路和材料的修改;形式上的修改包括修改结构和语言等。

4. 答:主要注意以下问题:

① 设计技术报告需用规定的稿纸并用钢笔横写或计算机打印。

② 字迹要清楚、端正,切勿潦草。

③ 外文字母一律仿印刷体书写。

④ 符号的上下角标号及数码要格外注意写清楚,要求大小分清,位置高低明显。

⑤ 标点符号的使用应符合国家标准 GB/T 15834—1995《标点符号用法》的规定。

⑥ 在文中不要用物理量符号、计量单位符号和数学符号代替相应的名称。

⑦ 技术报告书的全部标题层次应有条不紊、整齐清晰,相同的层次应采用统一的表示体例。

⑧ 公式应另起一行写在该行的中央。公式的编号用圆括号括起来放在公式右边行末。

⑨ 插图应在描图纸或洁白图纸上用墨线绘成,墨色要浓,线条要光滑。

参考文献

[1] 康华光. 电子技术基础 数字部分. 4 版. 北京:高等教育出版社,2004.
[2] 康华光. 电子技术基础 模拟部分. 4 版. 北京:高等教育出版社,2004.
[3] 陈赜. ARM 嵌入式技术实践教程. 北京:北京航空航天大学出版社,2005.
[4] 陈赜. ARM9 嵌入式技术及 Linux 高级实践教程. 北京:北京航空航天大学出版社,2005.
[5] 杜春雷. ARM 体系结构与编程. 北京:清华大学出版社,2003.
[6] Labrosse Jean J. 嵌入式实时操作系统 μC/OS - II. 2 版. 邵贝贝,等译. 北京:北京航空航天大学出版社,2003.
[7] 陈赜. CPLD/FPGA 与 ASIC 设计实践教程. 北京: 科学出版社,2010.
[8] 三恒星科技. ARM9 原理与应用设计. 北京:电子工业出版社,2008.
[9] 陈赜. 电子创新设计技术. 北京. 科学出版社,2008.
[10] 谢自美. 电子线路设计 · 实验 · 测试. 武汉:华中科技大学出版社,2006.
[11] 机器人技术论坛,www. robotdiy. com.
[12] 中国论文下载中心,www. studa. net.
[13] 电脑之家,www. pchome. net.
[14] 中国电子资讯网,news. shebei114. cn.
[15] 嵌入式在线,www. mcuol. com.
[16] 论文网在线,www. lunwenwang. com.
[17] 陈大钦. 电子技术基础实验——电子电路实验、设计、仿真. 北京:高等教育出版社,2000.
[18] 马场清太郎. 运算放大器应用电路设计. 何西才,译. 北京:科学出版社,2007.
[19] 怯肇乾. 嵌入式系统硬件体系设计. 北京:北京航空航天大学出版社,2007.
[20] 李驹光. ARM 应用系统开发详解. 北京:清华大学出版社,2004.